精神分析与跨学科研究

PSYCHOANALYSIS AND
INTERDISCIPLINARY RESEARCH

卢毅 主编

第一辑

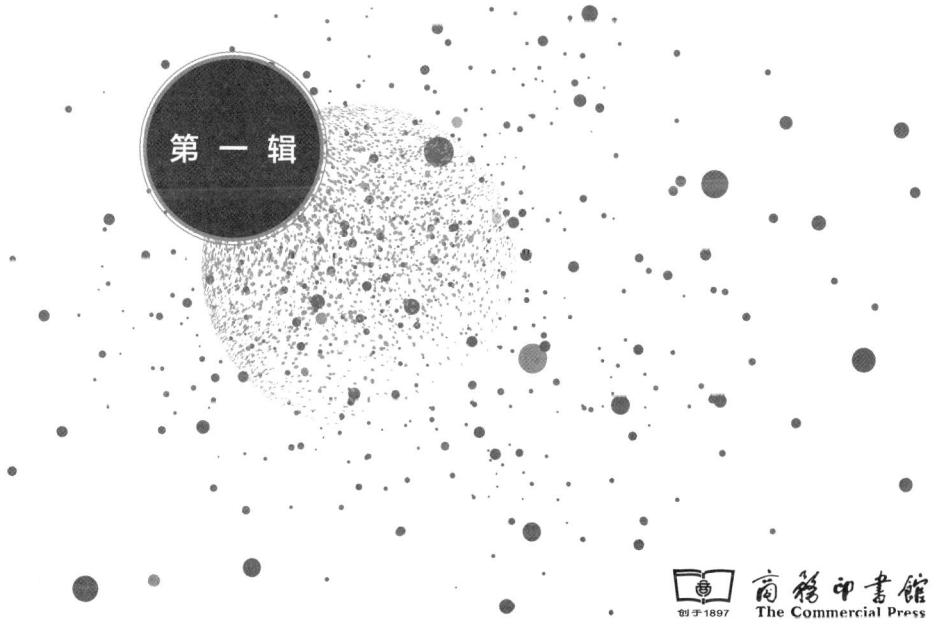

商务印书馆
The Commercial Press

图书在版编目（CIP）数据

精神分析与跨学科研究. 第1辑 / 卢毅主编.
北京：商务印书馆，2024. -- ISBN 978-7-100-24452-7

Ⅰ. B84-065

中国国家版本馆CIP数据核字第2024KD5006号

权利保留，侵权必究。

精神分析与跨学科研究
第一辑
卢毅　主编

商　务　印　书　馆　出　版
（北京王府井大街36号　邮政编码100710）
商　务　印　书　馆　发　行
北京市艺辉印刷有限公司印刷
ISBN 978-7-100-24452-7

2024年9月第1版　　　开本 710×1000　1/16
2024年9月北京第1次印刷　印张19¼
定价：96.00元

主编

卢毅

编委

方向红　谷建岭　黄玮杰　黄作　姜余　居飞　李科林　罗正杰　马迎辉
马元龙　宁晓萌　王晨阳　吴猛　吴琼　徐献军　严和来　杨春强　Yue Zhuo

本辑执行编辑

郑寒楚

《精神分析与跨学科研究》发刊词

作为20世纪以来具有国际影响力与持续生命力的理论与实践运动，精神分析对哲学、心理学、社会学、政治学、文学、艺术等人文社会科学领域以及医学、生物学、脑科学等自然科学领域产生了广泛而深远的影响。与此同时，正是通过借鉴和转化不同学科的研究成果，通过与不同学科展开交流对话，精神分析得以不断发展，并保有其在理论与实践方面的创新性、有效性与活力。

精神分析在国内学界的正式引入可以追溯到1920年代：朱光潜先生于1921年发表的《福鲁德的隐意识说与心理分析》，是国内首篇较为完整地介绍弗洛伊德精神分析学说的文章；高觉敷先生于1925年从英译本转译了弗洛伊德1909年在克拉克大学的五次演讲，即《精神分析五讲》，并按英译本译名将其译为《心之分析的起源及发展》，这是汉语学界完整翻译的首部弗洛伊德本人的著述。此后，为了区别于当时法国心理学家让内的"心理分析"（analyse psychologique），也区别于当时已在国内流行的罗素的"心之分析"（analysis of mind），高觉敷先生最终采用了"精神分析"这一译法来翻译弗洛伊德的psychoanalysis，而这一译法直到今天依然是汉语学界的主流译法——无独有偶，"精神分析（学）"或早在1910年代初便被日语学界定为psychoanalysis的标准译法，并沿用至今，如今Japan Psychoanalytic Society 与 Japan Psychoanalytical Association 两大组织的日语名称便分别是"日本精神分析协会"与"日本精神分析学会"。

时移世易，受现象学等思潮的影响，近来国内学界有观点认为应将

psychoanalysis（重新）译为"心理分析"，以突显其作为心理学的定位，并避免与德语思想文化语境下的"精神"（Geist）在内涵上产生混淆；也有观点针锋相对，坚持"精神分析"这一传统译法，强调其与精神哲学或精神科学传统的深层关联，及其与日益偏于自然科学取向的心理学的重要差异。围绕关于psychoanalysis的翻译、理解与定位的上述争论与分歧，其实不仅体现了国内学界近年来对相关问题思考的不断深入，也在某种程度上揭示了精神分析自身的跨界性、多面性乃至"含混性"。尽管精神分析自弗洛伊德以来对科学性的追求从未停止，且近来在神经精神分析等新兴领域不断取得重要进展，但另一方面，精神分析自诞生伊始便也与文学、艺术等人文领域结下不解之缘，如今更是在社会文化研究的各分支领域都占有一席之地，由此可见，精神分析的发展本身体现了巨大的包容性与鲜明的跨学科性。无论是弗洛伊德与爱因斯坦关于战争的传奇对话，还是拉康与福柯围绕《宫娥》的著名争论，如今都成了精神分析作为一场跨界运动的生动例证。

国内学界对精神分析专业性、系统性的研究虽然起步较晚，且力量相对比较分散，但近年来呈现出日趋活跃之势，并开始寻求与国际学界的前沿研究接轨和对话。

为推动精神分析在国内的发展，尤其是体现精神分析在跨学科研究领域的贡献与价值，中山大学哲学系（珠海）特创办《精神分析与跨学科研究》辑刊，由商务印书馆出版，计划每年出版一辑，希望能得到学界内外同仁的关照与支持。

《精神分析与跨学科研究》编委会

目 录

拉康纪念专题

拉康学说中的对象、主体与欲望……………………………………卢毅 / 著（3）

精神分析与控制论
　　——解读拉康第二本研讨班……………………王润晨曦 / 著（33）

享乐之牢……………………………雅克-阿兰·米勒 / 著　王明睿 / 译（53）

作为事件的解释………埃里克·洛朗 / 著　方露茜 / 译　周毅宗 / 校（71）

话语、主体、语言………帕特里克·纪尧马 / 著　姜余　严和来 / 译（81）

精神分析与哲学专题

为着彼此存在：试析梅洛-庞蒂儿童教育学研究中揭示的
　　一种特殊的交互主体关系……………………………宁晓萌 / 著（95）

梅洛-庞蒂与拉康：以镜子阶段为例探讨现象学与精神分析
　　处理身体问题的不同进路……………………………李锋 / 著（117）

两种反射之间的身体主体：拉康意识理论中的现象学倾向
　　……………………………………………………………王晨阳 / 著（126）

从内主体性到身体间性——梅洛-庞蒂的"无意识"观初探
　　……………………………………………………………孙聪 / 著（141）

在看与被看中隐没的客体
　　——拉康精神分析中的"目光"作为客体小 a………蔡婷婷 / 著（155）

同感现象和无意识的假设
　　——利普斯、弗洛伊德和拉康……………………余一文/著（164）
精神分析的现代启示录：从弗洛伊德经由拉康到斯蒂格勒的精神
　　分析末世"幸存者计划"………马克·费瑟斯通/著　李新雨/译（188）

精神分析与文学艺术专题

创造的瞬间——一个对《褐色鸟群》的荣格心理学分析尝试
　　………………………………………………………黄煜峰/著（231）
艾伦茨威格的艺术创造心理模型及其艺术教育启示………黄敏/著（253）

精神分析与心理治疗专题

荣格的梦理论及其解梦策略………………………………张涛/著（273）
从"受挫的爱"到"钟情妄想性的转移（移情）"
　　………………………………………吕克·弗雪/著　潘恒/译（287）

拉康纪念专题

拉康学说中的对象、主体与欲望①

卢毅②/著

本文整理自笔者的一次讲座，主要围绕拉康学说中的对象、主体和欲望以及相关问题展开，并尝试对拉康的相关思想进行一次较为系统的重构。

一、对象小 *a*

首先是关于拉康学说中的 objet petit *a*。

1. objet petit *a* 的翻译

关于 objet petit *a*，首先需要强调一下翻译问题，因为 objet 这个术语在汉语学界长期被翻译成"客体"。但后文将试图表明，为何最好不要将其翻译或理解成客体，以及为何应当将这个词组翻译成"对象小 *a*"。

1）这个问题看起来是一个翻译问题，但根本上是对概念的理解问题。若把 objet 翻译成客体，实际上无法准确把握这个概念。在精神分析

---

① 本文系国家社科基金青年项目"法国存在主义与精神分析视域下的主体理论研究"（22CZX051）的阶段性成果。
② 卢毅，中山大学哲学系（珠海）副教授、博士生导师，中山大学哲学系（珠海）笛卡尔与法国研究中心负责人。译有《弗洛伊德爱情心理学文选》《雅克·拉康研讨班七：精神分析的伦理学》等。

领域，无论是对弗洛伊德还是拉康而言，这个概念都具有很丰富的意义。

可以先从汉语层面来分析"对象"和"客体"这两个词。"对象"不只是客体。当谈论"对象"的时候，谈论的可以不只是"客体"，也可以是"主体"，或者说是主体的一部分，并且往往首先是主体或主体的一部分。

举一个很具体的例子，可以说一个婴儿最初的对象，是他自己能够得着的任何东西。婴儿会吮吸自己的手指、脚趾乃至自己身体的任何一个部位，以及母亲的乳房或是他能触及的母亲身体的任何一个部位，这些部位可以说构成了婴儿最初的对象。

上述对象不是一个客体，而首先是主体身上的一部分。为什么不将其理解成客体呢？因为这有可能偏离"对象"这个概念在精神分析领域最基本的含义。当我们谈论客体的时候，会不自觉地将其与主体截然对立起来，认为客体是冷冰冰的、没有生命的东西。比如说这个杯子是一个客体，这个桌子是一个客体，而当我们面对一个人或这个人身体的一部分的时候，如果我们把它说成是一个客体，便难以体现出其与主体有关的维度，这点很重要。

2）第二层原因，就是汉语当中有一些约定俗成的说法，比如说"找对象"，而非"找客体"。这表明，"对象"这个词在汉语当中已经有了爱的对象或者说情感的对象这层含义，只有"对象"这个词才更符合这层含义，"客体"则难以体现这层含义。

3）第三层原因，就是"对象"既可以是爱的对象，即一个完整的对象或者说作为一个完整对象的人，也可以是冲动的对象，即部分对象。就此而言，"对象"的概念，涵盖面比"客体"更广，可以包含客体所指代的内容，但"客体"难以完全恰当地指称"对象"这个词可能包含的内容。

4）还有一点，无论是法语的 objet，还是英语的 object，抑或是德语的 Objekt，实际上都衍生自拉丁语的 jacere，这个词的含义就是抛、投，object 或 objet 的字面义就是"抛到对面"，所以这个词的本义就是处在（主体）对面的东西，或者说（主体）所面对的东西，亦即"对象"。此前汉语学界更多出于一种形式上的对仗或对称的考虑，倾向于将其译为客体。但若从拉丁词源上来说，它更应该被准确地译为对象。在德语中，不但有源于拉丁词根的 Objekt，还有源于日耳曼词根的 Gegenstand。Gegenstand 这个词虽然并非与 Objekt 同源，但二者的含义一致。Gegenstand 就是处在（主体）对面的东西，也就是对象。

结合以上多个方面来看，objet 应该翻译成"对象"。无论是鉴于该词在西方语言中的词源含义，还是其在汉语语境中的具体含义和用语习惯，都不宜将其译作"客体"。

2. 部分对象

可以说，一般意义上的对象是作为完整对象的某个人。我们日常用语当中的"找对象"，是找作为对象的某个人。然而，神经症幻想或性倒错行为中的对象更多体现为与某个人身体有关的一部分，这就引出了对象小 a。

实际上，精神分析真正关注的对象，恰恰不是或不完全是一般意义上作为完整对象的人，或者说首先不是这样一个完整对象，而是一个部分对象。但这个部分对象，无论是在神经症幻想中，还是在性倒错行为中，都不是一个完全冷冰冰的客体，不是与人、与人的生命体验毫无关系的客体。之所以要强调"对象"，恰恰是为了表明这是与人或者确切说是与人的身体有关的一部分。

比如说最简单、最有代表性的部分对象是母亲的乳房、孩子自己的粪便，以及我们在恋物癖、异装癖当中看到的女性贴身的衣物、鞋子等等这些东西。这些东西恰巧都和人有关，确切地说和人的身体有关。在某种意义上，可以说这样的对象恰恰是因为分有了人的某种共性或个性，才会成为冲动和欲望的对象。在对象这个问题上，需要注意的是，无论涉及何物，真正吸引人的并非其纯粹物的身份，而是其作为物和人的身体产生联系因而具有人性的分量。正是分有了人性之物，成了引发人们欲望的原因或者说人们欲望的对象。

3. petit autre 和 objet petit *a* 的区分

3.1 发展历史

接下来聚焦到"对象小 *a*"。首先需要澄清一点，objet petit *a* 和拉康早期的镜子阶段所涉及的 petit autre "小他者"之间需要做一个辨析，它们之间的关系并非一目了然。

拉康早期，特别是在 20 世纪 50 年代之前，一般会将 petit autre 即小他者简写成 i（a）。这个 i 是 image 的缩写，i（a）表示这个小他者是属于想象界的一种形象，是一个 image。但问题在于，虽然这是一个标准写法，但拉康有时也会将小他者（petit autre）简写成只有一个小写的 a。在 50 年代初，出现了幻想的公式（mathème du fantasme）（$ \diamond a$），即被画杠的主体 $，一个 ◇ 和一个小写的 a。这个公式里面的 a 到底指的是什么，以及它的实指是否随着拉康理论的发展而前后有所变化，实际上是存在争议的。

在 50 年代，拉康关于对象小 *a* 的理论还没有充分展开，只是偶尔提到作为对象的 *a*，但没有一个系统的关于对象小 *a* 的理论。在这个时期，倒是已经有一个系统的关于小他者的理论，而拉康又会不时把这个 petit autre 简写成 a，这样一来就产生了问题，即小他者（petit autre）和对象小 *a*（objet petit *a*）有时会发生混淆。这个混淆既发生在书写层面，也发生在理论层面。这一时期，甚至拉康本人都没有明确表述二者之间有什么差别或联系，因此引发了各种争议。

在 60 年代之前的文本中，当看到幻想公式（$ \diamond a$），或是看到小写的 a 出现时，要非常警惕这个 a，要自问它可能指代的是什么。依笔者之见，在这个时期拉康的文本中，这个小写的 a 往往指的是 petit autre，即小他者，也就是作为具有想象性质的形象意义上的他者。倘若小写的 a 在这一时期往往指代的是小他者，也就是一个镜像，那么这个幻想公式在 50 年代最初的含义，与 60 年代拉康将这个 a 明确为 objet petit *a* 即对象小 a 之后的含义，其实存在重大差别。

3.2 两者的关系

关于两者之间的关系，学界主要有两种观点：

第一种观点认为两者实际上没有多少关系，且需要严格加以区分。

另一种观点认为二者虽然不是同一回事，但仍然密切相关。

按照第二种观点，想象界的小他者，作为一个形象，包裹着或者包含了对象小 a 这样一个实在的（réel）内核。如此一来，二者虽然不同，一个是想象的，一个是实在的，但想象的小他者作为一个外套，作为一个外在形象，恰恰包裹着这样一个实在的内核，因此它们之间的关系非常密切。这种观点很可能更符合拉康本人的立场。

在此可以举出一个文献上的证据，即拉康著名的光学模型（modèle optique），尤其是关于焦虑（angoisse）的研讨班上的光学模型。光学模型其实拉康在第一个研讨班就已经给出了，在 50 年代就已经给出了，到了 60 年代，拉康再给出光学模型时，便不再只关注 50 年代所讨论的想象界（l'imaginaire）及其与符号界（le symbolique）之间的关系问题了。在《研讨班十：焦虑》中，拉康考虑如何在光学模型中凸显这个实在的对象小 a 的位置，以及它所产生的效果。在这个研讨班的其中一个版本的光学模型中，可以看到：i(a)，即空花瓶的实像，空花瓶透过凹面镜所呈现出来的实像，之后在平面镜中，又会形成一个与之对应的虚像，即 i'(a)。空花瓶的实像代表身体的完整形象，平面镜中对应的虚像就是身体的镜像，分别由 i(a) 和 i'(a) 所标示。小写的 a，也就是在实像当中插在花瓶里的花束，它代表什么呢？它在实像中是在场的，却没有与之对应的虚像，也就是说这个花瓶的虚像里面没有花束，呈现出一片缺失所造成的空白（在模型中由 $-\varphi$ 所标示）。[①]

---

① 相关图示及解说，参见 Jacques Lacan, *Le Séminaire Livre X: L'angoisse*, Paris: Seuil, 2004, p. 50ff。

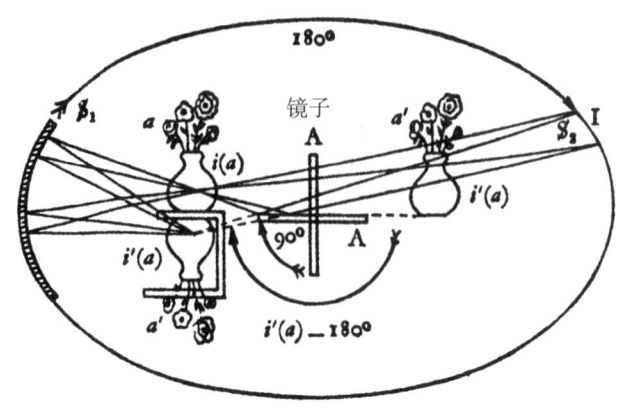

完整图式

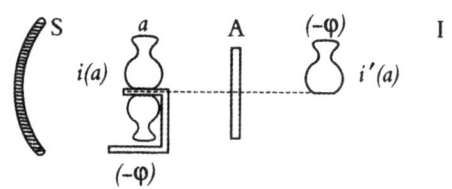

简化图式

在这个模型中，可以看到，拉康命名为"对象小 a"的这个对象，实际上是从身体的形象出发，却恰恰从避开身体形象的东西那里获得其定义。换言之，对象小 a 是实在的，它是没有镜像的、不可镜像化的。为什么呢？因为它总是已经和身体的镜像或者说和镜像中的身体相剥离、相分离了。作为一种实在，它在想象的层面首先以一种空缺的形式呈现，后来才出现一系列试图填补这一空缺的东西，作为其在幻想层面的投射和替身。

对象小 a 就其本身而言，是一个实在的东西，一个实在的器官。作为实在的器官，它是可以和身体相分离的。为什么说它没有镜像呢？为什么说它不可镜像化呢？因为在镜像当中，对象小 a 总是已经和身体的形象剥离了。比如在婴儿的镜像中，没有乳房、粪便、声音、注视。这

些对象小 a 在身体的镜像中都缺失了，因为它们都和身体相剥离了，不出现在身体的形象上，所以在这个意义上，对象小 a 是没有镜像的或者说不可镜像化的。作为一种实在，它以在想象的层面告缺这种形式得到体现。这是第一步、第一个阶段或第一个层面。可以看到，在主体的精神结构中，正因为先有了这样一种缺失，然后才有了要填补这种缺失的努力。想要填补这种缺失的努力，就是被投射到幻想层面以试图填补实在之空缺意义上的对象小 a。因此对象小 a 其实有双重身份或双重内涵，一是可与且应与身体相剥离的实在之物意义上的对象小 a，二是在幻想层面试图填补这一实在的剥离所导致的形象空缺意义上的对象小 a，倘若不善加辨析便容易产生混淆。

拉康为何有时说对象小 a 是一个实在的东西、一个实在的碎片等等，有时又说它会在幻想及其公式中出现？特别是在 60 年代以及之后，拉康明确表示这个幻想公式中与被划杠的主体同时并存的 a 不是小他者，而是对象小 a。如何理解对象小 a 实在与幻想的双重身份？作为实在的对象，严格意义上的对象小 a 因为（阉割）和身体分离，因此没有出现在身体的镜像中，使得镜像呈现出空白或空缺。最初基于身体形象建构起来的主体精神结构，便相应地在其自身当中也呈现出空缺，并将缺失的对象小 a 投射到幻想层面上，以维系主体及其活动。因此，幻想公式当中的对象小 a 其实不是最严格意义上实在的对象小 a，而是实在的对象小 a 在无意识幻想层面的投射。正因为先有了实在的身体层面的分离，才有了在幻想层面去填补这种分离所造成的空缺的尝试。对象小 a 的双重身份，首先是实在层面的，然后才是幻想层面的。在澄清了这个问题之后，接下来探讨对象小 a 的起源。

4. 对象小 a 的起源

从原则上说，对象小 a 都是部分对象，而一切部分对象，都有成为对象小 a 的可能。但是某些特定的部分对象，因其与人的身体构造之间关系密切——比如乳房之于口腔，粪便之于肛门等——而具有典型性，往往能够从一般的部分对象中脱颖而出，成为对象小 a。

因此可以看到两个层面：原则上一切部分对象都有可能变成对象小 a，实际上有一些典型的对象小 a，它们与人的身体构造之间的密切关系使其具有一种典型性。

拉康在这方面的思考实际上与弗洛伊德具有内在一致性。弗洛伊德认为，理论上一切身体部位或器官都有被爱欲化而演变为爱欲发生区（erogene Zone）的可能。作为爱欲发生的区域，甚至可以称之为某种性器官、某种新生成的性器官。它不是生殖器，却具有性器官的快感功能。弗洛伊德发现，癔症的躯体症状所对应的身体部位，其实就是癔症所发明和创造出来的这样一种性器官。拉康在此问题上继承了弗洛伊德的思路。癔症已经表明，所有的身体部位和器官都可以被爱欲化，都可以被性欲化。但是口腔、肛门、生殖器这样一些部位，因其生理构造的缘故，更容易由于较早的快感体验以及对于快感体验的敏感性，而成为典型的爱欲发生区，并通过不断重新找到相应对象来重温最初的快感体验。

人们可能会问：特定的爱欲发生区与性格类型之间是否存在什么关系？篇幅所限，这里不作展开，大家可以参考弗洛伊德本人的研究。弗洛伊德曾对特定的爱欲发生区与特定的性格类型之间的关系做了研究，尤其是以肛门冲动和肛门性格作为一个切入点。大家可以参考他的两篇重要文献，一篇是1908年写的《性格与肛门爱欲》，还有一篇是1917年写的《论冲动的转化：特以肛门爱欲为例》。通过这两篇文章可以了解到，弗洛伊德是如何研究特定的爱欲区与性格类型之间的关系的。

回到拉康，他关于对象小 a 的理论和弗洛伊德关于爱欲发生区的理论，二者的基本思路是一致的。更确切地说，拉康实际上是沿着弗洛伊德的思路，进一步发展出了对象小 a 的理论。弗洛伊德侧重讨论的是爱欲发生区，如口腔和肛门，拉康侧重讨论的则是爱欲发生区的对象，如乳房和粪便，所以他们实际上分别侧重于幼儿性欲的发展这同一过程的不同方面，一个是主体方面，另一个是对象方面。无论是对象，还是主体的身体（爱欲发生区），实际上都具有可塑性；与此同时，某些特定的身体部位或特定的对象,又具有一种典型性或优先性。这两个层面,弗洛伊德和拉康都看到了。虽然理论上一切身体部位都可以成为爱欲发生区,一切部分对象都可以成为对象小 a,但是某些特定的身体部位更具有典型性,与之相应的部分对象也更能作为对象小 a 的典型。以上便是弗洛伊德和拉康在此问题上的思想关联。

人们可能还会问:objet petit a 即对象小 a 与梅兰妮·克莱茵的部分对象之间有什么关系吗?除了弗洛伊德提供了最基本的思路之外,拉康提出对象小 a 的确受到了对象关系学派的启发,尤其受到由卡尔·亚伯拉罕明确提出,并经由克莱茵系统发展的部分对象概念的启发。克莱茵那里的部分对象概念,实际上最早是由亚伯拉罕提出的。大致从 1920 年代开始,弗洛伊德已经开始讨论部分对象的问题,实际上也是受到亚伯拉罕的启发。可以说,亚伯拉罕是整个精神分析历史上最先明确提出部分对象概念的人,之后克莱茵对此概念进行了比较系统的发展。

在克莱茵的理论中,部分对象指的是部分冲动所指向的对象,比如口腔冲动所指向的乳房。部分冲动这个概念很有意思,它并非亚伯拉罕的发明,而是弗洛伊德的首创。由此可见,亚伯拉罕之所以能够提出部分对象,又要追溯到弗洛伊德最早发现的部分冲动,因为部分对象,就是部分冲动指向的对象。在对象的问题上,可以从拉康追溯到克莱茵,从克莱茵追溯到亚伯拉罕,再从亚伯拉罕追溯到弗洛伊德,可见弗洛伊德思想的根本重要性。甚至可以说,在精神分析所有的关键问题上,始终都要回到弗洛伊德。这就是为何拉康强调回到弗洛伊德的重要性。对象小 a 的提出,一方面是拉康直接受弗洛伊德爱欲发生区理论的影响,另一方面通过部分对象-部分冲动同样可以间接追溯到弗洛伊德的发现。弗洛伊德最早发现:冲动并非一个不可分割的整体,而是由部分冲动合成,并且这种合成状态实际上可以随时变化。

5. 克莱茵的部分对象理论

回到克莱茵所说的部分对象,它在无意识的幻想中被赋予了好、坏等价值。克莱茵从偏执-分裂位发展到抑郁位的这个著名理论意味着什么呢？其实就意味着好对象和坏对象从分裂到整合的过程，也就是从一开始偏执-分裂的乳房（一边是好乳房、一边是坏乳房），发展到有好有坏、既好且坏的乳房，这就实现了一种整合。部分对象的成功整合非常重要，因为它对主体人格的整合和所谓"健康发展"至关重要，而且对日后整体性的对象关系的建立也非常关键。克莱茵从部分对象这个概念入手，从好对象和坏对象、好乳房和坏乳房入手，从分裂到整合状态入手，实际上最终是要通过部分对象来思考主体是如何建构起来的，以及主体后来的对象作为一个整体对象连同一种整体性的对象关系是如何建立的。她认为这一切都与部分对象密切相关。在她看来，部分对象的发展和整合，为主体性的构建以及主体自身的整合奠定了基础。

拉康发现克莱茵的这套部分对象理论实际上包含了一种部分和整体的辩证法。虽然涉及的是部分对象，但在无意识幻想的运作中，部分对象被转换成能够代表整体对象的一个能指。也就是说，它虽然是以部分对象的面貌出现，却代表或指称了整个对象。所以部分对象的整合，就意味着整体性对象关系的可能。这便是拉康对克莱茵部分对象关系理论的一种理解，他认为其中涉及在无意识幻想中将部分对象转化为能指来代表整体对象，并且通过这种整体性的对象或对象的这种整合，为主体以及主体-对象关系的整合奠定基础。

6. 温尼科特的过渡对象理论

除了克莱茵的部分对象之外，温尼科特曾提出"过渡对象"这样一个概念，它对拉康也有非常直接的启发。拉康曾直言，对象小 a 是他发明的一种功能，用于指示欲望的对象，甚至还说对象小 a 就是温尼科特所说的过渡对象。当然，经过分析，它们还是有差异的。

在温尼科特看来，过渡对象（比如奶嘴、衣物、被子、公仔等）实际上构建了孩子在母亲与整个外部世界之间的过渡空间。过渡对象和过渡空间是联系在一起的，过渡对象具有一种内外之间的过渡形式和过渡性质，或者说蕴含了一种内部-外部的性质。在拉康看来，克莱茵的部分对象理论蕴含了一种部分和整体的辩证法，温尼科特的过渡对象理论则蕴含了另一种辩证法，即内部和外部的辩证法。过渡对象能够帮主体实现一种内外之间的整合，因此同样对主体的建构具有一种奠基性的作用。过渡对象实现的是内部和外部的整合，部分对象实现的是部分和整体的整合，它们分别从不同方面强调了对象的整合对主体的整合所具有的奠基作用。

克莱茵的部分对象和温尼科特的过渡对象，都对拉康提出对象小 a 产生了重要影响。他们的理论都传达了对象对于主体具有构建性乃至奠基性这层意思，这一重要观点尤其被拉康所继承和发展。拉康对于对象关系学派或对象关系理论最重要的一点继承，便在于强调对象对主体的构建作用和奠基功能。

对象小 a 有确立并支撑主体的作用，这一点可以通过幻想公式（$ \$ \diamond a $）得到体现。在幻想公式中，主体是被划杠的主体，是处在符号秩序之下并在能指网链中被划杠的主体。这意味着在整个符号秩序中，在整个能指网链中，主体都找不到自己的身份，找不到其真正作为一个主体的身份，而只能从一个能指到另一个能指被不断指代。恰恰在对象小 a 这个地方，主体才找到了其存在的坚实基础。

由此可见，尽管拉康具体的理论表述与克莱茵以及温尼科特都有所不同，但他们一致认为主体是在对象这里找到了其基础和根据。归根结底，是对象支撑了主体。拉康继承了对象关系学派的这一基本立场，因此也有观点将拉康的学说归入广义上的对象关系学派。

拉康与克莱茵以及温尼科特有何不同？克莱茵和温尼科特更多关注的是对象在心理过程尤其是幻想中发挥的作用。克莱茵认为活跃在儿童幻想中的部分对象（好乳房、坏乳房）在儿童心理的建构方面发挥了重要作用，温尼科特也强调过渡对象在这方面的作用。拉康没有否认这种作用，他认为克莱茵和温尼科特揭示的这个维度有其价值，但他更着力强调和揭示的是对象小 a 的实在属性及其身体起源。他试图表明，对象

小 a 之所以会对人产生重大影响，要追溯到给人带来切肤之痛的存在的创伤，比如出生、断奶、排便等，这些事件会由于俄狄浦斯期的阉割情结而被回溯性地赋予一种阉割的含义。正因为这些创伤性的事件都是实实在在地发生在人的身体层面的，所以对象小 a 才会产生一种刻骨铭心的效果。

拉康与克莱茵以及温尼科特不太一样的地方，就在于他特别强调这个对象的实在属性及其身体性的起源。可以说，出生、断奶、排便这些创伤性的事件具有双重效果。这些事件在创造出欲望主体的同时，也创造出了和欲望主体相分离的对象小 a。主体和对象实际上是同时诞生的。正因为有了这一系列创伤和阉割，主体才得以作为一个欲望主体而诞生，而他成为欲望主体的代价，便是要失去这样一些实在的身体部分。这些部分一旦被割让出去，就将成为其永远的存在之缺失与存在之痛。拉康表示，正因为有这样一种切肤之痛，正因为有这样一种切身的创伤体验，对象小 a 才会有这样一种支撑和维系主体的效力。对象之所以能够支撑主体，正是因为它其实并非与主体无关的东西，而恰恰是主体为了成为主体而不得不牺牲和割让的自己身体的一部分。这里有必要再次强调对象并非与主体相对立的客体，而是后来成为主体之人自身原本的一部分，是主体为了成为主体不得不因一日割让而永远丧失的那部分。

7. 对象小 a 的系统

接下来看对象小 a 的系统，这里可以参考法国精神分析师埃里克·波奇（Erik Porge）的说法，他对拉康的对象小 a 有一段简明扼要的界定：被定性为剩余、废料、残渣、碎屑、丧失的对象小 a，它最重要的一个特征，就是可以和身体相分离。出于本性而被分离的对象小 a 是被镶贴或者悬挂在身体上，或者说对象小 a 在本质上就是可以和身体分离的对象，它和我们身体之间的关系就是它被镶贴或悬挂在身体上的关系，只有这样才能想象一种分离。[1] 对象小 a 被认为是母亲和孩子之间

---

[1] Erik Porge, *Jacques Lacan, un psychanalyste*, Toulouse: Érès, 2014, p. 265.

的介体或中介。这里可以看到温尼科特过渡对象的影子,因为过渡对象就是母亲和孩子之间的一个中介、一个介体。

按照拉康通常的说法,对象小 a 一般包括乳房、粪便、注视和语音这四种基本形态。人们可能会疑惑:阳具是不是对象小 a？拉康也曾一度把阳具列入其中,可以参见《焦虑》这期研讨班,拉康就给出了五种对象小 a,把阳具也列入其中。[①] 后来拉康又不再提阳具,所以阳具到底算不算对象小 a,这个问题根据拉康思想发展的不同阶段,回答是不一样的,但至少可以说拉康曾经一度考虑过把阳具列入对象小 a 的名单。

在对象小 a 的上述四种基本形态中,乳房和粪便与婴儿最初的需要以及需要的满足所带来的原始快感体验直接相关,也就是说与弗洛伊德最先发现的幼儿性欲直接相关。乳房和粪便、吮吸和排泄活动,恰恰是它们给人带来了最初的快感体验,所以说作为对象小 a 的乳房和粪便与幼儿性欲直接相关。

那么注视和语音呢?拉康另外补充进来的这两种对象来自大他者,而起初占据这一位置的往往是母亲。这两种对象与婴儿的需要并不直接相关,却与大他者对涉及孩子需要的要求有关。例如婴儿吮吸母亲乳房的时候,母亲温柔的注视会被孩子理解成是在要求他多喝一些奶;孩子如厕的时候,母亲急促的语音则会被理解为是在要求孩子尽快排便。注视和语音本来与性欲以及快感没有直接关系,却由于它们在经验中与例如喝奶和排便这样会带来满足和快感的活动联系在了一起,因此被爱欲化了。这样一来,它们就与幼儿性欲之间产生了一种虽然是间接的、继发性的却依然非常密切的联系。由此也再次表明,拉康关于对象小 a 的理论是对弗洛伊德幼儿性欲理论的一种继承、发展和深化。

现在可以作一个总结:可以与身体分离的对象小 a,最初作为孩子和母亲之间实在的介体或中介,在根本上与幼儿性欲及其快感体验有关。由于在实在层面与身体分离而丧失之后,它继续凭借其在记忆系统中留

[①] Jacques Lacan, *Le Séminaire Livre X: L'angoisse*, Paris: Seuil, 2004, p. 265.

下的痕迹或记录（inscription），凭借对应于不同感官的记忆像（味觉像、触觉像、嗅觉像、视觉像、听觉像等），将其身影保留在主体的无意识中，进而可以被加工和制作进无意识幻想中。回到刚才谈到的对象小 a 的双重身份：虽然作为实在的对象，它永远无可挽回地与身体相分离，但与之相关的快感体验的印迹都完整保留在了无意识记忆系统中，于是作为实在在幻想层面的投影，作为幻想对象的对象小 a 成了主体和大写他之间隐秘的中介和纽带，也成了诱发主体欲望的原因，推动着主体去"重温旧乐"。

8. 作为剩余享受的对象小 a

还可以再谈谈对象小 a 的另一个维度，就是它作为剩余享受的这个维度。这方面可以参考法国精神分析师帕特里克·瓦拉斯（Patrick Valas）对于对象小 a 的界定，他认为对象小 a 是对我们曾经逝去的享受（jouissance）的追忆，而由于这个对象代表着避开指称过程的一种享受的剩余，因此被拉康视为剩余享受。[①] 换言之，它实际上是整个符号化或能指指称过程完成之后剩余的一种享受。符号化的过程，或者说能指链入侵人的身体的过程，实际上就是对人的享受进行一种剥夺、改造和转化的过程，那么在经过符号化之后，剩下的没有被成功改造、没有被彻底符号化的那部分享受，就是拉康所说的剩余享受，而拉康同样用对象小 a 来指称它。关于拉康为什么把对象小 a 称为剩余享受这一点，除了拉康自己明确表示他受到马克思剩余价值的启发之外，瓦拉斯从精神分析的角度也给过一个说明，即对象小 a 实际上是对作为并非完全是能指性的主体进行表征的剩余。[②] 拉康对能指有一个界定：能指为另一个不代表主体的能指代表主体。这意味着能指对于主体的表征永远是不彻底的，所以主体是被画杠的，在能指系统中没办法找到一个真正完全属于他的能指，只能在无尽的能指链中不断延宕下去，而对象小 a 正是对

---

① Patrick Valas, *Les di(t) mensions de la jouissance*, Paris: Champ lacanien, 2009, p. 97.
② 同上书，第 98 页。

这样一个并不完全是能指性的主体进行表征的剩余。无论是对享受的符号化还是对主体的符号化，对象小 a 都代表着那一部分没办法被彻底符号化的剩余，所以在这个意义上，拉康说它是剩余的享受。

9. 临床问题

接下来关注对象小 a 所涉及的临床问题：

9.1 性倒错与神经症

首先是对象小 a 与临床结构的关系。在拉康看来，主体将自己认同于大他者欲望的原因，主体将自己认同于对象小 a，这意味着让自己成为大他者享受的工具。这种姿态是倒错性的，而普遍以这种姿态呈现的无意识幻想，本质上也是倒错性的。无论是神经症的幻想还是性倒错的幻想，它们在幻想层面是一致的，在幻想中主体都试图认同对象小 a，都将自己放在大他者享受工具的位置上。但二者还是有所不同，神经症与严格意义上的性倒错之间的差别就在于，神经症只在无意识幻想中保留这样一种姿态，性倒错却将这种姿态付诸实践。拉康认为应该从这个角度来解读弗洛伊德《性欲三论》中的"神经症可以说是性倒错的反面"[①]这句话。神经症和性倒错可以说是同一种幻想结构的正反两面：这种幻想结构以一种直接的形式表现出来，就是性倒错；以一种颠倒的、症状化的形式表现出来，就是神经症。

9.2 固着、症状与享受

接下来看一个更加临床的问题：如何与固着于特定对象小 a 的分析者（analysant）工作？

如果一种特定的享受模式（比如说吸烟、饮酒、积蓄、洁癖还有特殊的性癖好等）能够给予主体所需要的足够的结构性支持，并且主体并不真正抗拒保留这个模式，那么即便由此可能引发诸多不快甚至痛苦，

[①] Sigmund Freud, Drei Abhandlungen zur Sexualtheorie, *Gesammelte Werke Band V*, London: Imago, 1942, S. 65.

还是可以考虑将其保留下来。可以举弗洛伊德本人的例子，它非常有代表性。众所周知，弗洛伊德嗜烟如命，即便到了晚年也没有因为健康告急而戒烟，而宁愿忍受多次手术的痛苦，可见吸烟这种特殊的口腔享受，这种特殊的症状，很可能为弗洛伊德这个主体的结构提供了某种不可或缺的甚至是不可替代的支撑。对弗洛伊德来说，这个症状很痛苦，但他并没有因为痛苦而放弃这个症状，反倒更能够体现这个症状对他而言是一种必要的结构性支持，更能够体现拉康晚年所说的 sinthome 即"症结"作为一个扭结性质的症状对主体结构的支撑作用。

另外一种情况，则是帮助分析者将其享受模式与其生活更好地协调起来，比如对于刚才说到的有嗜烟、嗜酒、洁癖、性癖等症状的人，可以推动他们成为烟草商、品酒师、清洁员、成人用品设计师等，这样就能尝试让其享受模式与其现实的社会功能实现某种协调。

上述两种情况都是鉴于特定症状对于当事人来说非常重要，对于其整个主体结构有很强的支撑性，甚至是不可替代性，在这种情况下可以考虑保留这种症状，或者说让症状背后的享受模式与其生活功能协调起来。

还有一种情况，就是特定的享受模式使主体结构本身面临严重危机，甚至濒临崩溃。比如有些非常严重的自闭症，以及一些严重的忧郁症，当事人习惯处在自闭的状态中，自闭就是他的一种享受模式。问题是长此以往，实际上会使其整个主体结构面临危机甚至崩溃。自残也是如此，自残到最后，就往自杀的方向发展。还有一些受虐狂，以身心受虐作为一种享受的模式，比如说有的女性会不自觉地让自己处在一种被凌辱的位置上，甚至经常使自己怀孕然后堕胎，不断在情感和身体上被对方虐待等等。也许是其早年的一些创伤性经历导致其形成这样一种享受模式，但这种享受模式对其整个主体结构构成了严重威胁。在这个意义上，这种享受模式的危害性非常大，需要考虑在分析中加以改变或转化。

毒瘾这种享受模式也是如此。毒瘾很难戒除，这种享受模式会使主体结构面临崩溃，一旦染上毒瘾，哪怕短暂戒除，还是很难恢复主体现实的社会功能，如此一来便又容易重新回到对毒品的依赖中，所以毒瘾式的享受模式实际上使主体性的重建面临很大困难。包括刚才谈到的严重的自闭、自残、自虐、受虐，这些享受模式实际上都对主体性和主体结构产生了严重威胁，因此当主体有意愿做出改变的时候，分析师（analyste）可以顺势推动这一改变。例如，可以凭借一位饱受心理问题之苦的人对自身症状的兴趣，推动其成为心理学的爱好者甚至工作者。《危险方法》这部电影的女主角，在荣格和弗洛伊德之间的萨宾娜，她恰恰属于这一类人。起初她有很严重的癔症，并因此来找荣格问诊，后来又到弗洛伊德处接受治疗。由于她对自身症状很感兴趣，同时能够通过分析工作将症状性质的享受转化为一种求知与探索的热情，因此得以从起初直接享受身体症状的模式，逐渐转换为从理论上、知识上理解并消化症状和心理问题的模式。这位萨宾娜后来成了俄国非常重要的精神分析师，从她身上可以看到，如何从对整个主体性构成严重威胁的症状性的和病理性的享受模式，转换成一种更具有创造性和生产性的享受模式。

二、父性隐喻

下面这个部分将关注父性隐喻（métaphore paternelle）以及由此引发的相关问题。由于父性隐喻涉及阳具（phallus），因此父性隐喻、阳具、主体的诞生以及欲望的演化等过程实际上是交织在一起的。首先，该如何理解父性隐喻？

1. 父亲的隐喻

首先回顾一下拉康对隐喻的界定。拉康对隐喻有一个基本界定，即一个能指对另一个能指的替代，S 对 S' 的替代，并且起替代作用的能指，由此将会获得一个新的所指或意义，就是一个 s，所以拉康隐喻的公式写作：

$$\frac{S}{S'} \cdot \frac{S'}{x} \rightarrow S\left(\frac{1}{s}\right)$$

这里实际上进行了约分。将父性隐喻按照这个公式套进去，左上角是父之名（Nom du père），左下角是母亲的欲望，中间一点，右上角是母亲的欲望，右下角是对主体而言的所指，一个箭头，最右边是父之名加一个括号，括号下面是阳具，上面是大写的 A。

$$\frac{\text{Nom-du-Père}}{\text{Désir de la Mère}} \cdot \frac{\text{Désir de la Mère}}{\text{Signifié au sujet}} \rightarrow \text{Nom-du-Père}\left(\frac{A}{\text{Phallus}}\right)$$

按照这个公式，在父性隐喻或父亲的隐喻中，母亲的欲望对于作为主体的孩子而言是有所指的，也就是有"所指"（signifié）的或者说有意义的，但是这个所指对于孩子而言是一个谜。换言之，孩子知道母亲的欲望总是左右着他，这个欲望好像指向某个东西，或者说它具有某种意义，但这个意义对他来说是一个未知的 x。它的意义是不明确的，是一个未知数，所以用 x 来代表。在某一个时刻，父之名这个能指替代了母亲的欲望这个能指，这意味着孩子将母亲的欲望落实在了父亲那里，或者说归于父之名这个能指。

如此一来，父之名通过隐喻获得了一个新的意义。需要注意的是，父之名获得新的意义，这是相对于主体而言的，也就是说父之名这个能指所获得的意义，是一种相对的意义，而非绝对的意义。对于孩子来说，对于这个主体来说，父之名有了一个意义，这个意义就是阳具。父之名的意义是阳具意味着什么？意味着父之名是阳具和权力的拥有者，而阳具就是象征权力的符号，是权力和权能的一种象征。所以从这个角度来解读，父之名的隐喻，通过父亲的能指对母亲欲望的能指的这种替代，实际上使得父之名对主体而言具有了一种意义，就是父亲才是真正的阳具的拥有者，也就是真正的权力的拥有者和法则的代理者。

有学者比如乔埃勒·多赫（Joël Dor）在他的《拉康导读》（*Introduction à la lecture de Lacan*）中，就把父性隐喻的过程和原初压抑的发生等同起来。他认为父之名对母亲欲望的这样一种隐喻或替代，使得母亲的欲望这个能指成了被压抑的对象，也就是原初压抑的对象，因此变成了无意识的。在他看来，父性隐喻的发生意味着无意识的生成。这个过程不但使父之名获得意义，不但使父之名具有了阳具的意谓，同时也使原初压抑得以发生。[1]

对拉康后来的思想有所了解的人可能会问：父之名和母亲的欲望，哪个是 S1，哪个是 S2？在这个时期，包括在这个公式中，实际上并未涉及拉康后来 60、70 年代的话语理论中作为主能指和能指链意义上的 S1 和 S2。拉康在这个时期还没有形成这一思想，他可能会说 S1 为 S2 来指代被划杠的 $ 即主体，但这个时期的 S1 和后来作为主能指的 S1，这个 S2 和后来话语理论中作为无意识的能指链或知识链的 S2，并不能直接等同起来。因此在阅读拉康的时候，需要注意他使用的符号的内涵是会变化的。就像之前谈到的小写的 a，在 40、50 年代的时候，它往往指想象的小他者，但到了 60 年代以及之后，它往往指实在的对象小 a，或无意识中作为其幻想投射的对象小 a。

总之，在拉康提出父性隐喻的时候，尚未涉及后来话语理论意义上的 S1 和 S2。如果仅仅按照能指对主体产生效果的时间先后来进行排序的话，那么母亲的欲望可以被称为 S1，后来取代它的父之名就是 S2。这里实际上涉及俄狄浦斯情结的三个时刻或阶段。首先是孩子、母亲和想象的阳具构成的俄狄浦斯期的想象三角，然后才是父亲介入之后形成的父亲、孩子和母亲的符号三角，以及想象三角和符号三角共同构成的俄狄浦斯矩形，可见父之名只是后来在第二乃至第三阶段才正式进入。在此意义上，不妨称母亲的欲望是 S1，父之名是 S2。

2. 阳具的意谓

接下来就涉及阳具的问题。要理解阳具的具体内涵，或许直接在拉康本人的论述中来理解会更容易一些，或者说会更恰当一些。

---

[1] Joël Dor, *Introduction à la lecture de Lacan*, Paris: Denoël, 2002, p. 119.

很多人可能都有这个疑惑：为什么拉康偏偏选择阳具，将其置于一个特殊的位置上，把它当成一个非常特殊的能指？在《阳具的意谓》（La signification du phallus）这篇文章中，拉康明确给出了解释。阳具之所以被选为一个特殊的能指，或者说一个具有特权的能指，有其文化上的背景。拉康认为逻各斯的方面和欲望的降临，就在阳具这个标志上结合在了一起。也就是说，阳具被视为两个方面的一个连接点，一方面是逻各斯，另一方面是欲望。可以说这个能指是作为人们能够在性交的实在中捕获到的最突出的东西而被选中的。性交这样一种实在的活动，拉康用的是 copulation sexuelle，但是 copulation 这个词和 copule 也就是逻辑上和语法上起连接作用的"系词"同出一源。copulation 不单单是"交"，它指的是性方面的结合、连接。

在实在层面，如果要描述性的连接或结合，如果要用一个标志或者符号来表征这一活动，那么最突出、最有代表性的就是阳具，阳具就是整个性活动中最突出的、最有代表性的部分。这是拉康选择阳具的第一层理由。第二层理由在于象征或符号层面。象征着性和欲望的阳具，作为性交（copulation）即性方面结合与连接的符号，在功能上与逻辑上的系词（copule）等价。还有第三层理由，在于想象层面。可以说阳具凭借它的肿胀而成了进入到繁衍中的生命之流的形象。涉及上述三个理由的这段话在法文版拉康《文集》的第 692 页。[1]

拉康在很长一段时间都说阳具是欲望的能指，或者说阳具作为能指给出了欲望的理由。这其实并非偶然，因为阳具恰好兼具以上实在的、符号的、想象的多重意谓和多重身份。它既是性欲望实在的器官，又象征着语言和逻辑上起连接作用的符号（系词），同时还是欲望与生命力的形象。在西方文化尤其是西方艺术的传统中，肿胀的、勃起的阳具，代表的是人性，是人性的力量，是人蓬勃而旺盛的生命力。因此在实在的层面、符号的层面以及想象的层面，阳具在西方文化中都具有一种非常

---

[1] Jacques Lacan, La signification du phallus, *Écrits*, Paris: Seuil, p. 692.

特殊的地位。也正因为能够同时兼具上述多重身份或多重功能，拉康认为它最适合也最有资格作为人类欲望的标志。

弗朗索瓦·巴乐迈（François Balmès）认为，正是阳具的这种特殊性使得拉康在很长时间内都以阳具为中心来探讨存在的问题。[1]比如拉康在表示"欲望是存在在主体中的转喻"的同时，也表明"阳具是主体在存在中的转喻"，这是拉康在《研讨班六：欲望及其诠释》中给出的一个说法。另外，在拉康的理论中，作为欲望能指的阳具与作为欲望原因的对象小 a 之间的关系，也是一个长期以来令人困惑的问题。巴乐迈也曾就此问题给出过一段说明，表示对象小 a 实际上占据的就是象征性的或符号性的阉割给主体所造成的缺失的位置，而阳具是这一缺失的能指。[2]这一缺失有双重效果：第一个效果是缺失指向某个对象并被其替身所占据，这个对象就是之前所说的作为实在之物的对象小 a，其替身便是其在幻想中的投射；第二个效果就是这一缺失本身被一个能指所指代，而指代这个缺失的能指就是阳具。换言之，缺失的双重效果，一个是符号性的，即阳具作为欲望的能指，另一个可以说是实在的，即空缺位置所指向的并出现在空缺位置上的东西，就是实在的对象小 a 及其在幻想层面的投射。正因为如此，经常会看到拉康把对象小 a 和代表阉割的符号"$-\varphi$"放在一起，表示对象小 a 出现在阉割所造成的空缺的位置上，或者说对象小 a 正是阉割的结果或产物。这个空缺是阉割的结果"$-\varphi$"，因阉割从这个位置上掉落并且事后可能会不时回到这个位置上（从而引发焦虑或欲望）的正是对象小 a，大写的 Φ 这个能指即符号性的阳具则用于指代这一缺失。阉割、对象小 a 和阳具能指的关系可以从这个角度来理解。

帕特里克·瓦拉斯则认为拉康区分了两种阳具，一种是属于符号界的作为欲望能指的阳具，另一种是作为阉割的想象对象的所指-阳具，但后一种阳具并非阳具能指的所指，也就是说想象的阳具和作为欲望能

---

[1] François Balmès, *Ce que Lacan dit de l'être*, Paris: PUF, 1999, p. 119.
[2] 同上书，第 168 页。

指的符号性的阳具，二者之间并非一个能指和与它对应的所指的关系。瓦拉斯认为，拉康在这个问题上，在这两种意义上的阳具之间有一个相当大的概念上的跳跃。① 这实际上是一个难题，尤其是在《研讨班四：对象关系》和《研讨班五：无意识的诸形态》中，拉康在谈到小写的 φ 即想象的阳具和大写的 Φ 即作为能指的符号性的阳具时，并没有特别明确二者之间的关系，但他确实又同时在两个意义上使用阳具这个概念，所以瓦拉斯认为拉康在这里有一种概念上的跳跃。除此之外，瓦拉斯还认为，通过赋予作为能指的阳具相对于其他能指的优越或特权地位，拉康将阳具打造成了无意识话语中的一个逻辑算符。不妨将"算符"理解为无意识的话语或运作机制中的一般等价物，它表明阳具的特殊地位就在于可以衡量不同能指的价值并将不同能指都换算成阳具。②

3. 隐喻与转喻

下面谈谈隐喻和转喻的问题。拉康谈论转喻，说欲望是一种转喻，而且这个转喻最终被明确为对存在之缺失的转喻。彼得·维德莫尔（Peter Widmer）有一个很有意思的观点，在他看来，既然欲望是存在之缺失的转喻，那么曾经被拉康界定为一种隐喻的症状，实际上很可能也和存在的缺失有关，并由此赋予了存在的缺失某种意义。于是维德莫尔提出一种假设，认为意义是能指之间擦出的火花，也构成了一种想象意义上的真理，而对一个主体而言的真理，便是这个主体所隐喻的东西不外乎是存在的缺失，并且他把自己从能指那里获得的意义赋予这种存在的缺失。在维德莫尔看来，症状所隐喻的东西就是存在的缺失，并且通过隐喻所创造出来的意义来回应这一缺失。③ 换言之，人们需要赋予存在的缺失一种意义，以使这种存在的缺失不再那么具有创伤性。这种解读虽然有新意，却似乎不完全符合拉康的原意。按照拉康本人的说法，

---

① Patrick Valas, *Les di(t) mensions de la jouissance*, Paris: Champ lacanien, 2009, p. 76.
② 同上书，第70页。
③ Peter Widmer, *Subversion des Begehrens*, Frankfurt am Main: Fischer, 1990, S. 75.

隐喻和转喻是不同的。与隐喻相关的，不是存在的缺失，而是存在的问题。隐喻所回应的是存在的问题，存在还是不存在、to be or no to be 的问题。更符合拉康本意的说法应该是隐喻通过它所创造或产生的意义来回应存在的问题。

由此可以看出隐喻和转喻之间的联系和区别。联系在于二者都与存在有关，区别在于转喻要应对或处理的是存在的缺失，隐喻的任务则是如何回应是否存在以及如何存在的问题。

4. 隐喻和转喻的临床运作

既然界定了欲望是转喻，症状是隐喻，那么二者在精神分析的临床工作中具体是如何体现的呢？概而言之，精神分析不仅在欲望的层面工作，也在症状的层面工作。也就是说，精神分析不仅在转喻的层面工作，也在隐喻的层面工作。带着这样一种基本理解，可以来分析神经症和精神病的临床。

神经症的特征是什么？就是其症状具有一种隐喻的结构，而这种隐喻可以被视为对处于无限转喻进程中的欲望的暂时固定。拉康说欲望的转喻其实是一个无限的进程，是一个不断展开的进程。那么隐喻实际上就是在某处暂时中止这个转喻进程，临时制造某种意义。因此通过精神分析破解症状的隐喻，实际上不仅是为了化解症状，更是为了让分析者看到被症状的隐喻所掩盖和遮蔽的欲望的真相，即欲望是存在之缺失的转喻，不存在彻底满足欲望的终极对象，而只有对对象的再度失去和重新找寻。

在分析治疗的过程中，要实现的目标并非绝对地趋近对象小 a，而是通过一种兜兜转转、且进且退的方式，并且凭借这样一种迂回、对峙和距离，帮助分析者将自身确立为主体。可以看到，此处涉及的是绕着对象小 a 旋转，凭借一种迂回以及与对象小 a 之间的张力，建构或者重构主体。在此过程中，主体并不完全是被动的，而是可以借助分析得到一种解放，建构出体现其独特性的欲望模式（转喻机制）和症状模式

（隐喻机制）。精神分析的工作的确要去破解症状的隐喻，或者说要去破解症状隐喻的维度，但是这不（只）是为了化解症状，而是为了重启作为一种隐喻的症状所暂停的欲望的转喻进程，让分析者看到欲望的其他可能，或者说让他作为一个主体去构建或重构彰显其独特主体性的欲望模式以及相应的症状模式。从这个角度解读症状，就不是以消解症状本身为目的，而是为了通过消解症状来解放欲望，这是精神分析针对神经症展开工作的关键维度。

与神经症不同，精神病的特征是其症状的非隐喻结构，或者说是其症状的实在性。精神病的症状往往体现出症状的实在维度，也就是拉康后期所说的症状的享受维度，而缺乏神经症症状的隐喻结构及其产生的意义维度，同时体现出因拒斥父之名及其代表的法则所导致的转喻的非欲望化或者说欲望的病理化。在拉康看来，精神病人由于拒斥或弃绝了父之名，因而不具有一般意义上的欲望，或即便有欲望，这种欲望也是病理性的。这种欲望由于不符合父之名所代表的社会规范而体现出一种反社会性的病态。由此可见，一方面精神病人的症状具有一种非隐喻的结构，具有一种实在性；另一方面精神病人的转喻具有非欲望性，或者说具有病态的、非社会性的或反社会性的"享受性"。

可以结合具体的例子来分析一下精神病的独特性。在之前谈到的毒品成瘾问题中，这种独特性便体现为主体对于对象病态化的高度依赖。在这种情况下，分析工作的方向在于重构主体的隐喻和转喻机制，尤其是通过延迟满足和替代满足来重建隐喻机制。毒品成瘾者的症状在于其享受过于直接、过于实在，因此需要对其加以中介化和隔离，以建立一种替代性的隐喻机制。换言之，通过提升其症状符号化和结构化的程度，让主体与对象小 a 之间拉开一定的距离。这便是症状的符号化和隐喻化，让症状从过于实在的状态逐渐符号化和结构化，并且让主体能够通过由此创造的意义而非直接的享受来回应其存在的问题。这是精神分析师在与精神病人的工作中可以努力的一个方向。

另一个方向就是通过引入并且建立新的转喻规则，将转喻的机制社会化和欲望化。精神病人的转喻往往有自身独特的一套逻辑，在旁人看来是凌乱的、荒谬的、无理的、疯狂的。与精神病人展开工作，需要在其病理性的转喻机制中引入新的规则，需要将其转喻的机制相应地规范化、社会化、欲望化，使其不再以一种直接享受或原始冲动的方式体现出来，而是通过欲望化来弱化其病理性并将其转化为创造性。可见与精神病人工作，需要同时对其隐喻机制和转喻机制加以重构。在这个意义上，精神病和神经症是不太一样的，所以有必要把握二者在临床治疗方面的差异。

5. 分析的设置与无意识的运作

接下来谈谈分析的设置和无意识（欲望）的运作之间的关系。一般认为，分析师似乎不会在分析时间之外和分析者有联系，包括回信息，除非涉及调整分析时间等特殊情况。下面想就这个问题谈一点：在一定的分析设置之内展开分析工作，其根本目的是什么？要不要回分析者的信息，要不要在分析时间之外与之保持联系，首先要理解分析设置的目的。在一定的分析设置里展开工作，根本目的是更好地推动无意识的敞开和涌现。一般来说，分析师不在分析时段之外回应分析者的信件、信息等，其实是在拒绝分析者的要求，这是拉康所强调的。在分析时段之外，分析者给分析师发信息，很大程度上包含了要求的维度，因此分析师不回这些信息或者拒绝这种联系，其实是在拒绝分析者的要求。这样做的目的是什么呢？其实是要逼出分析者的欲望，而悟性较高的分析者也许可以领悟到这一点。

比如在《西游记》中，孙悟空当初拜菩提祖师学艺时，祖师在他头上敲三下，他就明白这是暗示他三更时去找师父，这就是一种悟性。拒绝当面的要求是为了逼出更深层的欲望。有的分析者也有这样的悟性，比如这次他的要求遭到拒绝，他下次来分析的时候就会说出一些不一样的东西。但是大部分人，在大部分情况下，当其要求遭到拒绝时，往往会表现出愤怒、失望、羞耻、罪恶、抑郁、恐惧、焦虑等负面情绪。这些消极情绪的涌现可能是转移/移情（transfert）的体现，因此会涉及无意识的敞开。分析师拒绝这些要求的同时，也预见到很可能会出现上述这些情绪，但在某种意义上这恰恰就是他的目的。分析师需要逼出分析者的这些情绪，他需要打破分析者在分析中无关痛痒的"空话"（parole vide），而这些情绪作为转移的体现恰恰标示着无意识的敞开。无意识伴随着这些情绪而敞开，分析的工作才能真正展开并得到推进。

如果分析师总是无条件地满足分析者的要求，比如说有的自身心理学（self psychology）取向的分析师，觉得要给分析者充分的镜映，所以经常有一些过度的共情，还有一些对象关系学派的分析师主张无条件的抱持，这样一来分析往往会更多停留在想象的层面，伴随着暂时的满足与和谐。有一些分析师试图满足分析者的所有要求，包括分析设置之外的联系等等，在短期内分析者可能会满足，分析关系可能会显得和谐，但往往在后续会出现更多的不满和攻击。分析在这种情况下就停留在想象层面，而想象层面意味着拉康在镜子阶段所揭示的情形：一方面像孩子一样因看到自己理想化的形象而狂喜，另一方面马上陷入一种嫉妒和一种致命的攻击性。因此如果完全停留在想象层面，分析工作便难以深入展开，无法深入到欲望、享受、症状等核心问题上。

通过恰当拒绝分析者的要求，潜藏在要求之下的欲望就会通过某种形式浮现出来，往往首先是通过消极情绪表现出来，也有可能通过行动演示（acting out）或付诸行动（passage à l'acte）表现出来。拉康曾经评论过恩斯特·克里斯（Ernst Kris）的那位想吃新鲜脑子的著名病人，以及弗洛伊德的年轻女同性恋的个案，其中便涉及行动演示和付诸行动。分析者的这些表现，尽管在某些时候是分析师的失误所致，但是在另一些时候，也可能是分析师有意为之。比如故意给一些错误的解释，给一些错误的干预，给一些不理解，给一些拒绝，这恰恰是要逼出一些东西。无论是逼出行动演示，甚至有的时候逼出付诸行动，都可以让无意识以一种激烈的方式敞开和呈现。可见这些表现有的时候是分析失误造成的，有的时候是分析师的策略，而作为后者当然是一种需要谨慎使用的技术。

分析师在分析之外的时间拒绝联系还有另一层原因，即无意识的运作有其独特的时间性，而分析的设置就是为了合理利用这种时间性。比如通过两次分析会谈之间的间隔，就使得无意识能够自行展开一种运作。无论是弗洛伊德还是拉康，包括现在很多拉康派的分析师都会强调，无意识实际上是自己在工作，无意识其实是可以自己工作、自己运作的一个系统。通过两次会谈之间的时间间隔这种设置，就能够让无意识自行展开这样一种运作，并且为下一次敞开做准备。在两次分析期间设置一定的时间间隔，无意识层面的某些东西就可能逐渐得到修通，可能下次来的时候分析者就会谈起一些新的内容。例如做梦，一些分析者在两次分析的间隔期间会做一些新的梦，或者会做一些重复的梦，这些梦也表明无意识在运作；又如过失行为，分析者忘了分析的时间，或者提前到了，或是把东西遗留在分析室等，这些也表明无意识在运作；再如分析者会产生一些新的幻想或症状，同样说明无意识在加工、在运作，并指示分析工作的方向。

分析设置的作用之一便是通过时间的间隔来保证无意识运作的空间。如果在这期间分析者和分析师互通信息或者有所交流，就有可能破坏无意识的这种自行运作机制，扰乱无意识自身的节奏。

话说回来，分析设置也并非一成不变，除了原则上的坚持之外，同样要有权变。在某些情况下，尤其是当分析者处于危急的状态下，常规分析设置之外的交流并非绝不可行，甚至还有可能起到化险为夷、扭转乾坤的作用。比如一个重度忧郁症患者在自杀之前给他的分析师发了一封邮件，或者一位妄想狂在谋划杀人时给分析师发了一条信息，那么对于这样的邮件和信息不仅是可以回复的，而且甚至有必要进行及时和恰当的回复。这种情况下，分析者给分析师的留言很有可能是绝望爆发之前最后的希望和求告，是挽救其人性和主体性的最后努力，因此分析师的伦理职责就不再是通过分析设置把自己保护起来置身事外，而是应当毅然挺身而出，并争取通过其人性的力量力挽狂澜。

由此可见，分析的设置实际上是原则性的。分析在原则上需要一个设置，从而给无意识的运作留下空间。尽管如此，设置也会因分析师个人风格而异。有的分析师的设置比较严格，比如在原则上会拒绝分析室以外的一切沟通，有的比较温和，可以允许分析者在分析室之外和自己保持联系。因此分析的设置，实际上会因为分析师的个人风格而存在差异，并且同样应视分析者的临床结构、转移关系以及特殊情况保持灵活性。当常规设置不适用于特殊情况的时候，分析师应当有果断应变的决心和能力。分析师真正的职责，不在于守住分析的设置，而在于以可行的方式推动无意识的运作，真正推动主体性的建构或重构。

6. 行动演示与付诸行动

刚才谈到行动演示和付诸行动。同样的行为，对不同结构的主体，甚至对不同状况下的同一主体，都可能有不同含义。以自杀为例，行动演示性质的自杀具有表演的性质，也就是说在某个幻想的场景中表演给处在某个位置的他者看。这种自杀的目的不是真正置自己于死地，而是以这种极端的方式让自己成为他者关注的场景的中心，并且往往是成为他者欲望的对象。

很多典型的癔症患者，他们的自杀尝试就具有这样的性质。癔症性质的、带有表演性质的、行动演示性质的自杀，往往不会采取一种一击致命的方式，也不会是悄无声息的，而是仿佛把自杀作为一场演出，比如一场诗意的、华丽的演出，或一场悲怆的、伤感的演出，并且会想方设法引起他者的注意，例如会在精心选择的时间、地点和场景自杀。有的癔症患者会在自杀前给亲友或是分析师留言。当事人并非真的已经下定决心自杀，而是实际上还心存希望，还期待某个他者的关注，期待他在最后时刻把自己从生死边缘挽救回来，并由此证明自己值得被爱和欲望。

可以举个例子：在高鹗续写的《红楼梦》中，黛玉的死发生在她自己生日当夜，而此时宝玉和宝钗正在举行大婚。林妹妹的死，是泪尽而死，恰有冷月葬花魂的意思。黛玉的死，就是在一个特殊的时间、场合，以一种特殊的方式而死：在宝玉、宝钗的大婚之时，以一种泪尽而逝的方式而死。黛玉之死实际上就带有一种行动演示的性质，她的目的并不是死，而是希望让宝玉看到她很伤心，伤心欲绝。这种行动演示性的自杀，实际上具有一种隐喻的性质，因为它是以一种极端的形式来表现出需要得到他者的关注，需要成为他者欲望的对象。也正因为具有这种隐喻的性质，所以在分析过程中可以通过解释和干预加以化解。

另一种性质的自杀，付诸行动性质的自杀，就不具有这种表演的性质。拉康说主体在这种情况下冲出了他者的注视和幻想场景之外，将实在的冲动表达为实在的行动——尽管可能还和符号系统保持联系，并且具有某种意义。

例如在弗洛伊德的年轻女同性恋的个案中，对于女孩最后从铁路桥上纵身跳下这个行为，弗洛伊德用了 niederkommen 这个德语词，字面上的意思是"坠落"，而常用的意思是"分娩"，即孩子降生。女孩最后的这个行为，拉康说它是付诸行动，但它还是与符号系统保持了一定的联系，也就是说它还是有意义的。虽然它不是表演，也不给谁看，但依然是有意义的，对这个主体来说是有意义的。但尽管是有意义的，这个行为并没有经过充分的主体化过程，没有以欲望的形式呈现。

可以再举一个例了，就是莎士比亚《哈姆雷特》中的奥菲莉娅。在她父亲被哈姆雷特误杀之后，哈姆雷特装疯，拒绝了她，奥菲莉娅则由于亲情和爱情双双失意，导致精神崩溃。莎士比亚将奥菲莉娅的死因描述成失足落水，说她原本是想把一个花环挂在枝头，却不慎失足落水而死。奥菲莉娅看似是因为上树而无意失足，实则是因为绝望而有意寻死。奥菲莉娅的死，实际上就是因绝望而有意寻死的这样一种付诸行动的自杀，她这时候已经没有任何期盼了，她不再指望哈姆雷特回心转意。她看似是因为上树而无意失足，但为什么要上树呢？为什么要在一棵如此脆弱的树枝上停留呢？因此这一举动在根本上可能就是一种付诸行动的自杀，一种因绝望而有意寻死的自杀。对于这样一种性质的自杀，分析干预难度是比较大的，并且主要的工作方向在于通过语言以及语言的符号化机制来中介并缓和冲动的直接性和破坏性。

概而言之，行动演示性质的自杀更多处于由幻想所支撑的欲望的水平，而付诸行动的自杀更多处于直面实在的冲动的水平。一个在欲望的水平，一个在冲动的水平，所以对它们的干预方式以及干预难度是不一样的。

7. 拉康理论与贝克认知理论的对比

最后，回应一点：相比于贝克等人的认知疗法，拉康关于精神病的理论，其主旨不是对主体进行纠正和矫治，或在福柯的意义上将其规训为没有太多个性和主体性可言的所谓"心智健全者"。拉康的精神病理论，甚至可以说拉康的整个精神分析学说，其主旨就是要通过每个人独特的症结（sinthome），通过作为构成其整个人格之扭结意义上的症状，通过直面无意识的真相，找到或者发明真正属于他作为主体独一无二的身份。面对一个精神病人，精神分析，特别是拉康的精神分析，旨在让其发现自己的独特性，就像詹姆斯·乔伊斯通过其独特的写作成就自己那样，而不是让他成为一个表面上心智健全，实则没有个性、没有名字的人。

以一句话作为总结：继承了弗洛伊德基本思想的拉康，实际上不像其他结构主义者那样打算消解主体，反倒是要确立一种真正的主体，而且是能够发现（甚至发明）并认同自身独特个性的主体。

精神分析与控制论

——解读拉康第二本研讨班

王润晨曦[①]/著

我们知道，精神分析是19世纪末20世纪初由弗洛伊德创立的一门学说，同时，它也是一种接待心理病患的临床工作方式，即使在当今欧美临床心理学界以认知行为疗法为主的临床心理工作当中，我们依然能够找到精神分析在临床运用中的位置。

但显然它不只是一门技术，不可以被简单划归为一种疗法或者一种工作方式。长久以来，弗洛伊德对无意识的发现都与哥白尼的发现和达尔文的发现放在一起进行比较，这个事实本身已经肯定了弗洛伊德学说的重大意义。从思想谱系史的角度，福柯会将精神分析视为一种关于性的新的配置（dispositif）下的表现，联系于西方对性的宗教式坦白的传统，而有别于他所谓的性爱艺术（ars erotica），是"一种大大地跨过了历史的配置，因为它将古老的坦白任务嫁接在了临床倾听的方式之上。正是透过这一配置，性和它的愉悦的真理才得以浮现，也就是一些叫作性欲（sexualité）的东西。"[②] 从精神分析本身的角度，拉康会认为科学的

[①] 王润晨曦，法国巴黎西岱大学精神分析与心理病理学博士，著有《镜子、父亲、女人与疯子》（合著），译有《拉康》、《白熊实验》（合译）、《哲学的殿堂》（合译）等。
[②] Michel Foucault, *Histoire de la sexualité I: La volonté de savoir*, Paris: Gallimard, 1976, p. 91.

诞生是精神分析诞生的条件，因为科学的诞生基于笛卡尔式的"我思"的主体概念，而正是主体这一概念为精神分析创建提供了可能性。单凭这两条就可以让我们放弃把精神分析单纯当作一种具有泛性论缺陷的过时技术的偏见，这种偏见往往以大众传播中对弗洛伊德的流行印象为借口，将精神分析真正精深的理论内涵束之高阁。但这不足以让我们对文章的标题产生任何直观的想象：这样一种孕育在时代背景当中的精神分析，与1948年由电子工程师诺伯特·维纳创建的控制论（cybernetique）有何直接关联？难道是精神分析可以作为赛博朋克（cyberpunk）艺术形式的理论支撑，为人类的异化提供一种个人性欲层面的理论解释？

显然不是，"精神分析与控制论"这个标题，首先出自拉康的一场同名讲座，作为法国精神分析协会（SFP）同年的一系列以"精神分析与人文科学"为主题的讲座中的一场，收录在拉康的第二本研讨班中。拉康在这场讲座中回顾了精密科学（sciences exactes）和预测科学（sciences conjecturales）的历史发展，将控制论定位在了预测科学的历史脉络中。他认为精密科学联系于这样一种"实在"的功能，"这是我们在同一个地方重新找到的东西，无论我们是否在那儿。它可能会移动。并且原则上我们自己的移动对这个位置的改变没有实际的影响。"[①] 而预测科学是一门位置组合的科学，起源于帕斯卡分析的赌徒游戏，"位置组合的科学替代了总处在同一个位置的东西的科学。对出现和缺席的法则的寻找会带来二进制的创建，后者通向我们所谓的控制论。"[②] 而精神分析与控制论共同的轴就是语言。

如果说"控制论是句法的科学，它的信息是一串记号，一串记号总是可以回归到一串0和1"，[③] 那么为什么语言是它和精神分析共同的轴，这是本文试图回答的问题。这个问题的意义更加体现在这场讲座与拉康

---

① Jacques Lacan, *Le Séminaire Livre II: Le moi dans la théorie de Freud et dans la technique de la psychanalyse*, Paris: Seuil, 1978, p. 342.
② 同上书，第345页。
③ 同上书，第350页。

研讨班的其他讲座及他的文章的关联中。阅读这本研讨班，我们会发现，与控制论有关的主题同样出现在第十五讲"单双数？超越主体间性"当中。更重要的是，它联系于拉康《文集》的第一篇文章《关于被窃的信的研讨班》。这篇文章不是拉康《文集》中时间最早的文章，却被放在了第一位，这已经暗示我们这篇文章意义重大，甚至可以说确立了后面内容的理论基础和核心，就如同被置于《其他文集》首位的文章《文字涂抹地》（lituraterre）昭示了以字母（lettre）为首的拉康后期理论转变一样。同样，与控制论的内容密切相关的还有第十一本研讨班《精神分析的四个基本概念》的第五讲"运气与自动性"（Tuché et automaton），[1] 这是第十一本研讨班有关"重复"这个概念的最后一讲。

一、精神分析历史中对语言的态度

虽然自弗洛伊德创立精神分析伊始，精神分析就被他称为一种"谈话疗法"，显然语言就是精神分析治疗所运用的工具，但是在精神分析的历史中，语言的真正作用在很长一段时间受到了忽视。谈话疗法意味着分析家（analyste）必然用语言进行工作，但是语言在这里天然具备一种被贬低为工具的可能性，这也符合一种常识的态度，毕竟人们往往陷于对语言所传递的内容的关注，着迷于信息或意义的丰富性，而忽视语言作为形式本身的特色。有时候人们也会觉察到话语本身所具备的耐人寻味的力量，比如某个人发现他所说的话总是具有一些重复性的特征，这里面似乎是被一些规律所主宰，但这种经验显然并不容易被纳入一个科学研究的框架。至于对语言的规律的自省，因为缺乏足够的材料，往往也无法得出令人满意的结论。总而言之，谈话疗法这个词本身无法确保接下来这种疗法的发展有足够多对于"谈话"的重视。谈话可以只被当

---

[1] Jacques Lacan, *Le Séminaire Livre XI: Les quatre concepts fondamentaux de la psychanalyse*, Paris: Seuil, 1973, p. 53.

作一种媒介，用来在分析家和来访者之间传递信息，人们可以将重心放在对来访者症状的解释之上，而这种解释被视为精神分析起作用的关键，虽然这种作用在临床中经常显示为不足的。

但是在弗洛伊德确立的这个谈话的框架下，人们可以观察到一些更易被发现的东西。也就是说，弗洛伊德创立了精神分析学说，但是这种学说在他的弟子和后继者中的传递程度是不一样的。人们可以注意到它最"臭名昭著"的特征，比如"泛性论"，也可以注意到那些与生活的经验最接近的特征。这个学说带来了这样一种治疗的框架，人们很容易在这个框架下找到他们生活中本来就熟悉的东西。比如说，对于刚刚在这个框架下接待来访者的咨询师来说，他很容易就可以注意到他的病人往往并不具备一个强大的"自我"。这个自我的弱小可以指病人并不具备调和自己种种愿望和冲动的能力，无法自律，无法很好地安排自己的生活，也可以指他喜欢依赖别人，像是把生活的重量都放在了一个与他有关的他者之上，尤其例如爱的对象。这是一种离生活本身很近的经验，在谈话疗法要求的对病人持续的倾听下，这种经验很容易被总结成理论。这种谈话的框架将不同的病人所说的话语的经验聚集起来，形成了一种崭新的经验，而在这里，那些经验中最为显著的特征脱颖而出，即使这些特征是成问题的或者经不起仔细推敲的，并导致后弗洛伊德者很容易"偏向"一种自我心理学（ego psychology）。当然，跟弗洛伊德接近的那些人已经有朝这个方向发展的倾向，比如阿德勒提出的超越自卑的理论。这种发展的偏离尤其可以追溯到弗洛伊德后期的拓比学理论，也就是他的"它我（Es）、自我和超我"的划分。它我，或者有人不恰当地翻译成的"本我"，按照规定就是意识不到的部分；超我，作为道德法则我们多少有所意识，联系于良心，是"好"的成分；自我在生活经验中出场的频率是最高的，它又被安排了一个调解者的角色，所以如果说病人的精神世界出了问题，那么很容易得出结论说是他的"自我"出了问题。所以后弗洛伊德者可以轻易借助他的这一区分进行精神分析的理论构建。换句话说，自我心理学的诞生几乎是必然的，因为它是最容易出现的对弗洛伊德理论的"偏离",是对他的理论的发展最容易走上的岔路,这既是因为生活经验的加持,也是因为可以找到这样一种理论的背书。当然,自我心理学也涌现了大量理论和众多著名的精神分析家,它的贡献远远不能只是被简化为对自我的强调,只是其理论可能无法脱离这样一种经验,即某个人拥有强大的自我,某个人拥有弱小的自我,而正是后者自我的弱小使他的生活出现了问题,可以通过让后者认同前者来让自我变得强大,而这往往是自我心理学派精神分析工作的目标。

相比之下,客体关系学派的身世掺杂了更多克莱茵的个人因素和她的天才直觉,尤其是她对儿童前俄狄浦斯期的洞见。考虑到客体关系理论的多元性和复杂性,我们这里换一种方式,不去直接找寻客体关系理论对弗洛伊德学说之传承,而是从弗洛伊德理论的内部发掘孕育出部分客体关系理论的可能性。我们翻转一下视角,从拉康在1950年代所面对的情况出发,考察他在构建自己的理论时外部的理论环境。我们从他所批评和针对的具体理论出发,来看待这种理论被创建的可能性及其出现的可能成因和内在逻辑。

二、从实在客体到符号秩序

任何熟读拉康前期研讨班的人都会发现一种反复出现的他所批评的观念,就是神经症的主体有一种幻想的客体或者内在的客体,他与这个客体的关系应当在分析中被缩减为他和客体的实在的距离。"分析情景的张力被以如下的基础设想——在一个躺在或者不躺在躺椅的主体和作为外在客体的分析家之间:只能原则上建立或者表现出所谓的原初冲动关系。……这个情景只能够外在化为一种爱欲性的攻击。如果爱欲性的攻击没有显示出来,是因为按照分析的约定它不能显示出来……正是因为在分析约定的内部,因为规则的关系,冲动的运动性表现不能产生,我们才可以发觉是什么干扰了构建性的情景,我们看到在与外部客体的关系之上叠加了一种与内在客体的关系。……在这个想象客体和实在客体之间有某种不协调,分析家以这种方式被分析者评价和理解,他也据此修改他的干预。……幻想的客体……应当被缩减为主体和分析家之间的实在距离。在这个意义上,主体将他的分析家意识为实在显现的。"①换句话说,神经症主体的问题在于,他在与周围人的关系中叠加了一种与内在幻想客体的关系,而正是后面这种想象关系需要被缩减,由此他可以与周围人展开一种实际的关系。我们能说这样一种观察远离我们的生活吗?因为我们很容易见到,某个人在关系中产生某种情绪,但这种情绪似乎并不真的是因为这个情景本身而展开的,一定是有其他的来源促使主体产生这种情绪,而这个来源只能来自于过去他与某个想象客体之间所建立的关系。那么分析被认为是缩减这段关系,有什么不合理的呢?让主体达成一个与"人"的关系而非与其内在客体的关系,难道不是他变得成熟的表现吗?问题出在了哪里?

首先,我们在这里看不到话语的功能。就像我们上面讨论的那样,谈话治疗并不必然把重心放在话语的意义上,拉康说,"在这样对分析情景的设想之下,唯一完全没有得到阐明的东西可以这样被表达,而这并不是无关紧要的——我们不知道我们为什么在这里说话"。② 就算话语的功能被忽视只是一个理论前提上的问题,临床的结果也并不支持这样一种对分析观念的设想,对"这种著名的距离的缩减"可能会使分析家获得"悖论式的倒错反应",③也就是本来是神经症的病人在分析过程中出现了一些诸如倒错的现象。拉康用了很多案例来讨论这样一种观念导致的问题,他对客体关系的案例进行了大量深入的讨论,我们这里限于篇幅无法展开通过临床进行验证的方式,不过可以设想一下这样的观念问题出在哪里。

这个观察本身是没有问题的,也就是说很多人在与其他人的关系中叠加了其与内在客体的关系,尽管不是每个人都是如此。问题出在以与

---

① Jacques Lacan, *Le Séminaire Livre IV: La relation d'objet*, Paris: Seuil, 1994, p. 78-79.
② 同上书,第80页。
③ 同上书,第81页。

实在客体的关系为目的对这个叠加的关系的缩减之上。如果说每个人在与他人的关系中都经历着与内在客体的关系，那么我们观察到的区别在于，这个人在某个情景下的反应更多是基于情景本身的，还是他将自己的情绪放置其中，而这个情绪张力的对象显然不是在场的某个人。但是我们可以就此说，基于情景本身的反应意味着一种与实在的客体的关系吗？恰恰相反，这个"基于"其实并非基于对方的实在，而是基于话语的流动，也就是说，问题不在于把对方当作对方而非自己想象的一样看待，而在于源自想象关系的情绪阻碍了话语的流动。换句话说，这种经验是基于话语的表达的。举一个例子，在临床中或者生活中常见的一个情况是，某人在某个领导或者权威面前胆怯，他不敢对领导说出自己的意见或者请求，因为他担心领导会否决他的意见或者只是想象领导对他不满。他可能知道这种想象的情况应该不会发生，否则他不会将此视为一个问题，因为其他人似乎跟这个领导的相处更加自然。我们看到这里阻碍他达成这种自然关系的地方在于他的想象，但是破除这种想象不在于他从实在的角度去考虑这个领导，从领导作为实在的人的角度跟他进行交流，因为这没有任何意义，我们只能对这个实在更加困惑，除非是将实在的人作为一个可以对话的主体，在话语中寄居自己的主体，在话语的流动中获得或者丧失，但无论获得或者丧失，只能推向下一句话，自己说的话或者对方说的话。当然分析并非如此简单，因为这个想象的元素并不是通过忽视就可以清除的，并不是认识到对方是一个对话的主体就意味着可以在话语中承担自己的位置。拉康说："在所有分析的时间中，前提是分析家的自我要不在那儿，分析家不是一面活的镜子，而是一面空镜子，发生的内容发生在主体的自我和小他者们之间。所有分析的进展，是这段关系逐渐的移置，不是缩减这段关系，而是主体要在他的位置上承担他。分析要让他意识到他的关系，不是和分析家的自我的关系，而是和所有这些作为他真正的回应者的人他者的关系。分析涉及主体逐渐发现他是真正和哪个大他者说话，他逐渐承担他所在位置的转移关系，而他之前不知道自己在这个位置上。"① 这里的重点在于，他要发现他是和哪个在他历史中占据重要位置的大他者在说话，是因为何种想象关系带来的情绪阻碍使他没有看到自己始终所在的位置，导致他无法承担这个位置。所以，弗洛伊德视角下构成症状的压抑，在拉康看来等同于有一些从大他者那里发出的信息被想象关系所阻碍。他在第二本研讨班的末尾说道："说神经症的话，说有压抑之物，它从不会没有回返，也就是说，从 A（大他者）到 S（主体），有一些话语经过又没有经过。"② 这些被阻碍的信息不会因此停滞在那里，它们会以无意识的方式"坚持"出现，直到主体将它们符号化、带向存在，也就是带向意识的那一时刻起，在它们"存在"的那一刻起，它们就与其他元素产生了链接，或者说被整合进了主体的精神世界之中。

将重心从想象客体和所谓实在客体之间的差别转移到对编织我们生活的话语关系的强调，我们也可以在另一则例子上见证这一点。在拉康的第六本研讨班的开篇部分，他向大家询问"我欲望你"这句话的含义，也就是说，当一个男人对另一个女人说"我欲望你"的时候，这个人是在说什么？难道它就像说教的乐观主义所期待的那样，是在说"我已经准备好承认您的存在的同样的权利，如果不是比我更多权利的话；我已经准备好迎合您所有的需求，为您的满足考虑"？③ 我们可以看到，这种传统的道德学家的观点，可以说将重心放在了对方"实在"的层面，这也就意味着一切从对方的需要出发来进行考虑，充分尊重对方"实在"的特性，不纳入一点多余的主观幻想的色彩。但是再天真的女人也不会在这个地方上当，真的以为对方只是表达一种无私的对自己存在的承认。相比之下，另一种粗俗的回答显然是更真实的，也就是说，当一个男人对某个女人说"我欲望你"的时候，他想表达的是"我想跟你睡

---

① Jacques Lacan, *Le Séminaire Livre II: Le moi dans la théorie de Freud et dans la technique de la psychanalyse*, Paris: Seuil, 1978, p. 288.
② 同上书，第 373 页。
③ Jacques Lacan, *Le Séminaire Livre VI: Le désir et son interprétation*, Paris: La Martinière, 2013, p. 52.

觉"。这符合我们日常生活的经验,说"我欲望你"是表达一个想跟对方发生关系的请求。但是作为精神分析家,拉康不满于只是如此,他继续追问"真就是这样吗?"① 接下来他给出了自己对这句话的意义的回答:"我欲望你,这句话涉及一个客体,它的意义有点像是说'您很美',围绕着这句话凝缩和固定了所有谜一样的形象,这些形象的浪潮对我来说叫作欲望。换句话说,我欲望你是因为你是我欲望的客体。也就是说,你是我的欲望的一般公约数。"② 他接下来继续发挥,"对某个人说'我欲望你',就是等同于对她说'我把你放在了我的基本幻想中'"。③

我们看到这里拉康的几步论证过程。首先,从这样一种理想的、道德的、乐观主义的观点出发,人们期待这句话可能具有的含义,通常是作为第三者的人而非当事人,或者说是道德学家故意误认的它的含义,因为我们立刻就能揭示出这种观点的虚假之处。这里我们也能够看到将对方作为并非想象的实在这一说法没有任何意义,因为这里的实在是经不起推敲的,只能通向虚伪和欺骗。接着,拉康来到了常识的领域,将这句话视为对性关系的邀请,这之所以是常识,是因为听到这句话的女人通常都会作如是想,那么男人在说这句话之前,他已经可以预知到传递给对方的信息,无论他在说这句话的时候是否还有什么其他的想法,这个邀请都已经随着他的话语发出了。但是拉康更进一步地挖掘了这句话的真正含义,我们可以说他去考察这种"欲望"的含义,这种含义其实也是主体在说出这句话的时候减去对性关系的邀请的其他内容,也就是说,我不仅想跟你发生关系,你也是我欲望的客体,这与只是发生关系的不同之处在于这个多余的维度,也就是这个女人在那个男人那里的呈现,对他的存在的影响,这种呈现就是,她出现在了那个男人的幻想当中。拉康经常以类似的方式进行论证,尤其是在个案的解析上,相比

---

① Jacques Lacan, *Le Séminaire Livre VI: Le désir et son interprétation*, Paris: La Martinière, 2013, p. 53.
② 同上。
③ 同上。

于其他学派的理解，你会发现他的解读是更深刻和更接近本质的。

但如果说关键不是实在的客体，而是对话语关系的强调，更精确的说法是对符号的维度的强调，那么符号的维度在这则例子中是如何体现的呢？幻想难道不是听起来更接近想象吗？我们可以引用拉康在这本研讨班中的一个回答："说幻想在 S(A̸) 和 S(A) 之间，其实就是说出了我们试图定位主体的欲望时的经验。我们总是试图面对某个客体勾勒主体的位置；这个客体总是位于中间，一边是单纯的意义，对他来说是透明的、清楚的 S(A)；另一面是封闭的、谜一样的，完全不是幻想的，不是需要的，不是推动的，不是感觉的，但总是属于能指秩序的 S(A̸)。客体位于这两端中间。"① 我们这里简单解释一下这句话，欲望的客体在这两者之间，我们在一边知道这个客体具有明晰的含义，比如对上面提到的那个男人来说，这个女人具有漂亮、聪慧和温柔的特质，这些都是很明确的意义，但是在另一边，有一些说不清道不明的东西使得这个男人为这个女人着迷，这些东西是谜一样的，不属于意义的，可能是对她身上某个细节的观察，她的某个动作、微笑或者某个眼神，甚至声音，它们属于无法被语言捕捉的特征，但并不是在主体的历史中无源可寻。

三、将符号推向首位的内在逻辑

我们认为有几种可能的经验促使拉康走向了对符号和话语关系的强调。一方面是他早期与精神病人工作的经验。我们知道他的博士论文是对爱梅的妄想症的研究，② 而爱梅个案的特点是一连串对他人的认同，比如对她姐姐和 Z 夫人的认同，但是在这些认同中，她将对方的形象视为是自己的，这里涉及一种彻底的异化，并因此认为对方剥夺了自己本该

---

① Jacques Lacan, *Le Séminaire Livre VI: Le désir et son interprétation*, Paris: La Martinière, 2013, p. 218.
② Jacques Lacan, *De la psychose paranoïaque dans ses rapports avec la personnalité*, Paris: Seuil, 1932.

享有的东西，导致她最后走向"过渡到行动"（passage à l'acte）。这个观察促使拉康提出了镜像阶段的理论，从此自我这一机构被视为想象的，自我得以与大他者的承认在不同的维度上被区分，一边是联系于形象的想象界，另一边是我们获得自己身份的符号界。这里我们要注意，虽然镜像阶段是关于6—18个月大的幼儿的自我形成的经验，但拉康显然不是先观察到孩子在镜子面前的这种经验才提出这一理论的，而是源于早期与精神病人的接触以及1940—1950年代精神分析界关于身体形象问题的种种讨论，幼儿的经验毋宁说是他找到的这些关于形象的问题的根据。爱梅个案的自我惩罚的性质也呈现出了大他者的问题。为了让欲望的平衡得以在主体与他人的关系中被尊重，这个回路就需要一个第三者的调停。爱梅的个案不是误解了这个第三者的现实，而是相信可以通过过渡到行动将它抽象化，这个行动反而通过法律的制裁重新赋予了她所有的密实。这个大他者在她身上呈现为一个镜像的复制品，是他人的评判的内在化和理想化。[1] 如果说爱梅这里的大他者是有问题的，因为它恰恰不是符号秩序的大他者，那么拉康的第二本研讨班中所论述的则主要是神经症或者"正常人"那里的大他者。这里大他者的角色，作为符号秩序，"不同于自我和所有冲动登录的力比多的秩序。符号秩序倾向于超越快乐原则，超出生命的边界。"另一方面，我们认为拉康可能也是从神经症的工作走向了对符号秩序的强调。正如我们刚才的引用所表明的，或者我们看他更具体的说法："在主体的话语中，有种想象的惰性干扰了话语。它使得我意识不到，当我想要某个人好的时候，我想要对他坏，当我以为喜欢自己的时候，就是在这个时刻我喜欢的是别人。这种想象的混淆，正是分析的辩证实践所要消除的，并且正是分析的辩证实践要为话语恢复其意义。"[2] 又如："如果我们培训分析家，是为了一些主体，在他们那里，自我是缺席的。这是分析的理想，当然是潜在的；从

---

[1] 参见 Pierre Daviot, *Jacques Lacan et le sentiment religieux*, Toulouse: Érès, 2006, p. 55-73。
[2] Jacques Lacan, *Le Séminaire Livre II: Le moi dans la théorie de Freud et dans la technique de la psychanalyse*, Paris: Seuil, 1978, p. 353.

没有没有自我的主体,一个完全实现的主体,但这是在分析中总应该旨在去争取的东西。"[①] 他提出的这些分析工作的关键,无疑是对他的临床经验的总结,其所针对的就是想象对符号的阻碍,而这种经验是可以直接触及的。我们可以举这样一个例子来描绘这种经验的一种类型。比如主体在谈到某个问题的时候,开始产生各种各样与这个问题无关的情绪,这些情绪无疑都对应于某种想象,当分析家将他的话语回返给他,指出他所担心的真正内容之后,这些想象就会得以平息。或者另一种经验,主体的想象往往来自他者的(尤其是对自己的反应的)假设,比如某个曾经在主体的经验中扮演了关键角色的大他者对主体说过某一句话,主体假设了这句话背后众多的意图,但是当分析家强调对方只是这么说了一句话之后,主体将能看到自己对他的意图的假设只是源于自己的想象。重要的并非是对方真实的意图是什么,而是自己为自己的想象付出了代价。在这些想象一定程度上消散之后,大他者与主体的关系将得以重新链接,主体会看到对方更多的东西,不同的话语被链接起来,而不再是受对方的某些话语蒙蔽,比如他可能会回想起对方的话语所表达的其他含义,而这些含义是他过去所遗忘的,因为"终究,人类主体只能接收到他被用于接收的东西,更确切地说,他的功能更多是为了不去接收而非接收。他看不见听不到对他的生物事实没用的东西。只是,人类存在要超越于自然生物的实在,问题诞生于此。"[②]

当然这些是我们对拉康的理论在临床经验来源上的推测,至于理论上的来源,最为显著的有两个出处。一个是弗洛伊德的无意识理论,其背后是关于无意识被破译的经验,无论是梦、症状还是口误。它们像字谜一样是可以被破译的,它们的构成都是经由转喻和隐喻的工作,或者用弗洛伊德的话说是移置和凝缩的工作,这是拉康回到弗洛伊德的内容,也促成了他提出"无意识是像语言一样构造的"这个理论。另一个出处

---

① Jacques Lacan, *Le Séminaire Livre II: Le moi dans la théorie de Freud et dans la technique de la psychanalyse*, Paris: Seuil, 1978, p. 287.
② 同上书,第 371 页。

则是拉康反复强调的列维-斯特劳斯的"符号的有效性"的理论,也就是思维对器官运作的诱导能力,比如借由萨满的巫术,身体和情感的经验抵达了一种可以理解的有组织的形式,身体的症状由此得以缓解。当然,拉康的参考还涉及列维-斯特劳斯的神话理论,他在第四本研讨班中分析小汉斯的个案时说道:"这种神话分析的方法也是列维-斯特劳斯在《神话的结构》中给出的方法。运用这种方法,我们可以安排一个神话中的所有元素。我们把它排成一列,使得在某个方向上读的话,就成了神话的接续。但是相同元素的回归(转换了的回归)致使我们不能在一条线上安排它们,而是一条条线的叠加,如同乐谱一样。神话的意义显露在以不同形式回归的类似元素的叠加之上。这些转换了的元素,可能是为了完成某条路径,使得最初显得不可缩减的东西被整合进系统中。"① 总之,这是对于不同的元素以不同方式组合呈现的背后结构的发现,也就是符号之于想象的决定性过程。

四、拉康框架下的想象和实在

在拉康将符号置于首位之后,问题的关键就变成了"要知道符号是否是这般的存在,或者符号只是想象匹配的次级幻想。在这里出现了精神分析的两种取向。"② 一种是拉康的取向,一种是客体关系的取向,它们本质的区别就在于话语是否具有这样的独立地位,还是只是更高级的某种想象。

我们看到在拉康的这个框架下,符号和想象成为两个截然不同的维度。"相反,所有分析的艺术都在于悬置主体的确定性,直到消除最后的幻象。"③ 拉康也强调想象的经验的重要性,比如他说:"毫无疑问,语

---

① Jacques Lacan, *Le Séminaire Livre IV: La relation d'objet*, Paris: Seuil, 1994, p. 277-278.
② Jacques Lacan, *Le Séminaire Livre II: Le moi dans la théorie de Freud et dans la technique de la psychanalyse*, Paris: Seuil, 1978, p. 353.
③ Jacques Lacan, Fonction et champ de la parole et du langage en psychanalyse, *Écrits*, Paris: Seuil, 1966, p. 251.

言的建立联系于一些选定的形象，它们都与人类的生存有关，与类似物的形象有关。这种想象的经验是所有具体语言的压舱石，也是所有词语交换的压舱石，使语言成为人类的语言。"① 但想象的作用更多被他用来论述发生学意义上的前提，比如上述这种语言的建立。这里他赋予想象维度的重要性都是为符号秩序的到来做铺垫的。包括他的镜子阶段的理论，虽然这个理论是以镜像的经验为前提，但是大他者的承认，也就是孩子身后母亲的目光是更加具有决定性的，甚至这个符号维度的存在与否对主体的精神结构也是决定性的。当然，不是说精神病主体不会说话，而是他缺少一个在符号界处于关键地位的能指，也就是父姓（nom du père）。我们可以说，此时的拉康相较于镜子阶段的二元关系，更关注人类"从二到三"的过程，而动物与人相反，比如拉康说"狮子不会数到三"。② 这个从二到三的经验源于符号秩序的介入，是人类独有的维度。整体上我们不难看出，想象的经验在拉康这个时期更多是一种"负面"的经验，它是"符号秩序中主体实现进步的阻碍"。③ 所以雅克-阿兰·米勒将拉康早期的享乐定位在想象中是有道理的。米勒在他关于"享乐的六个范式"的文章中说道："在符号的满足对面是想象的满足，我们可以称之为享乐……在这个第一个享乐范式中，力比多具有想象的地位……享乐位于作为想象机构的自我……所以享乐在这里位于 a—a' 的想象轴上。"④ 这里符号的满足指的是获得认可的经验，或者只是症状中意义的流出所带来的满足，这两者都处在承认的逻辑上。而享乐是在主体的自我（a）和小他者（a'）之间，对应于比如我们上述的主体产生情绪的情境中所有的想象，虽然这些经验我们在生活中可能会称之为纠结或者折磨，但是我们别忘了拉康的享乐（jouissance）概念正是用来翻译

---

① Jacques Lacan, *Le Séminaire Livre II: Le moi dans la théorie de Freud et dans la technique de la psychanalyse*, Paris: Seuil, 1978, p. 367.
② Jacques Lacan, *Le Séminaire Livre IV: La relation d'objet*, Paris: Seuil, 1994, p. 237.
③ Jacques Lacan, *Le Séminaire Livre II: Le moi dans la théorie de Freud et dans la technique de la psychanalyse*, Paris: Seuil, 1978, p. 367.
④ Jacques-Alain Miller, Les six paradigmes de la jouissance, *La Cause freudienne*, 1999, n° 43, p. 5.

弗洛伊德的不快（déplaisir），而不是快乐。"想象的享乐不是主体间的，而是主体内的、非辩证的，是持续的、迟滞的和惰性的。"① 因此，它困扰着我们的行动，使主体无法去承担自己的欲望，而陷在各种可怕的想象的泥泞中挣扎。

另一方面，符号大他者显然无法穷尽客体关系理论中拉康所归结的实在客体的概念，正如米勒认为这个承认的维度无法穷尽弗洛伊德的经济学视角，② 当然拉康也没说要用承认来穷尽弗洛伊德理论所有涉及快乐的问题。有些东西既逃脱想象的抓捕也逃脱符号的掌控，这几乎是一个不言自明的事实。这里拉康遇到了如何定位实在的问题，比如康德的物自体，原则上是无法通过语言被我们认知的。我们这里看到他所遇到的困难，这个困难体现在他在这个期间（可以定位在第十本研讨班以前）只能用一种非常间接的方式去描述实在，加之给它一个非常狭窄的定义，也就是实在是"我们在同一个地方重新找到的东西"。③ 他将这个实在联系于所有精密科学发展的脉络，而科学在于以不同的方式去找寻实在的规律。"科学的秩序就在于：通过郑重地为自然做事，人们成为它半官方的仆人。他不统治自然，除非是服从它。而这样的奴隶，他试图通过好好服侍他的主人，而让他的主人依赖于他。"④ 他在第四本研讨班中关于实在说得更多一些："所有实在的东西总是必然在它的位置上，即使当我们弄乱它的时候。实在的特性就是它的位置总在它的鞋底。你们可以尽可能地弄乱实在，这不影响我们的身体依旧在其位置上，即使在原子弹爆炸之后，也在它们碎块的位置上。实在中一些东西的不在场是纯粹符号性的。只有我们通过法律定义它该在那儿，一个客体才可以不在它的位置上。"⑤ 我们看到这里的实在几乎是出自对科学研究的对象的自觉或

---

① Jacques-Alain Miller, Les six paradigmes de la jouissance, *La Cause freudienne*, 1999, n° 43, p. 5.
② 同上。
③ Jacques Lacan, *Le Séminaire Livre II: Le moi dans la théorie de Freud et dans la technique de la psychanalyse*, Paris: Seuil, 1978, p. 343.
④ 同上书，第367页。
⑤ Jacques Lacan, *Le Séminaire Livre IV: La relation d'objet*, Paris: Seuil, 1994, p. 38.

者是由这个词本身而来的直觉,作为"始终在那里的东西",并不涉及对它的任何理论化发展。

但是,拉康同时有另一种直觉,可能主要来自数学上提出的哥德尔命题的影响(他经常引用哥德尔命题来说明实在的问题),既然实在只是始终在那里的东西,我们该如何把握它?恰恰是通过它无法把握的特性来把握它,也就是通过符号秩序的缺口来把握它,作为始终无法言说的、逃避话语的捕捉却又反复出现的东西,就像拉康后来给不可能性下的定义,作为"不停地不去书写的东西"(ce qui ne cesse pas de ne pas s'écrire)。① 它具有一种永不停息的特征,但我们只能在与它错过的相遇中看到它的身影。

由此我们看到,是符号"带来了"实在,因为符号秩序是不完美的,是有缺失的,正如拉康的那个标记 S(Ⱥ),被划杠的大他者的能指。所以实在的问题必然会出现,比如在分析的经验中难以描述的身体上的享乐的经验。

在这之前,控制论为"符号"插上了翅膀,"允许它们用自己的翅膀飞翔。而这多亏了一个简单的工具——门"。② 这个门也就是电路设计的"逻辑门",比如"或门""与门"。它们的存在使得性质上只有二元特征的电(接通或不接通)可以书写出复杂的程序,进行各种各样的运算。"门"是纯粹属于符号秩序的东西,我们只要想象上古传说中的画地为牢就可以了。我们并不需要为监狱安插任何具体的东西,以阻挡人们的流通,它只是"一画"(trait unaire),就可以保证它阻挡的效力,敢于违犯它的人必将面临更加严酷的处罚。

拉康提及精神分析与控制论,控制论在这里的作用在于为他的符号秩序提供了保障,因为两者都是"语言"的运行,所以可以被拿来对比。控制论的运用可以让他去思考人类的思考是不是也遵循同样的方式,可

---

① Jacques Lacan, *Le Séminaire Livre XX: Encore*, Paris: Seuil, 1975, p. 55.
② Jacques Lacan, *Le Séminaire Livre II: Le moi dans la théorie de Freud et dans la technique de la psychanalyse*, Paris: Seuil, 1978, p. 346.

以让他询问，"机器只是 0 和 1 的序列，当然不是人。问题在于，人是否真的那么是人？"①拉康说："如果说控制论赋予了什么东西价值，那么就是符号秩序和想象秩序之间的差异。一位控制论学家最近向我坦白人类很难在控制论中翻译格式塔的功能，也就是好的形式的接合。"②控制论作为一种纯粹的符号秩序，支持了拉康将符号从想象中剥离为某种独立存在的立场，是他对符号的作用的强调的完美注解。

但是他本人更在意的是"单双数的游戏"，这个被认为出现在预测科学源头的问题，也就是 16 世纪关于博弈游戏的概率的理论，而控制论是预测科学的终点。这个既出现在研讨班也出现在《文集》第一篇文章的内容让拉康得以去接合符号和实在的问题。

五、错过的相遇

这个游戏出现在爱伦坡的小说《被窃的信》中，游戏的规则是，两个人中的一方轮流猜对方手里的数目是单数还是双数，游戏的特点在于并不是只进行一局游戏，而是数局游戏，而在这数局游戏中，看谁猜中的多。正因为是许多局游戏，所以我们可以根据对方单数或者双数的出现进行规律的总结，虽然这个规律可能随时被打破，但是同时新的规律又会不断出现。并且正如弗洛伊德就数字所告诉我们的那样，我们心中随时所想的数字，或者像是梦中的数字，从来不是无迹可寻的。

拉康尝试用组合的方式去把握这些数字出现的规律，类似于电路逻辑门的操作，他先将三局可能出现的八种结果（每一局两种结果，2 的二次方）进行分类，按照对称、不对称、交替对称分成三个类别。接着他又将三个类别分成四组，去考虑这三个类别之间组合的方式，分别代表从对称到对称、从对称到不对称、从不对称到对称以及从不对称到不

---

① Jacques Lacan, *Le Séminaire Livre II: Le moi dans la théorie de Freud et dans la technique de la psychanalyse*, Paris: Seuil, 1978, p. 367.
② 同上书，第 353 页。

对称。我们这里省去略显繁琐的数学上的论证过程，直接说他的结论：当确定了前两个时刻出现的情况，第三个时刻则只剩下两种情况；另一方面，当确定了第三个时刻的情况，第一个时刻就只剩下出现两种情况的可能性。

拉康在这里回到了他在《精神分析中言语和语言的功能和场域》中"先将来时"的概念："这些可以将主体形象化的路径的基本概念，显示出这个路径建立在当下性之上，而在这个现在，有一个先将来时。在这个过去到它所投射的间隔之间，某种能指的骷髅头构成的洞呈现了出来（排除了这里是四分之三组合的可能性）……这足以让它重复它的轮廓。"[1] 解释一下，先将来时是法语的一种时态，表示当我们做了某事之后，我们会做某事，这里当我们做了之后就是先将来时的时态，也就是预先于真正的将来时的将来时。我们可以如此理解拉康的话，比如说分析者当下说的话联系于过去一个时刻他所想的先将来时，而在这个过去和现在这个时刻之间，有一些东西被排除了，预期的能指没有到来。这个骷髅头来自拉丁语，原义是炼金术化学运作过程后的残余，在这里表示被缩减的这些可能性，我们看到他这里其实已经出现了剩余的概念，而这个概念在今后会被他发展为客体 a。

拉康在这里很大一部分是讨论他的切断（coupure）的技术，我们这里搁置这部分，直接来看符号和实在的关系。借用亚里士多德的概念，拉康区分了两种偶然性，一种是 automaton，也就是能指的网络，话语不断向前发展，比如分析者的"自由联想"，没有目的，不断重复；另一种是 tuché，意即真正的偶然性，与实在错过的相遇。在猜单双数的例子中，被排除的能指即与实在错过的相遇。我们也可以尝试将这两者对应于拉康在精神分析与控制论的报告中区分的决定论的无意的偶然和我们在分析中寻求的有意的偶然。[2] 无意的偶然可以和 automaton 对应，tuché

---

[1] Jacques Lacan, Le séminaire sur "la Lettre volée", *Écrits*, Paris: Seuil, 1966, p. 50.
[2] 参见 Jacques Lacan, *Le Séminaire Livre XI: Les quatre concepts fondamentaux de la psychanalyse*, Paris: Seuil, 1973, p. 53。

和有意的偶然对应。在日常的话语和行为中，这两种偶然性是交织在一起的，至于它们的关系，拉康在第十一本研讨班中说道："实在超越于 automaton，超越于我们看到的被快乐原则统治的记号的返回、反复和坚持。实在诞生在 automaton 背后，很明显在弗洛伊德的所有研究中，这是他关切的对象。"① 拉康这里举了弗洛伊德的狼人个案，提醒我们弗洛伊德是如何孜孜不倦地关注在狼人幻想背后最初与实在的相遇，甚至这种询问的热情可能引发了病人后来的发作。

符号的运作必然会产生剩余，在这个剩余当中我们看到实在的显现，所以实在的本质不过是符号秩序的洞。在被窃的信的例子中，有一个场景的重复，警察、大臣和迪潘的三元组重复了国王、王后和大臣之间的场景，这三个角色分别指派三个位置：第一个人什么也看不见；第二个人看到第一个人什么也看不见，欺骗自己说他隐藏的东西是安全的；第二个人看到掩藏的东西其实就在光天化日之下。这个场景的重复，恰恰是由"被窃的信作为纯粹的能指所占据的位置决定的"，② 或者说因为信无法被捕获。这里的 tuché 可以定位在与信永远错过的相遇当中，因为我们对这封信的内容一无所知。其实这个信就是一个剩余，也是启动这个故事的要素，是拉康所说的"一个任何分析家都不会忽视的剩余，因为他被训练要去抓住所有能指中的内容，虽然并不就此知道对它做些什么，也就是大臣所抛弃的信，王后的手把它捏成了一团。"③

最后，我们用拉康分析的一则梦来考虑这个与实在相遇的概念。这则分析出现在他的第十一本研讨班中，重复的概念相较于被窃的信的时期有了更清晰的发展。这里涉及弗洛伊德分析的一个梦。一个不幸的父亲在休息，他隔壁的房间是他死去的孩子，他让一个老人照顾这个孩子，他听到一声噪声，被自己的梦惊醒了，而这个梦几乎就是发生的现实，

---

① 参见 Jacques Lacan, *Le Séminaire Livre XI: Les quatre concepts fondamentaux de la psychanalyse*, Paris: Seuil, 1973, p. 54.
② Jacques Lacan, Le séminaire sur "la Lettre volée", *Écrits*, Paris: Seuil, 1966, p. 16.
③ 同上书，第 13 页。

一根蜡烛倒了，点着了儿子所在的床。在梦中儿子对他说："难道你没有看到我烧着了吗？"拉康认为在这个信息中比在噪声中有更多的现实。"在这句话中不是传递了导致孩子死亡的错过的现实吗？"[①] 而这个与它的相遇只能借助现实的事故的偶然性发生，换句话说，这个父亲不想面对的东西，对孩子死去的遗憾或者对孩子的悔恨，也就是那句话所传递的内容，它会带来各种各样偶然性的场景，然后借助这些场景得以表达，这就是重复的功能。"实在可以被事故再现，被噪声再现，被微弱的现实再现，它们证明了我们不是在做梦。但是，另一方面，这一现实并不微弱，因为唤醒我们的是另一现实，它隐藏在表象的取代（表象代表）的缺席之下——弗洛伊德告诉我们是冲动（Trieb）。"[②]

所以，这个符号之外的实在，现在拉康得以将它定位在冲动中，而在之后的时期，它会更多地联系于享乐的概念。

[①] Jacques Lacan, *Le Séminaire Livre XI: Les quatre concepts fondamentaux de la psychanalyse*, Paris: Seuil, 1973, p. 57.
[②] 同上书，第59页。

享乐之牢[1]

雅克-阿兰·米勒[2] / 著
王明睿[3] / 译

【摘要】 本文系作者于拉康学院（École de l'orientation lacanienne）第三届"图像与凝视"（Images et regards）研讨会开幕式发言的整理稿件。演讲从《妥拉》一书中的图像禁律出发，以艺术作品为线索和理论范式，讲解拉康的凝视概念，解释视觉（vision）与视界（scopique）两场域的区别。之于拉康，图像的功能不仅有简单的表象，还有遮蔽，作者正是从这一点出发，将图像视为帘幕（voile），分析其背后隐藏之物及图像本身的运作机制。

【关键词】 凝视；图像；拉康；米勒

昨天，我们在拉康学院讲到了犹太人。今天，就从《妥拉》一书对图像的禁律谈起。犹太人的上帝曾亲口宣示过这条禁令。其大意是：你做不得任何图像，高处位于天上的、低处在于地上的，皆不可复现。〔不

---

[1] 原文标题为 Les prisons de la jouissance，载于 *La Cause Freudienne* 2008/3 (N° 69), p. 113-123。译文已得到作者本人授权。
[2] 雅克-阿兰·米勒（Jacques-Alain Miller），法国著名拉康派精神分析师，拉康的女婿与继承人，世界精神分析协会（AMP）创立者。
[3] 王明睿，法国巴黎第八大学精神分析系博士候选人，博士论文题目为《拉康思想中赌局概念及其跨临床实践》，于《人文宗教研究》、《世界艺术》（*Arts autour du monde*）、《日常拉康》（*Lacan Quotidien*）等中外刊物发表多篇论文、译文。

可为自己雕刻偶像;也不可作什么形像仿佛上天、下地和地底下、水中的百物(出 20:4)①]。我不能保证逐字翻译,仅凭印象略加释义:禁止一切图像崇拜,禁止一切偶像崇拜。然而,紧随禁律而来的却是信众的违逆。亚伦受百姓所托制造金小牛,犹太人民借这种形象辨识他们的上帝。人们宣示,高呼,歌颂:以色列啊,这就是你的神。[以色列啊,这是领你出埃及地的神(出 32:8)]。于是,禁律失败了,这种现象被称为"偶像崇拜"(idolâtrie),即希腊文 *eidolon* 和 *latreia*:偶像拜祭。*latreia* 在希腊语中是拜祭的意思,指的是对真神的侍奉。*eidolon* 这个词不只有图像(image)或者外表(apparence)的意思,还意指伪神的图像、雕像,人们将对真神的侍奉错付其上的现象。在《圣经》所讲述的历史中,违反禁律的故事数不胜数,似乎图像本身的吸引力远胜于一个善妒又可怕的上帝所颁布的禁律。先知们经常谴责这些行为。在上帝向他们现身时,他们蒙住面部,以免自己的目光固定在神身上。事实上,这个上帝有一处居所,是的,一座圣殿。不过,这是一座位于至圣所的界域,当中只有约柜。约柜消失之时,便仅剩一处虚位(vide),如以赛亚书中所言:"以色列的神啊,你实为自隐之神。"[救以色列的神啊,你实在是自隐之神(赛 45:15)]。在基督教的大教堂中,人们把犹太教堂赋以盲人的形象,而基督教堂则是睁开眼睛的。犹太教堂的失明一方面在于它没有承认耶稣基督,另一方面则是图像没有凝视的功能。最近,一位学者指出,犹太人与上帝的亲近性并非通过视觉而是借由声音实现的,也就是"以色列阿,你要听"[申(6.26)]。与这种摒弃图像的方式不同,《圣经》中记载了同上帝保持对话的机会。上帝会回应,应该说,《圣经》中的上帝是一位相当健谈的上帝,他言说。同样,书写(écrit)在犹太人与上帝的联结中也起着基本的作用:律法是一种被持续聆听的书写,与神之关系也在聆听、书写、阅读和评论中被建立[你今日认耶和华为你的神,应许遵行他的道,谨守他的律例、诫命、典章,

---

① 方括号中的《妥拉》原文为译者补充。后同。——译者

听从他的话（申 26：17）]。因此，在艺术领域，犹太文化始终面临一个问题。借助一些微妙的论据，犹太人授权艺术实践，却不允许任何形式的偶像崇拜，那么这样一来，艺术活动就没有表象真神的方法。我们把这种对图像不由分说的犹太式拒斥视为一种象征界（le synnbolique）和想象界间的相互排斥。上帝的专名无法被拼读，因为这个名字一旦拼出就会变成大他者的能指，造成其自身在场性叠加的问题。可以想见，拼读专名的禁律和使用图像表象上帝的禁律之间是存在联系的。因此，图像被视为对神性的贬低，类似的问题在当代也未曾缺席。宗教改革后，基督教各教派间同样存在有关图像问题的诘难、摈弃和不安。我们在加尔文的作品中发现了这一点，他认为，承认神像地位的前提条件是它们不能声称自身能够表象神性。也就是说，只有当艺术保持其纯粹性时才能被接受。他认为神职人员所推崇的艺术实际上是对上帝的伪装。然而，不久，反改革派借特利腾大公会议的决议，以增加身体表象的策略针锋相对地加重了天主教廷对图像使用问题的赌注，这些繁复的身体表象如同身体之雨（une pluie de corps），拉康在《研讨班二十：继续》讨论巴洛克的章节中有所暗示。

冉森派教徒帕斯卡尔曾言，上帝的权威造像是言说（parole）。《精神分析中言说和语言的功能及场域》（Fonction et champ de la parole et du langage en psychanalyse）的作者［拉康］似乎领会了这个反传统的解释。我们认为，这对精神分析学在经典分析治疗领域的发展是大有裨益的。人们不会将目光集中在分析师身上，就如同犹太人对待上帝一样。听觉在分析实践中似乎占据主导地位，书写以及对书写的评论也是如此。乔治·加西亚（Jorge Garcia）在他的引论中曾说道——其实我也和你们一样，是刚刚听到的——"想象"（imaginaire）在我们的讨论中是个贬义词，如果人们提到了它，必是企图规避某种困难。经典拉康理论——是的，经典拉康的说法是存在的——的特点就是坚持想象界被象征界所统辖。我们认为，拉康《文集》的开篇之作《失窃的信》主旨即描述象征界的优越性及其对主体而言的首要作用和决定性功能。于是，拉康虽在第一页就认识到了想象界的趋同化的重要作用，但最终还是把它视作惰性的、迟滞的。相较于能指的力量、符号移位的动力，想象功能就如同水中倒影一般飘渺无力。拉康对爱伦·坡文本的讨论实则是要讲述：主体是由某个特定能指的历程所决定的。借助这种方式，拉康率先垂范：在分析理论的视域下，如果要整理经验和临床中遇到的现象，切不可混淆象征与想象的范畴。于是，我们可以说象征界是主人，想象界是奴隶。这个划分符合主人话语中的一种关系，象征界是主人，想象界是奴隶。然而——乔治·加西亚同样也提到——在这个最确定、最经典的拉康问题上，仍旧存在异议。首先，参考拉康的后期教学，想象界重获尊严，地位得到提升，并最终得以与象征界和真实界（le réel）等量齐观。而波罗米恩结（nœud borroméen）由三个环形构成，因此在某种程度上，三界是平等的。其次——这一点在拉康的晚期思想和早期教学中都可以看到——拉康从想象界入手，采用从主体到镜像的路径，反思并重塑了弗洛伊德的自我概念。但此处的主体指的是一个个体，一个在身体之中的主体。由此可见，拉康的镜像阶段实际上印证了图像的力量。这种图像有时是自身的，有时是他者的。正如我们所知，拉康的前期精神分析理论的要义就是将弗洛伊德的认同概念视作对图像的认同。在教学过程中，他虽然重新定位了这个思想，但从未将其放弃。字母小 a 在客体小 *a*（objet *a*）处出现并指涉真实界之前，就已经在拉康的理论中承担了想象客体的角色。如此一来，从临床以及分析实践建构的角度回顾想象界在拉康思想中所占地位的工作便呼之欲出了。想象界的地位问题将贯穿我们已有的对治疗结束的研究以及即将展开的解释问题的研究。跟随前者，我们试图界定主体与真实界［建立］不同关系的可能性和有效性。在这种关系中，主体受困于某些不停返回同一位置、无法避免的东西。因此，我们希望通过精神分析，即分析经验，停止其逃避真实界的行为。故而，在这项工作中，真实界是核心所在。与之相应，在第二种研究中，工作重心是象征界。但是，在二者之间——这也正是今年授课的背景——想象界还是被忽略甚至遗忘了，它成了我们理论研究中的剩余部分。

正因如此，准确地说也只有如此，再次叩问想象界的大门才成为可能。这才是我们的初心，这项工作将耗时一年，在不同国家、不同学院机构、使用不同语言展开，并且肇始于今天的开幕式演讲，如此规模的关于想象界的研究工作在世界精神分析协会（Association mondiale de psychanalyse）内部尚属首次。我并不希望毕其功于一役，而是以提纲挈领的方式指明道路，推动其步入正轨。

拉康在镜像阶段中给出的理论建立在一种主体转化（transformation du sujet）的命题之上。有些人把这个主题称为心理转变（changement psychique）。其核心思想是：让主体发生转化之物从根本上讲是对某个特定图像的领受。当然，我们在这个角度谈论的图像并非任意图像，而是某种特定类型的图像。因此，我们要使用一个德语词"格式塔"（Gestalt），正是德国心理学家深入剖析了这种类型图像的功能和力量。这个词描述的是一种向统一整体的趋近之势。拉康的镜像阶段中涉及的最重要的格式塔就是身体的形式。根据拉康的观点，身体本质上是一种形式。它不仅指身体形式，同时也指那种不同于机体的身体，正如它不是生物学意义上的真实之物，而是一种形式。从他的早期思想开始，身体就是想象的。在晚期思想中，拉康做出了想象界就是身体的表述。然而，这种理论倾向早在镜像阶段时期就已经初见端倪。或许我们可以通过一条捷径来唤醒大家对这个熟悉的主题的兴趣。

我们说身体是形式，身体是想象的，想象是身体。这是非常重要的观点，大家立刻就会理解。因为享乐（jouissance）——这是个引人入胜的范畴——脱离身体便无法存在。正如拉康所言，只有身体才能享乐（jouir）或不享乐。如果要在拉康理论的经典部分即中期思想中探寻这个概念，我们会在哪里和它相遇呢？在他的后期思想中，享乐这个词出现得更加频繁，但是，仅就经典部分而言，我们应该去哪里寻找，又应该如何为其定位呢？参考拉康《文集》，这个问题虽未被过多涉及，但这一时期拉康对史瑞伯案例的评论已然值得深思。拉康详细分析了史瑞伯在他的形象中获得的自恋性享乐（jouissance narcissique）。还有在此前，1948年镜像阶段的论文中，有人认为在拉康讨论"主体的狂喜"（jubilation du sujet）时，享乐概念已经暗含其中，这种狂喜的渊源是主体沉醉于自己与镜像的关系。我只举了两个例子，但事实上，拉康《文集》中的类似论述还有很多。深入阅读我们就会发现，与身体有关的享乐是和想象界密不可分的。不过，谁又能忘记，幻想（fantasme）概念是弗洛伊德首先在他的想象维度（dimension imaginaire）中发现的！我们几乎可以把这个想象维度等同于想象力维度（dimension de l'imagination）。我们可以在分析经验中找到这些令人印象深刻的图像，它们无法被抹去——这个问题将会在未来成为弗洛伊德事业学院学习日的主题——这些图像似乎承载、把控、囚禁着主体的享乐。我们由是看到想象界和享乐，或者说想象界中的享乐是一个重大主题，而且我相信这一问题在此之前并没有被充分研究过。

让我们以一个众所周知的参考为例，详见拉康《文集》第三部分中关于"心理因果性"的内容，标题为"想象世界的心理效应"（les effets psychiques du monde imaginaire）。在论述想象世界的第一部分中，拉康将弗洛伊德的意象（imago）视作最典型的心理客体。意象以格式塔为出发点进行构思并且这看起来有些怪异。不过，最终，意象等同于格式塔。拉康在发展精神病的自由理论的同时——那个时代，这一理论独占学术时尚之鳌头，饱含存在主义式的论调（这是1946年的一篇文本）——也参考了动物行为学。大家还记得拉康讲解鸽子和昆虫的世界时曾阐述同物种间其他个体样本的图像对自身机体发育造成的基础性影响。这里的图像并非是被想象出来的，而是被看到的。拉康所引述的这些非人的、动物的内容，实际上是图像的客体性及其自身具备效力的证明。随后，我们不可否认，随着言说和语言（langage）的登台，一种断裂出现了。这个断裂正发生在我们说心理客体是能指，而不再是意象或意象-格式塔（Imago-*Gestalt*）之时。能指让我们远离想象界，经由能指，鸽子和昆虫离开舞台，取而代之的是一些离散的、彼此分离的元素。但是，在这场舞会里，这些彼此相扣的元素的组合——其实音素和昆虫有相似之处——只表现出两种特性：替代和连接。它们只能跳出隐喻和转喻之舞。这是一个概念上与想象界分离且异质的场域。当然，还有很多方式能够展示这一点，我只讲了一种。不过这种方式是根本性的，因为象征引入了空（vide），也就是缺失（manque），并且与之共同运作。空不能被感知，当然也不可见，只有涉及象征界相关问题时才存在。没有人会认为鸽子和昆虫对空有兴趣，也没有人会相信它们会时常自言自语："这里什么可看的都没有"。动物不会自言自语，因为说话就意味着要与空共事。也正因如此，象征界赋予不显现自身和不被表象之物以存在，此物便是缺失。我要首先跟大家强调这一点。**拉康所谈及的想象界实则是意指能够被眼睛看到的图像**。鸽子不会喜欢空，如果在图像的位置是空，鸽子就不会发育，昆虫也不能繁殖。但是拉康引入象征界时不会拒绝讨论想象界。相反，他甚至还会在研究中增加想象界的权重，然而，此时想象界的定义已经截然不同。后象征的想象界（imaginaire postsymbolique）与前象征的，即被象征界介入前的想象界（imaginaire présymbolique）大相径庭。因此，引入象征界后，想象界这一概念会发生怎样的变化呢？某些改变是非常明确的。想象界中最重要的部分就是那些不能被看到的东西。例如，在以《研讨班四：客体关系》为例的这种临床中，女性菲勒斯（phallus féminin），即母亲的菲勒斯（phallus maternel）扮演了关键角色。把不可见之物称为想象的菲勒斯（phallus imaginaire）其实是矛盾的，这几乎就是一个关乎想象力的问题。这说明，在拉康以往被奉为圭臬的对镜像阶段的观察和理论化过程中，想象界本质上是与感知相关的。如今，在引入象征界的情况下，想象界与感知分道扬镳。并且，从某种角度看，想象界能够和想象力产生关联。我早前讲解的《关于任何精神病可行性治疗的初步探讨》（D'une question préliminaire à tout traitement possible de la psychose，以下简称《初步探讨》）一文便很好地给出了例证。这篇文章把想象的菲勒斯视作想象的能指，而且使其实实在在地与感知场域剥离。用拉康使用过的一个拉丁语单词形容，那就是，想象的菲勒斯不是一个被感知物（*perceptum*）。拉康在《研讨班四》中开始重新思考想象界，并且在《研讨班十三：精神分析的客体》中重拾了这一主题。这里还要再重申一次，拉康的想象界强调的是可以被看到的能力。它本身已经涉及想象界和象征界的关系，从而与感知论题分割开来：图像是不可见之物的屏（écran）。

这又是什么意思呢？让我们向细节推进。首先，图像具有掩藏功能，用以显示的图像同时也遮蔽着一些东西，它为了遮蔽而显示。拉康一切关于图像的论述都在这一刻围绕这一论点悄然转向。在《研讨班十三》中，拉康参考了对委拉斯凯兹画作的评论，那是米歇尔·福柯在《词与物》（Les mots et les choses）中写到的。福柯的观点是：这幅画的过人之处不仅在于它所展现出来的内容，也在于它所隐藏的部分。拉康认为这幅画就像寓言一样，它的本质是藏在小公主长裙下的东西，委拉斯凯兹仿佛是路易斯·卡罗式的人物，尽管对此我们并没有绝对的证据。拉康甚至谈论了他的 i (a) 公式，他认为客体小 a 就隐藏在图像之中。图像自身便是以这种方式被呈现出来的，更不必说那些以画作为载体现身的图像，它们本身就是画给别人看的。它们藏匿了画面背后的东西，这无疑是一种欺骗。仅凭这点，拉康似乎重又走上了一条古典修辞学道路，也就是策动人们怀疑、抛弃那些图像的陷阱。但是，同时——我说过图像的功能首先是隐藏，而且已经对此做出评论——帘幕这个同样具有隐藏功能的物件却可以让那些无法被看到的东西出现。这就是拉康《研讨班四》的图示中所展现出来的：

主体　　　　　　　｜　　　　　　　客体　　　　　虚无
●　　　　　　　　｜　　　　　　　●—————●
　　　　　　　　帘幕

在这个图上，我们可以看到代表主体的点、帘幕，还有在另一侧，表示虚无的点。如果没有帘幕，我们必然认为另一侧什么都没有。然而，主体点和虚无点之间一旦有帘幕遮挡，一切就变得有可能了。我们可以玩弄这层帘幕，想象一些事物，一些子虚乌有的假象也会助长这种幻想。在那个帘幕出现前，空无一物的地点也"可能"存在一些东西，至少存在着超越帘幕之外的东西。并且通过这种方式，即通过这种"可能"，帘幕上演了一出无中生有的戏码。

帘幕自身就是一位上帝。莱布尼茨曾温和地发问：为什么事物存在而不是不存在——我用"温和"这个词，是因为他的问题来得有些迟——事物已经存在了。如果谁能够提前思考这个问题，效果会好得多，比如在世界诞生之前……我指的是我在开始时提到的那位，那位创世的上帝——但是，关于帘幕，我们可以回答莱布尼茨，如果事物存在而不是无，那是因为在某处帘幕已经先在了。通过帘幕的作用，屏就被引入进来，这个屏幕让无转化为有。这对我们每个人都极为重要，正如今天所有人都是穿着衣服来到现场一样。我们既可以〔用衣服〕隐藏原本在场的东西，也可以用它来遮挡原本没有的东西；隐藏客体与隐藏客体的缺失同样容易。衣服在这个时候兼具显示和遮蔽的功能。易装者（travesti）正是在展现些什么的同时进行着遮盖。换言之，这种服饰给他人看的并非表面上那么简单，其后另有他物。**得益于帘幕，客体的缺失被转化成了客体本身**。超越（l'au-delà）也借机进入世界之中。正如拉康所言，在想象界中，主体的象征节奏（rythme symbolique）、客体和超越早已存在。

我们尽可能简单地总结这个观点——不过这样也有不便之处——可见的隐藏不可见的。这一问题在现代哲学中便已初见端倪，19世纪末到20世纪中叶的一个流派开启了这次航程，它就是现象学。不过，我们今天讲的不是黑格尔而是胡塞尔及其法国的倡导者、"开发者"梅洛-庞蒂，这个法国人将现象学推进到更深远的维度。今天我们只是简明扼要地介绍他们的思想，不会鞭辟入里。我们只要承认，自己活在一个三维世界而非二维世界。一位英国科幻作家曾幻想过二维世界的样子，但这并不是我们的世界，其作品名为《平面国》（*Flatland*）。无论何时，我们都要承认这样一个前提：总有一部分客体是逃离视线的。比如说我，作为一个感知客体，一种被感知物，你们只能看到我的一面：你们可以看到我的领带等服饰。但是，我也不清楚大家是否知道我还有很多其他面向。这就是一种胡塞尔笔下客体的感知属性，一种被感知物的属性，也就是说在客体之中总有一些我们不可见的东西。大家可能会反驳说半透明的客体也是存在的，但是，我们的世界不是透明的世界，它不是笛卡尔式的，一切皆平面的样子。在他的理解中：各部分彼此外在（Partes extra partes），没有彼此遮挡的客体。与之相反，我们生活的世界遍地皆可藏匿。胡塞尔在《观念》(Ideen)一书中的论述已经十分完善，他解释并且点评道，感知客体总是以侧显（silhouette）的方式被给予，德文是 Abschattungen。

这个现象学问题为经典感知理论带来了一道裂痕，从胡塞尔、梅洛-庞蒂开始，感知的主体不再悬于世界之上而是居身世界之中，这是感知的根本所在。它存在并且对应着胡塞尔的最基础的生活世界，Lebenswelt（le monde de la vie），超越了人类生活的全部语言建制。作为基础，感知的主体只能利用透视：他不是在事物之上进行俯瞰。相反，在这种视角下观察事物，或者说"利用透视进行观察"暗示着一些物体会遮挡另一些物体。主体在世界中占据一定的位置，感知理论之机要在于把主体归入世界之中，而非通过一系列操作让主体以某种范式孤立于表象之外，乃至成为表象的主人。存在主义者发展了这套理论，他们赞同主体始终身在情境之中的状态（en situation），并且认为这种状态会导致相应的政治后果。萨特以《境况》(Situation) 为题编纂相关文献时，对胡塞尔感知理论的引述并非无心之举，他想表达主体始终身在情境之中而非无迹可寻。所以，在《感知现象学》(Phénoménologie de la perception) 一书中，梅洛-庞蒂基于一个并不外在于被感知物（perçu）的主体批判了笛卡尔，后者认为空间源于几何，隐匿不存在——上帝看着世界，仿佛感知的真理开始便以几何的形式浮现。我们用另外一个简单图示来作解释：

被感知物

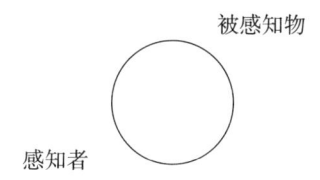

感知者

把主体放在圈外，这里是世界，我们说一切对世界的感知，一切感知物都仿佛在感知者（*percipiens*）对面。拉康没有采用这种过于简单的模型，但是他观察到人们最终都会按照这个模型思考。这已经体现在"对象［客体］"一词中，"对象"已经包含"放置在……对面"的意味，本身就是"在……前面"的意思。至于"主体"，我们把对应点置于下方。

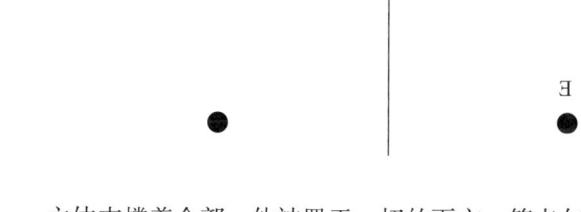

E

主体支撑着全部，他被置于一切的下方。笛卡尔以降，我们从未反思过"自我"（moi）表象世界的说法，最终，这个观点凝练在叔本华的论文《作为表象的世界》之中。但是，这里更准确的说法是：我的世界是我的表象。好吧，这是一个十分具有开放性的图示，但正如拉康所言，我们的目的不是制造争议。人们可以在此基础上发展出任何思想，毕竟这一图示同样引入了对外部世界真实性的怀疑。如果世界是我的表象，它就有可能也是我的梦境。笛卡尔强调，我作为主体存在的确定性与世界存在的确定性差异巨大。并且，根据心理经验，我们会说，我可以想象世界不存在，所有的被感知物都起源于一个邪恶上帝的骗局。唯独我的存在的确定性割裂于所有这些之外，且毋庸置疑。对我思的说明依赖于与此类似的策略。我可以在确定性的层面分裂；我作为主体，可以被合乎情理地与整个外部世界分离。

我们也可以借此引述康德的表象的主体性特征。拉康在《研讨班十一：精神分析的四个基本概念》中指出，自从我认为我的表象属于我的那一刻起，世界就落入了一种充斥着观念化的怀疑当中。正因如此，海德格尔取道胡塞尔的现象学进路，发明了名为 Dasein 的范畴并以之反对观念化进路。从 Dasein 出发，海德格尔一步步地抹去了所有心理学范畴，只为保持 Dasein 和谐存在于世界之中的开放性。

当拉康转向想象界时，尽管没有明确承认，但他显然更亲近于胡塞尔对经典表象理论的现象学批判。然而，拉康仍然对现象学持批判态度。他的主要观点是什么呢？如以往的现象学家一样，他强调感知者不能外在于被感知物之外，而是必须内在于其中，或者说在被感知物中有某种事物以存在的方式呈现，且并不置身其外。同时，我们也不能借助这样的表象观念进行思考——在其中，外部世界在具有确定性的主体对面被询唤出来。与此相反，我们应该在被感知物内部，思考感知主体被包含于其中的问题。举一个有关幻觉的例子，我不会过多展开——我相信莱昂纳多·格罗斯蒂萨（Leonardo Gorostiza）稍后会进行探讨，这也将成为今年临床部门的工作主题——只说明主体感知到了不在被感知物中的东西是不够的，也不能只追问主体是否相信并把幻觉视作不具一致性的东西。为什么在主体之外没有人可以经验主体的幻觉呢？拉康也提到，他者的痛苦不能被经历，除非在某种或许可能的情况下，某人被施以电刑，我们以共情的方式感同身受。我们触碰他，于是有所体验。痛苦，并不会因为我们不能直接体验就没有可靠性，不能被他人经历并不是［痛苦］不可靠的口实。拉康在幻听问题上想要强调的是，幻听拥有一套自己的语言结构，我们不应该从主体的错误或疾病的视角对其进行考察，相反，对幻听的研究甚至就是对语言结构本身的探索。主体并不统一感知内容，**他不是一种面向感知内容的外在综合能力，而是包含在感知内容之中的存在**，我想大家也知道，拉康的主体理论旨在说明，主体是结构的效果，而非格式塔理论中那种具有统一制式的整体。

所以，从《初步探讨》开始，拉康就把主体视作患者进行讨论，原因在于主体承受着结构施加的痛苦。这种导向在拉康的思想中是一以贯之的。在讨论感知，更具体地说，在讨论视觉或者视界（scopique）的关系时，我们要把感知者重建到被感知物之中，保证感知者于被感知物内部在场。这是一个多出来的在场，经典理论遗忘了那个"多出的"（en plus）东西。但我们同样要面对一种缺席，此时应该参考弗洛伊德的现实（réalité）概念。弗洛伊德提出的现实的客观性——据我理解，这是一条捷径，不过对于心理学家或者经典哲学家来说并非如此——指的是力比多不入侵感知场域。也就是说，弗洛伊德认为现实的客观性条件是力比多的去投注（désinvestissement libidinal）。对这个术语最天真的解释就是一种科学伦理的观点，意在告诫人们在描述或探究现实时应当审慎，避免带入个人激情；应该抹除力比多，至少是消除 *libido sciendi*［求知冲动］。感知的去力比多化的诉求就这样被科学家根据自己的伦理主张翻译出来。与之相反，拉康将这一命题表述为客体小 *a* 的抽离并且在此基础上称之为"现实的客观性"。这里加引号主要是因为主体总是包含其中，也就是拉康所说的被感知物总是不纯粹的。这种"客观性"实为一片享乐的荒漠。享乐凝缩在客体小 *a* 中，以致感知者在被感知物中的在场实则是一种剩余快感（plus-de-jouir）的缺席。在心理学、医学、眼科学的研究中，视觉关乎一种零享乐的现实状态。正因如此，拉康区分了视觉场域（champ de la vision）和视界场域（champ scopique）。他称之为视界场域的正是现实与享乐之结合。拉康发展这套理论的方法就是研究驱力如何在这片场域中显现。这一点临床经验同样给予我们启示。很多现象，例如暴露癖、窥淫癖都属于这个范畴。暴露癖者、窥淫癖者并不是纯粹的感知者，这种由症状显现出的主体的参与维度迥异于主体的表象维度。

因此，拉康论及视界场域及其优先性的基本观点是：在这个场域里，我们不感知、不感受、不看，不经验客体小 *a* 的丢失。这是一个容许［主体］遗忘阉割的场域，同样也是一个去除焦虑的、带有安抚效果的场域。我们对这个核心问题的讨论似乎表明自己已经掌握了那个被广泛研究的概念——凝视客体。对于这个不可感知的客体，拉康——出于解释需要——将其等同为窗户，因为我们把那个允许自身去看的东西叫窗户，只有穿过窗棂，我们才得以观看。但是，没有人能看到裂隙[①]。例如在《研讨班十三》中，拉康提到"我们把窗户称为凝视"。在这个意义上，拉康称之为凝视的实际上是一种和-1（moins-un）有关的空。如果说眼睛是器官，凝视就是空，拉康借此将梅洛-庞蒂的可见与不可见这一组范畴替换为眼睛和凝视的对偶。尽管我们使用凝视客体这个术语，但它并不是站在我们面前的对象。它本身不能被看到，因为它是由视觉的条件所决定的。把这种存在称为客体，需要借助一种不同于弗洛伊德式客体建构的模式。弗洛伊德式客体只有两种：口腔客体和肛门客体。这两种客体占据优先地位，可以说是被感知物的原型。在弗洛伊德的理论中它们和要求相关。口腔客体是指向大他者的要求，粪便客体则来自大他者的要求。用拉康的说法就是：要求大他者的（demande à l'Autre）和大他者要求的（demande de l'Autre）。与基于要求的建构不同，拉康的客体对应的是欲望层面。作为大他者的欲望的声音以及指向大他者的欲望。这是一种同源的建构方式，[主体]对大他者的欲望并不凸显，除非用它指代大他者对主体的向往。拉康在这里称为客体的东西无法被我们感知。无论凝视还是声音，它们的实在或实体性都难以捕捉。以声音为例，它不是日常语言中的语气、气流，而是早已在每条能指链中在场的东西；凝视也不是眼睛之中或者脱胎于眼睛的存在。如此一来，这两个客体的含义中就有了外在于感知的意味，我们可以完全从感知物的角度出发接近这两个术语，但是它们只有在感知成为不可能时才会真实地被构成。这是什么意思呢？我们要进一步细化。弗洛伊德的客体本质上来源于神经官能症者，对这类主体而言，要求的客体是必然在场的。神经官能症式的欲望与大他者的要求有关，它指向大他者的要求。根据拉康的观点，来自大他者的要求本质上是一种基础客体。然而，凝视与声音客体来源于精神病（psychose）。略显遗憾的是，此次我们只有一个会场

[①] 拉康通常用裂隙（fente）指代窗户，米勒想要表达的是主体通过窗户才能看到外部，但主体看不到窗户与外部的断裂。——译者

是围绕精神病议题设置的，要知道精神病结构是这两种客体的基础。离开精神病，拉康就无法完成其论述。在精神病经验中，常人无法听到的声音和无法看到的凝视都具有在场性。正是在患者那里，拉康最终引入了感知理论，意在让精神病问题曝光于公众视野，不再将其还原到人们假设的正常经验之中。进而，我们应该从精神病主体的角度出发思考所谓的正常经验，因为他们帮助我们完善了对世界的认识。出于同样的原因，拉康的双层图示［欲望图示］就是由精神病经验所揭示的。大家可以自问，我们能够在多大程度上把自己视为言说内容的作者。

对拉康来说，视界场域和声音场域一样依靠精神病经验。因为正是在这种经验中，没有现实的去力比多化，也没有客体小 a 的抽取。在这种状况下，声音和凝视不会被略去。这正是精神病患者得以感知两种拉康式客体的特权。他们能够察觉到每条能指链中的声音——只要能指链存在，声音就会存在；只要有一套阐发清晰的思想，就足以感知声音的在场。凝视来自世界，精神病主体在自身之中痛苦地承受着它，不过这是那些凝视他的东西，那些"自"体现（« se » montre）的东西。在著名的拉丁鱼罐头的例子中，拉康的轶事为今天的我们提供了一个模拟精神病经验的机会。这个客体凝视着我，而我，在这个客体的被感知物之中。拉康曾描述道，画框在我的眼睛里，这就是表象理论的真理，然而，我是在画框之中的。

此处同样可参考拉康对拟态理论（mimétisme）的引述，维拉·格拉利（Vera Gorali）的报告正是关于这一主题的。拉康借助拟态理论想要说明的是，感知的动物主体沉浸在自己的 Umwelt［环境］中作为环境事态的一部分，而非独异于环境之外。这样拉康便找到了批判传统感知理论的武器，也就是批判主体位置的外在性，因为在拟态理论中，我们看到感知的主体忍耐并且承受着被感知物带来的痛苦。拉康在其讲授视界场域的文本中曾反复提及一个关键词："内在性"（immanence），拉丁文是 manere，意为保留，持存其中。内在性可以是客体的，拉康有时就是这样解释，也可以是主体的，它要表达的含义与超越的相反，后者意味着外在于某物。拟态同样包含了帷幕功能的一个小变种，事实上它指涉的不是帷幕，而是面具，或者说它把帷幕变成了主体的面具。

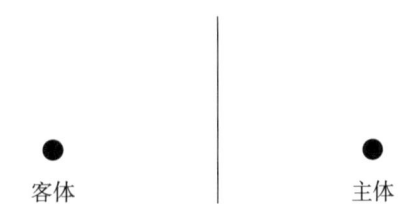

客体　　　　　　　主体

这样一来，我们应该把主体放到右侧，它在凝视者面前伪装自己，而这种伪装就是主体在他我之间放置的面具。凝视者在这种情况下只能看到某种不同于主体自身的、被隐藏起来的存在样态。拉康指出，只有经过面具的中介，男性和女性才以最热烈的方式相遇。这是一个威尼斯式的命题，无独有偶，这次会议海报的灵感亦来源于此。其他变体在这个图示下仍然可能，我们可以把眼睛放到左侧，把隐藏于面具之后的凝视放到右侧。

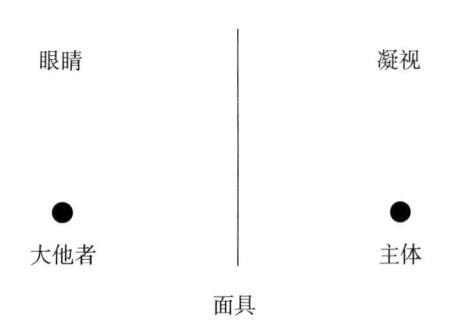

眼睛　　　　　　　凝视

大他者　　　　　　主体
面具

另外我们要讲那个关于画作的安抚作用的问题，它收缴了我们的视线，或许我们应该区分两种位置。首先是艺术家和观众的位置。艺术家把自己的凝视安置在画作上——这一点拉康没有进一步展开，但我是这样理解的——拉康认为画笔的笔触等同于凝视的停驻，[绘画过程]仿佛画卷上方下起了凝视之雨，而这般场景又如同飞鸟抖落羽毛。一般的观点是，我们往往从肛门客体的角度出发，对艺术家、画家的实践进行理论化，也就是说画家仿佛在画面中摆脱了凝视，而在画面中，凝视如排泄物般堆积。在另一个位置上，画作取悦观众，他们在现实中寻找美，而这种东西能够安抚他们的阉割焦虑，因为那里不会有缺失。观众可以在画中看到凝视，但这是一种被拘禁、物质化、被赋予笔墨之外衣的凝视。因此，正如我们对拉康的解读，画作就像一座凝视的囚牢。拉康认为表现主义算得上一种例外，因为画家们试图激活画面上的凝视，以便让观众感受到被凝视，从而在观赏活动中被捕获。是的，在拉康减少理论所涉及的维度时，我便已经准备了一份简化版拉康《研讨班十三》的理论梳理。但我想，对于今天的议程而言，其内容量可能过大了。

结论

第一，从现当代艺术的自身定位而言，艺术家对拉康的学习已经过度。也就是说，他们过多取材于画作的基石——画框。杜尚是第一个发现并且利用这一点的人。他知道，只要弄一个底座，贴上标签，再往上放一个现实中的物体就足够了。只要这个物件的作者是一位艺术家，它就会成为艺术品。可以说，杜尚对这个秘密的发现和榨取十分低调。当然，这种思路需要建立在开拓者的前瞻之上，并且假定了艺术家被同行了解的可能性。大家或许可以看到，尽管当代艺术家享有盛誉，但是黑格尔意义上的精神的生命（la vie de l'esprit）不是通过艺术传递的。我想——同时也为之遗憾——如今再难看到印象派时代的争鸣了。那时，笔端碰触画面便能激起行家们真正意义上的群起攻之。同样，我们也不再以相同方式处理那些曾经让人沸腾的宗教问题了，力比多似乎撤出了艺术领域。

第二，我们知道象征界部分或者整体上是想象性质的。说象征界是一种仿似，实际是要强调象征界对想象界的从属性。

第三，想象界不是格式塔，它是享乐的包裹。对享乐的捕获经由想象界实现。

第四，凝视在大他者一侧，尽管大他者并不存在。出于这个观点，我把昨天的讨论视作一种补充：大他者的凝视会保留，尽管它本身已经不复存在。

我引述拉康《研讨班十三》中的话作为结尾。他通过视界场域这一中介澄清了主体的分裂特质，并且站在分析师的位置上提出分析师的教育旨在促使一些主体进入世界，对他们而言，主体的分裂具有重要意义，这种分裂实际上是一种容纳主体进行思考的维度。独一无二的分析经验对于每个人来说都有一种效果，就是与羊群分离——拉康如是说。

作为事件的解释[1]

埃里克·洛朗[2] / 著
方露茜[3] / 译
周毅宗[4] / 校

但凡说到"解释"（interprétation），总会引起一个误解。受到文本及其诠释（interpretation）这一对概念的误导，我们会不假思索地以为存在无意识的语言，它要求元语言的解释。而拉康反复强调：精神分析的经验不只让他认定元语言不存在，而且唯有以这一句宣言为向导，我们才有可能在精神分析的经验中找准方向。从中我们可以进一步得出两个基本命题：欲望不是对原先杂乱驱力（pulsion）的元语言解释。欲望是其自身的解释。欲望与解释位于同一层面。在此之上应补充第二个命题："分析师是无意识概念的组成部分，因为他们构成其地址。"[5] 无意识本来就像一门语言那样结构，分析师做出的解释若不能媲美无意识做出的解释，他就无法击中靶心。此外，仅仅用语言学的固有观念来把握无意识

---

[1] 原文标题为 L'interprétation événement，载于 *La Cause du Désir* 2018/3 (N°100), p. 65-73。译文已得到作者本人授权。
[2] 埃里克·洛朗（Éric Laurent），法国著名拉康派精神分析师，世界精神分析协会（AMP）前任主席，拉康的弟子和分析者。
[3] 方露茜，精神分析师，法国巴黎第八大学精神分析硕士，雷恩第二大学心理学硕士。
[4] 周毅宗，法国巴黎西岱大学科学哲学与科学史硕士。
[5] Jacques Lacan, Position de l'inconscient, *Écrits*, Paris: Seuil, 1966, p. 834.

的语言是不够的，我们还需要考虑其诗歌拓扑学的维度。诗的功能指出语言不是信息，而是回响。这一功能也让联结声音和意义的物质凸显出来。诗的功能对应着拉康所说的词物主义（motérialisme），在词物的中心有一个被紧紧围住的虚空。分析的解释何以能够让语言中心的虚空显现出来？——正是这个问题开启了拉康的研讨班教学。第一个研讨班的开篇如是说："师父以一种不知所谓（n'importe quoi）的方式打破沉寂，比如讽刺、脚踹。在禅宗佛学中，师父正是这样寻找意义的。徒弟自己的问题应由他们自己去解答。师父不会用权威的方式教授现成的知识，只有当徒弟即将找到答案时，师父才将答案给出。"①

需要注意的是，这几句话说的不仅仅是一般教学应该采纳的形式，更关系到扎根在精神分析治疗深处的**解释**这一实践应采取的形式。我们稍后会回到这一点。

暂且假定解释与"不知所谓"之间存在某种关联。在最宽泛的意义上，不知所谓即异质性（hétérogène）。如此一来，跟随雅克-阿兰·米勒提出的论题，我们就更容易理解拉康如何从早期教学中对解释的思考走向后期教学中"来到解释的反面"。这条新思路发展到极致的时候，拉康会把解释的可能性建立在"说的住所"（dit-mansion）之上，这个词体现了能指与字母的异质性组合。精神分析引入的这个新维度扩充了语言学对语言功能的认识。由此，解释成为一个说道的事件（événement du dire），被提升到与症状齐平的重要地位，又或者，沿用拉康晦涩的说法，它能够把症状**熄灭**（éteindre）。这就是本文将要追随的一条理论发展线索。首先，我们将考察解释的异质性。接着，我们会阐述拉康如何走到解释的反面。然后，我们将思考介于口语和书写之间的**呼喝式**（jaculation）**解释**。最后，我们会探讨**作为事件的解释**的几个面向。

---

① Jacques Lacan, *Le Séminaire Livre I: Les écrits techniques de Freud*, Paris: Seuil, 1975, p. 7.

一、解释及其异质性

当拉康提取出禅师的不知所谓这一特征时,① 他说的不是广义上的禅修方法,而是特指在日本尤为盛行的一个禅宗门派的创始人之一临济义玄禅师的方法。这位禅师备受拉康的"良师"②汉学家戴密微③的推崇。戴密微首先提出用"渐悟"（gradualisme）和"顿悟"（subitisme）来区分印度佛教与中国佛教。④临济宗所强调的通过打断制造突然的空性（vacuité）体验的禅修方法正是"顿悟"派的典范。⑤戴密微曾经跟拉康讨论过临济禅师的方法。⑥

拉康说,解释应该对准客体,尤其是乔装成"虚空"的客体,有鉴于此,我们可以在禅师的方法和分析的解释之间建立一个关联。"每个人都知道禅修与主体空性的实现之间多多少少有某种关系,哪怕我们不太知道这样说意味着什么。……这一关键时刻应当联系着精神空性的取得……在长久等待后降临的某种唐突,有时是一个词、一句话、一声呼喝,甚至是一句脏话、一个嘲笑的手势、踹向屁股的一脚。毫无疑问,这些荒诞滑稽的举动只有在主体日积月累的准备工作下才能显出它们的意义。"⑦

为了弄清这种异质性,即异质性可以通过沉默或肢体动作给出这个事实,我们要参考拉康在教学初期就提出的一个观点。他说,主体所落

---

① Jacques Lacan, *Le Séminaire Livre I: Les écrits techniques de Freud*, Paris: Seuil, 1975, p. 7.
② Jacques Lacan, *Le Séminaire Livre X: L'angoisse*, Paris: Seuil, 2004, p. 261.
③ 参见 Paul Demiéville, Le miroir spirituel, *Sinologica*, 1947, n° 2, p. 112-137, cité in *Choix d'études bouddhiques* (1929–1970), Leiden: E. J. Brill, 1973, p. 131-156。
④ 参见 Jean-Pierre Dieny, Paul Demiéville, *École pratique des hautes études*, Rapport sur les conférences des années 1981–1982, 4e section, livret 2, p. 23-29。
⑤ 参见 Jacques Lacan, D'un dessein, *Écrits*, Paris: Seuil, 1966, p. 364。
⑥ 参见 Nathalie Charraud, Lacan et le bouddhisme Chan, *La Cause freudienne*, 2011, n° 79, p. 122-126。
⑦ Jacques Lacan, *Le Séminaire Livre XIII: l'objet de la psychanalyse*, leçon du 1er décembre 1965, inédit.

入的表意意图以及感官系统（比如声音、视觉）之间是相互独立的，虽然前者貌似建立在后者之上。在第三个研讨班中，拉康以聋人为例说明，有一些类别的符号并不通过言说来传递。① 它的被感知发生在所有感官系统之外。② 幻听现象中无声的声音也是一种声音（voix），但它不是语言学意义上的语音（phonè）。③ 解释也是同样的道理。当然，无论解释以何种载体为支撑，它都应当以追求真理——真理作为断裂——的效果为指引。这种"不知所谓"的解释因此区别于分析师的其他干预。拉康就此得出以下对立：一侧是生产可被理解的意义的解释，它不受任何限制；而另一侧，是指向根源性的虚空和原初缺位（absence première）的解释，它产生真理的效果。解释的异质性并不意味着毫无章法，并非真的是不知所谓。它的"不知所谓"必须瞄准丧失客体所对应的原初缺位之虚空。④ 解释载体之多样不应抹除其目标之明确：指向主体空性（vacuité subjective）。此虚空既纪念着丧失客体所留下的享乐痕迹，也意味着完全重复与这一享乐的偶遇是不可能的。不可再次遭遇享乐，这一失败是精神分析对空性给出的定义，而让这一空性呈现出来，正是精神分析实践的目标。

二、从翻译的解释到切割的解释

拉康教学中，从赋予意义的解释到走向其反面的这一过渡，恰恰处在异质的解释和原初虚空的联结处。这是雅克-阿兰·米勒在一篇影响深远的文章中提出的观点。其中，他把解释-翻译与指向享乐之晦涩的非语义（asémantique）解释对立起来。"一次分析会谈要么是一个语义单元，也就是用 S2 来给一次制作加上标点——等同于服务于父之名的妄

---

① 参见 Jacques Lacan, *Le Séminaire Livre III: Les psychoses*, Paris: Seuil, 1981, p. 154。
② 参见 Jacques Lacan, *Le Séminaire Livre X: L'angoisse*, Paris: Seuil, 2004, p. 317。
③ 参见 Jacques Lacan, D'une question préliminaire à tout traitement possible de la psychose, *Écrits*, Paris: Seuil, 1966, p. 532-533。
④ 参见 Jacques Lacan, La direction de la cure, *Écrits*, Paris: Seuil, 1966, p. 594-595。

想……它要么是一个非语义单元，功能在于让主体再次遭遇他的享乐之晦涩与不可穿透。这就要求会谈在收尾之前被切断。"① 因此，最根本的两极不再是意义与真理之洞之间的对立，而是享乐的两个面向之间的对立：这个在话语中打洞的东西一方面是话语中的空位（place vide），而另一方面以饱满的晦涩性彰显其存在。

要把握这一组新对立的发展线索，我们必须放弃关于主体间性，甚至关于对话的幻想。雅克-阿兰·米勒在发明"非言说"（l'apparole）的概念时想要强调的正是这一点。他也通过这一概念对拉康在后期教学中提出的新思路进行了重新梳理。"非言说即自言自语。70年代的拉康对自言自语的问题十分感兴趣。他强调，言说首先是一种自言自语。我用'非言说'的概念来回应拉康在研讨班《再来》（Encore）里提出的一个设问——呀呀语（lalangue）的首要功能是服务于对话吗？没有比这更不确定的事了。"②

呀呀语之所以涉及的不是对话交流，是因为它跟享乐有着暧昧不清的关系。"它（ça）在言说的地方，它也在享乐。在这里，我们可以把这句话理解为它在享乐着言说。"③ **语义性的解释力图再一次激起分析者言说的欲望，而与此相反，指向享乐的解释则试图引入一个界限，让言说停下来**。④ 自由联想的话语包含无限的可能性，它限制享乐的唯一手段是快乐原则。解释的限制力则来自别处。"想什么说什么永远只会通往快乐原则"。⑤ 而为了引入界限，我们不能依靠快乐原则和它的无限可能，而是要从与可能模态相对的不可能模态出发。"通过引入这个脱离自由联想式言说的模态，通过运作某种**它什么也不想说 / 它没有任何意义（ça ne veut rien dire）**。"⑥ 解释虽然通过言说传递，但它属于书写的范畴，唯

---

① Jacques-Alain Miller, L'interprétation à l'envers, *La Cause freudienne*, 1996, n° 32, p. 13.
② Jacques-Alain Miller, Le monologue de l'apparole, *La Cause freudienne*, 1996, n° 34, p. 13.
③ 同上。
④ 同上书，第17页。
⑤ 同上。
⑥ 同上书，第18页。

有书写能够承载意义之洞和不可能性。①

非语义的解释这一论题引入了能指与字母的混合维度。这也说明了拉康为何把解释和言说对立起来考虑。"分析的解释……产生的效果远远超过言说本身。言说是分析者制作的客体。那么如何理解分析师说的东西所产生的效果？——毕竟他是说话的。没错，转移在其中发挥着一些作用，但这不是重点。我们要阐明的问题是解释的效果是如何产生的，要知道，解释并不一定包含陈述的活动（énonciation）这一维度。"②分析师的说道（dire），回应着无意识的说道，成为混合物。拉康称之为"呼喝"（jaculation）。

三、呼喝的解释

"问题在于弄清楚实在的意义效果（effet de sens）究竟是取决于某些词语的使用，还是因为它们是被**呼喝**出来的。……我们一直都以为是词语的效果。但如果我们特意把能指的范畴分离出来，我们会看到**呼喝**仍保留着它独有的意义。"③为了保留这一持续存在的因果关系，与此同时不把它当作陈述的意义带来的效果，拉康提出存在一种**实在的意义效果**。"分析的话语应当产生的意义效果不是想象的，也不是象征的，它必须是实在的。"④

此处的解释不是在太一能指（significant Un）之后添加一个 S2。它的目的不在于串联或者制作一条能指链，而在于确认绳结的收紧，这是一个把身体事件和可以被记为（a）的登录（inscription）圈在一起的绳结。拉康早前已经使用过**呼喝**一词来说明诗歌文本的力量，比如在谈到

---

① Jacques-Alain Miller, Le monologue de l'apparole, *La Cause freudienne*, 1996, n° 34, p. 18.
② Jacques Lacan, *Le Séminaire Livre XXII: R. S. I.*, leçon du 11 février 1975, *Ornicar?*, 1975, n° 4, p. 95-96.
③ 同上书，第96—97页。
④ 同上。

诗人品达（Pindare）①和西勒修斯（Angélus Silesius）②的时候。他还把勒克莱尔（Serge Leclaire）的 Poordjeli——幻想中不同元素的无意义的形式化——称为"一句秘密的呼喝，一条狂喜的公式，一个拟声词"。③我们现在来补充一点，在禅宗中，临济是"棒喝"的发明者，也是最擅长运用此方法的人。戴密微把"棒喝"翻译成 éructation。"棒喝是禅宗修行独有的一种方法；临济一般被认为是该方法的发明者，或至少是把它演绎到炉火纯青地步的人。"④我们可以在呼喝中看到棒喝的影子。

[拉康]第二十二个研讨班中的呼喝指的是实在的意义效果，它预告了[拉康]第二十三个研讨班中的**新能指**。"它是一个有另一种功能的能指。……我们说它是一个新能指，不单因为它是新增的一个，而是因为它非但没有被困意笼罩，还能够引发觉醒。"⑤这一觉醒连接着实在意义效果的产生，也就是一个身体事件的发生。

四、解释作为事件

只有以这个（关于新能指的）假设为前提，拉康才能够把解释放在与症状齐平的高度，也就是说，解释关系到语言对身体产生的影响。⑥"拉康将会把这一点凝缩在'能指是享乐的原因'这一逻辑学色彩极为浓厚的公式里，不过，这句话讲的不外乎语言在身体上所造成的奠

---

① 参见 Jacques Lacan, *Le Séminaire Livre VIII: Le transfert*, Paris: Seuil, 2001, p. 437. 拉康谈到"品达著名的呼喝"。
② 参见 Jacques Lacan, *Le Séminaire Livre XIII: L'objet de la psychanalyse*, leçon du 1er décembre 1965, inédit。
③ Jacques Lacan, *Le Séminaire Livre XII: Problèmes cruciaux pour la psychanalyse*, leçon du 27 janvier 1965, inédit.
④ Paul Demiéville, *Entretiens de Linji*, 1972, cité par Nathalie Charraud, in Lacan et le bouddhisme Chan, *La Cause freudienne*, 2011, n° 79, p. 122-126.
⑤ Jacques-Alain Miller, *L'orientation lacanienne. Le tout dernier Lacan*, enseignement prononcé dans le cadre du département de psychanalyse de l'université Paris VIII, cours du 14 mars 2007, inédit.
⑥ 参见 Jacques-Alain Miller, Biologie lacanienne et événement de corps, *La Cause freudienne*, 2000, n° 44, p. 47。

基性事件这个概念。"① 一个解释要想对作为身体书写的症状做出回应，它不仅要是言说和书写的混合体，而且还要能够兼顾这一混合所隐含的后果。在索绪尔的能指中，把能指与所指粘合在一起的原子充当起书写的功能。一旦我们意识到两者的关联是人为赋予的，这就意味着，驱使我们去言说的动力来自另一个维度，即隐藏在言说背后的声音的维度。雅克-阿兰·米勒把声音的这一回归称为"呼喊"（vociféracion）。"呼喊为言说增添了声音的价值、维度以及重量。"②

如果说症状属于身体事件，那么如何解释享乐可以脱离身体的自体情欲，而对解释呼喝的催动做出回应呢？③ 一方面，享乐确实是自体情欲的体现，然而语言并非一个人的语言。语言是由众人的喧哗构成的。另一方面，享乐的身体书写保留了［拉康］早期教学中颠倒信息的结构。"'主体的确以颠倒的形式接收到自身的信息，但说到底他是从大他者的享乐形式中接收到自身的享乐。'我们从中可以瞥见以下这个观点的雏形：主体与大他者的辩证法开始转移到身体的层面。"④

在辩证法身体化的基础上，拉康进一步探讨分析师何以能够让享乐在共有的语言中发出回响。他首先想到诗歌。"这些催动，分析师通过它们使其他东西，那些在意义之外的东西，发出声响。在所谓的诗歌书写中，我们可以找到精神分析的解释所可能实现的维度……中国诗人除了把诗写下来别无他法。"⑤

但是，中国古诗的书写不只体现出言说和文字的联结，还包含"呼喊"这一声音模态，呈现为某种单调朗诵或浅唱低吟。这样一种声音模

---

① 参见 Jacques-Alain Miller, Biologie lacanienne et événement de corps, *La Cause freudienne*, 2000, n° 44, p. 47。
② Jacques-Alain Miller, *L'orientation lacanienne. Nullibiété*, enseignement prononcé dans le cadre du département de psychanalyse de l'université Paris VIII, cours du 11 juin 2008, inédit.
③ 参见 Jacques Lacan, *Le Séminaire Livre XXIV: L'insu qui sait de l'une-bévue s'aile à mourre*, leçon du 19 avril 1977, inédit。
④ Jacques-Alain Miller, Biologie lacanienne et événement de corps, *La Cause freudienne*, 2000, n° 44, p. 59。
⑤ Jacques Lacan, *Le Séminaire Livre XXIV: L'insu qui sait de l'une-bévue s'aile à mourre*, leçon du 19 avril 1977, inédit。

态是以中文独有的拼音声调之间的游戏为基础的。"有一样东西让我们感觉到它们不能被化约为言说与文字，那就是它们可以被吟唱，它们包含声调的变化。程抱一对我说的'押韵'指的就是这种由抑扬顿挫的声调变化带来的音乐性。"①

这一[中国古诗对语言的]新运用很好地说明了能指的新用法，它甚至表明以一种量身定制的方式创造新能指是有可能的。"为什么我们不去发明新的能指？我们的能指总是早已存在的。[为什么不发明]一个能指，一个跟实在界一样没有任何意义的能指？谁也说不好，这样做也许能产生新的东西。它也许能产生新的东西，它也许将成为一个方法，至少是一个制造惊愕（sidération）的方法。"② 这一惊愕既是对主体空性的又一次命名，也是作为限制与切割的解释的一个标志。这就是与症状齐平的作为事件的解释。"并非所有的言说都能被称为'说道'，否则，所有言说就都成了身体事件——而事实并非如此，要真是这样的话，空话（vaine parole）就不复存在了。说道则属于事件的范畴。"③

在拉康看来，能指的这一新用法具有直接作用于症状的能力。他用一个奇怪的说法表达了这个观点："熄灭"症状。"正是因为一个准确的解释可以熄灭一个症状，我们才说真理具有诗歌的特征。"④ 如何理解"熄灭"这个动词？我提议回到本文开篇提到的"精神的镜子"，并重读关于说道的冲击的一段文字，从中我们可以看到微光与光泽熄灭之间的扭结。"当一个寻求不思（le vide de la pensée）的人进入想象世界这一片没有阴影的微光中，他甚至克制自己不去想接下来在其中会浮现出什么，一面没有光泽的镜子让他知道什么叫作一个不反射任何东西的表面。"⑤

---

① Jacques Lacan, *Le Séminaire Livre XXIV: L'insu qui sait de l'une-bévue s'aile à mourre*, leçon du 19 avril 1977, inédit.
② 同上。
③ Jacques Lacan, *Le Séminaire Livre XXI: les non dupes errent*, leçon du 18 décembre 1973, inédit. 感谢吉·布伊奥勒（Guy Briole）告诉我这条参考文献。
④ Jacques Lacan, *Le Séminaire Livre XXIV: L'insu que sait de l'une bévue s'aile à mourre*, leçon du 19 avril 1977, *Ornicar?*, 1979, n° 17–18, p. 16.
⑤ Jacques Lacan, *Propos sur la causalité psychique*, *Écrits*, Paris: Seuil, 1966, p. 188.

新能指就登录在这个不反射任何意义之微光的表面。只剩下某个无意义所留下的一个纯粹的痕迹，它最终把我们对症状的信仰——这虚假的闪烁——熄灭了。

话语、主体、语言[1]

帕特里克·纪尧马[2] / 著
姜余[3] 严和来[4] / 译

拉康《文集》在 1966 年的编辑出版大大超出了当时有限的精神分析世界的边界。这部作品是一部成熟之作,根植于与同期哲学语言和思想的论辩,它时常体现出论战的姿态,同时在精神分析发展史上留下了浓墨重彩的一笔。

断裂、冲突和分化已经出现。巴黎弗洛伊德学校(EFP)于 1967 年成立。作为某种形式的误解的相关出口,它与政治、知识、道德相关的危机同时开启,在这些危机中,精神分析既是一个参照,也是一股活跃力量。精神分析对其他领域的介入具有决定性意义。1969 年,刚成立的巴黎第八大学(Vincennes)在雅克·拉康的指导下创立了精神分析系,这就是极好的证明。

一时间,拉康全心投入对弗洛伊德基础作品的阅读,将它与一种研

---

[1] 原文标题为 La parole, le sujet, le langage,载于 *Revue Française de Psychanalyse*,2018/4 (Vol. 82), p. 908-917. 译文已得到作者本人授权。
[2] 帕特里克·纪尧马(Patrick Guyomard),法国著名精神分析家,弗洛伊德精神分析协会(SPF)主席。
[3] 姜余,精神分析工作者,法国巴黎西岱大学精神分析与心理病理学博士,东南大学教师。
[4] 严和来,精神分析工作者,法国巴黎第十三大学临床心理学博士,南京中医药大学教师。

讨班的话语相联系，对弗洛伊德式的实践进行回应。这一过程中，不免有人给他贴上弗洛伊德激进主义的标签，询问其理论框架。断裂还是延续？这里无需界定。拉康培养了机构中的精神分析家。这是一次对弗洛伊德的真正解读，甚至是一次重读，由拉康开启的重读。这些不同的阐释归功于其严谨、风格和冲动，超出了它们的灵感差异。他首创的词汇成为了参照。他赋予一些观念新的生命，这些观念如今成了概念：事后、脱落（forclusion）、痕迹、登录……他对许多过于显而易见的观念提出质疑。他重新赋予作品张力，因为拉康的坚定和临床阐释，弗洛伊德的作品从未停止对自身的超越。在重新发现弗洛伊德的作品的同时，拉康让它重焕青春，重现锋芒。我们能够抛开拉康去阅读弗洛伊德吗？对于很多人来说，这不可能，或者不再可能。至于更为内在、更专注于弗洛伊德的阅读和阐释，这些阅读和阐释表现出来的新的严密性同样来自于被我们称作拉康效应的影响，以及影响的后续效果，显然，这些不仅仅是弗洛伊德的。

连续性与断裂

　　连续性与断裂同时存在。这是一次双重运动。一次弗洛伊德的回归，一种对弗洛伊德意义的和字面的回归。想读拉康而不碰到弗洛伊德，哪怕一页也不可能，无论是暗示的还是明说的，两者总在持续的讨论之中。从缺失的客体到发现满足性冲动的不可能性（在性冲动中有一些"反抗"满足的东西），从对父亲的最初认同到女性登录于俄狄浦斯图示普遍性的不可能，连续性是多种多样的。不同的理论框架不能抹杀这一点。拉康有时似乎更多是在未经授权的情况下重新开始弗洛伊德的工作，而非中断后者。"体验是弗洛伊德式的"，在这一点上他没有停止书写，既没有远离词，也没有远离文本，而词和文本正是弗洛伊德式体验的存在方式。

　　然而，断裂同样存在。断裂体现在多个方面。人们认为，拉康在精神分析中留下了痕迹，一个永远无法绕开的不管是对弗洛伊德的继承还是他"拉康式"的断裂的痕迹。在这一层面上，区别这个还是那个没什么意义。这个任务既必要——因为拉康就是拉康而不是弗洛伊德，又是徒劳——如果目的旨在剥夺拉康寄予希望并为之付出代价之地位的话。

准确来说，人们称其为激进主义，是偏离拉康本人的方向，偏离其意图和理论志向的。他在寻找，并在索绪尔的语言学以及列维-斯特劳斯的人类学中找到支撑，而这两者都建立在分解和断裂之上，带领着精神分析走向其他基础的断裂、认识上的分裂，比如说与生物学的分裂。我们知道，诸如史前冰川时期物种的生物起源这样的考虑，从来没有真正脱离过弗洛伊德的思想。但是当他把自己与哥白尼或达尔文相比的时候，当他通过精神分析让自大的人类必须放低姿态来解释精神分析遭遇的抵抗时，他终以科学真理的名义与意识形态和世界观一刀两断。这些观点希望人类保持住一个位置，而科学拒绝人类停留在这个位置上。

对于拉康而言，弗洛伊德不会反对下面这点：精神分析，就其对无意识的精神生活和其中性欲的承认来说，是一种断裂。具体来说是哪一种呢？问题就在这里。无论拉康的意愿在哪一方，我们都可能因低估了其决定性的不可逆性而犯错。精神分析伴随着对心理生活和精神现实的承认，这种全新的观点从未发生过变化。还需要思考这一断裂，将其整理为理论，甚至超越弗洛伊德。

毫无疑问，无意识概念及其对主体的地形学、对其结构的影响，成为了核心。确定不同的断裂与连续性，激发和承载了弗洛伊德的思想，也激发和承载了拉康的思想，显然，此二者远非同样的思想。

姿态与计划一目了然："无意识插入语言之中。"[①] 这一表达的含义比表面上更为开放。这一表达承认了两个阵营之间可能存在的异质性。两者之间的位置和功能存在差异。而这一插入对无意识概念有哪些影响呢？一方面，语言不是马克思主义术语意义的上层结构。语言具有构建

---

① Jacques Lacan, *Écrits I*, Paris: Seuil, 1999, p. 71.

性与决定性，它先于主体存在。插入既非吸收，也不是缩略。无意识，无论是否被压抑，都保留了自己的特性，建构起无意识的东西没有被切断（思想、表象、痕迹、登记等等）。无意识过程的特性更没有被切断。换句话说："无意识像一种语言一样构成。"不是像普遍的语言。一切具在"像"之中。语言被结构化，但是差距依旧存在。以人类学为根基，以临床为支撑，提出了一种方向。

在任何意义上，这都不是一种对逃开语言的东西，对正是或将是语言之外的东西的否定，无论它是前-语言的、环-语言的（péri-langagier）、低于词语或高于词语的，还是身体现象、冲动现象和情感。但是所有这些就和沉默、缄默症一样，也和陈述话语的缺失一样（无论出于何种动机），对于所有症状而言难以想象、难以辨认、难以阐释，因此它们在一个语言的世界中，在话语和语言的事后才具有意义。拉康从弗洛伊德的文本中凸显出来的概念，是精神生活、精神现实和其时代独有结构的标志。我们知道，事后（l'après-coup）其实是最初的创举（le premier coup）。①

话语的经验

一次分析是一次话语的经验，一次主体的经验，是"分析工作的独特材料"。它是精神分析实践使用的唯一工具。就其临床具有的独特性和偶然性来说，实践始终胜过理论。与其他的实践科学参考不同，理论的位置和价值对分析家和分析者而言在治疗过程中都不陌生。这就使诞生于科学时代的精神分析阻碍其本身成为一种科学。拉康一直在寻找，试图赋予这个学科以严密性和精确性，这个学科很轻易就分散，有时候还会走到过度的地步。然而还是以"精神分析不是一种科学，而是一种实践"②为结束。

---

① 两个法语表达之中有 coup 一词多义的文字游戏。——译者
② Jacques Lacan, *Scilicet*, Paris: Seuil, 1973, n° 6/7, p. 53.

在治疗之中，一切都从属于话语：从属于可能的话语，从属于一个话语的可能性。至于方法、程序、手段，拉康说，它们尝试着让无意识话语显露和相互联系，经验的临床带来的教育，根据症状和处在治疗转移的各个方面中可读破的精神关键的多种话语条件，教会我们并继续实践它们。

对环境、中性、可操作性、一种多多少少活跃的直至过度的技术的关注，只在治疗和其目标的动力学的视角下才有意义。放弃催眠是奠基性的。对被压抑之物的回溯道路，对分裂的取消、整合直至躯体化，对关于身体的言说作为身体之中的言说的考虑，只有话语的价值超越了转移现实化中的分离才有意义。如何以另外的方式为绕不开的修通（perlaboraton）概念赋予意义呢？

这样说——需要这样吗？——话语不可化约为一种工具，也不能化约为一种交流方式。我们不会去学习说话。话语与生俱来。话语不属于一种学习，即使极其幸运的是，存在着学习语言的技巧。有时精神分析错误地不承认它。精神分析更多是把语言技巧视作一种教育视角，带有强制正常化的视阈，而不是话语的条件。温尼科特在创造性的、自发性的话语和发生于假自身（faux self）的服从性话语之间做出的区分在这里是本质性的。

无论有怎样的探索发现和逻辑前提，话语，与生俱来的、被召唤的话语，形成了。话语可以自我拒绝、自我继续、自我堕落。话语的命运也是主体的命运。治疗就是"话语的功能"，对弗洛伊德式主体的治疗，弗洛伊德和拉康提出了拓扑。一切都来自于大彼者（Autre）。没有无语言的话语，没有无结构的语言。大彼者是首位的。使用话语的人深入其中却从未被化约为话语。使用话语的孩子在语言中被异化。有一个小彼者（autre）呼唤他说话。他自己永远不会完整实现。既不作为一个说话的主体，也不作为一个化身主体，对于这个主体而言，身体的异质性将难以逾越。

拉康的理论进展随着"精神分析在语言中找到的基础"[①]更新。这是否意味着一切皆语言？这可能是对词与物的混淆。在语言本身的事实中，理论命名了以这样或那样的形式留给语言的东西，外部的甚至是不可言喻的、标志着脐带不透明的东西。想象不可化约为语言（生态学证明了这一点），尽管语言赋予了它完全另一种范畴。实在既是符号之外的，又是将它排除的东西；实在的回归，带来了对符号边界的影响。这就是创伤的场域，可阐释的场域，精神生活和身体生活中本质性不透明的场域。

拉康不停地在启发式教学的（heurisitique）模式上展开符号、想象和实在的三分。这使得布局发生了一些变化。在符号的优先性之后，在等级之外，是这些领域的对等。波罗米结在三个交错的圈子中表现了对等。这一次，轮到它让位于第四个术语：结的实在区别于组成它的三个圈子。

谁在说？

谁在说？是"自我"吗？还是一个主体？弗洛伊德承认每种语言的"精华"。他在这里找到一种知识和一种证据，他决定信任。每个语言以自己的方式区分陈述主体、第一人称主体和人们谈论的主体，后者是一种辞说（discours）的客体。法语清楚地区分 je 和 moi，主体我和动词的客体。语言的精华抵抗自我谈论的且更加抵抗自我思考的书写。

拉康认为，如果不是从主体思想、从"最终被考虑的"主体问题中得出结论，就不可能囊括弗洛伊德对无意识的发现。一个不独立的主体，自恋的幻想，说话的主体，只在屈服于一种语言符号秩序的情况下使用话语。主体是……的主体并屈服于……的主体。自我是一种自恋的、想象的机构，主体建构中的本质性的机构，它具象化为一个与其他身体相

[①] Jacques Lacan, *Écrits I*, Paris: Seuil, 1999, p. 231.

区分的身体。我们常常忘记关于镜像阶段的著名文章的完整标题:《作为主体我的功能之形成的镜像阶段》[①]。譬如镜中的形象、反射、类似物的位置,同样也是偶像和某种表象能力的位置,不应该和话语的小彼者,即说着话并且人们对之并与之说话的那个小彼者相混淆。

拉康的理论不是别的,恰恰是一种主体理论,无意识的主体理论,强调主体不存在于一种地形学之中,而存在于结构之中。

在不同模式下,相异性是首要的。彼者(抑或大彼者)不是一个客体,无论涉及的是母亲、相似者、父亲还是其他任何人都一样。他们只有在成为一个冲动的客体时才能称为客体。把彼者变为"客体",拉康发现了一种"卑劣"(abjection)。在主体间关系中,对立不在主体和客体之间,而在一个主体和另一个主体之间。

拉康式的客体

客体找到了另一种状态。一直以来,客体都依附于弗洛伊德的轴线,就其重要性而言,胜过它们被赋予的理论"力量"。理论诞生于弗洛伊德的文本和弗洛伊德的经验,但是其基础在语言结构之中,赋予它一种更为系统性的而非经验性的特征。每个人需以自己临床的尺度来衡量它。

客体建立在弗洛伊德关于失去客体的延续之中:妈妈总是已经失去。根据克莱茵的理论,在一次失去或一次摧毁的压抑时刻,母亲才被当作一个"完整"的人感知,主体本人,即这种情形下的孩子,兑现了贬低的效应。

精神分析在母亲形象中学会了区分关系者、照顾者和部分客体,首先是乳房,这是针对儿童而言的。这个客体属于谁呢?切分发生于何处?在乳房和孩子之间还是乳房和妈妈之间?拉康把乳房视作孩子丢失的部分客体,非常经典:"这个从个体出生时就丢失的自己的部分,可用

---

① Jacques Lacan, *Écrits I*, Paris: Seuil, 1999, p. 92.

来符号化最深层的丢失的客体。"① 还会有其他一些冲动的部分客体,孩子与这些客体分开就像丢失了自己的一部分。

它们无可挽回的丢失,人们可以称为阉割,因为这些丢失的事件和拒绝规定了欲望的领域,不管是被固着的幻想还是被抑制的飞跃,都赋予它们客体的状态,使它们成为欲望的原因。欲望有一个原因(缺失、丢失或阉割),但是它没有能够让自己满意的客体,除非是在幻想的表面之下。欲望紧紧依附于"一种绝对的缺失"。

这就是拉康所谓的"客体小a"理论,他唯一承认自己创立的概念。他也将其命名为"主要语言的效应"。言在(parlêtre),他的创造(或是发现)中的另一个概念,即话语的存在,承受着语言带来的效应,特别是在欲望的形式下,与缺失和语言诱导出的所有客体之间关系的改变。

另一个定义同样说明了这一点:"客体小a不是冲动的来源。它并不是以原初营养的名头被引入的。它的引入乃是因为没有任何营养可满足口欲冲动,必须绕过本质上缺失的客体。"② 缺失和不满是根本性的。弗洛伊德在经验上注意到的性冲动的事情,拉康从另一个方向承认了同样的悲观观点。弗洛伊德希望并且相信能找到弥补性压抑折磨的一种满足,但他终将失望:"在性冲动之中有某种反抗满足的东西"。③ 对性欲的承认将其带向一种对冲动力量的不满足的承认。以阉割为代价,活下去成为可能,"平庸之苦"成为可能,升华成为可能:承认一种"绝对缺失","绝对缺失"将给自己机会去欲望,又不将其变为客体。

拉康不仅仅强调了这一点。他将其更多地建立在说话主体的人类条件之上而非阉割命运的变体上,通过这个方法将其极端化。他的观点:"没有性关系",也就是说无论怎样的逻辑誊写,都只是将其断言在一种非常弗洛伊德式的否定之中。性欲是不满足。

---

① Jacques Lacan, *Le Séminaire Livre XI: Les quatre concepts fondamentaux de la psychanalyse*, Paris: Seuil, 1973, p. 180.
② 同上书,第184页。
③ Sigmund Freud, Du rabaissement généralisé de la vie amoureuse, *OCP. F XI*, Paris: PUF, 1998, p. 141.

分析家的欲望

拉康对精神分析有一种欲望，有一种野心，符合他赋予弗洛伊德作品的高度，同样符合他自己向往的高度。他看到在精神分析中有一种断裂、拔除的力量，同样也有真相的力量。他投入其中，就像投入一种绝对。他认为精神分析只能"在保证整合经验的条件下幸存"。[①] 他希望精神分析不妥协、不让步。他不会在没有保留的情况下进行精神分析。

他的激情并非弗洛伊德的激情。时代也不同。第一次世界大战和战争带来的毁坏以不同的方式标注了他们，让他们有了各自的特征。他们得出了不同的结论。

精神分析的未来，精神分析的幸存，就像幻想和缺憾的幸存一样，成为彼此的牵绊。幸存让他们质疑分析的终结和个人分析中的传递，事后的教育。但是什么的教育？拉康一直关心分析家的培训。他跟在弗洛伊德之后。他的研讨班的培训价值，他对保持这种价值、带来这种价值的欲望，就像和他的同辈、他的"学生"和他的分析者说话一样，都是他一直关心的事情。

他希望让精神分析变得具有科学性，并且是在精神分析可以超越其创立者并依附于其学理的唯一同质性上做到这一点。运动是毋庸置疑的。人们忘记他殚精竭虑试图展现精神分析直至其悲剧性的边界。他支持分析家是废弃物，是精神分析操作所抛弃的客体。即便有这方面的经验，谁会欲望占据这个位子？

在弗洛伊德的领域，分析家欲望的概念显得高深莫测又问题百出。不过，精神分析深刻地与反转移的概念相联系，其重要性越来越得到承认。拉康赞扬米歇尔·尼洛（Michel Neyraut），后者认为反转移走在转移前面，远不仅仅是影响。让-贝赫特朗·彭塔利斯（J-B Pontalis）认为

[①] Jacques Lacan, *Écrits I*, Paris: Seuil, 1999, p. 237.

分析家欲望的概念令人尴尬又没有意义，但是，在同一篇文章中，他又承认一种"前-反转移"①。文字矛盾？在所有精神分析中，在精神分析家那里，的确有一种先前性。分析者质疑他的分析家的欲望模式，以及他与方法和分析结局的关系，对于分析家来说这已经是一个提前的创立。

分析家们非常清楚这点。弗洛伊德欲望的重量，他切断记忆和幻想之间的欲望沉重地压在"狼人"的治疗中，让主体在精神病中得以翻转，这种欲望无法绕开，并得到承认。如今的分析家对此更为警惕。但他们就不用面对这样的问题了吗？拉康不这么认为。这种欲望有一个结构性的位置。他认为"说到底，正是分析家的欲望在精神分析中起作用"。②他认为"弗洛伊德本人的欲望，即弗洛伊德身上的某些东西从来没有得到分析"是"精神分析的原罪"。③他希望走得更远：超越弗洛伊德停下的地点。

神话的位置，虚构的、叙述的、记忆的和历史化的位置同对这些道路的探寻一样，我们可以说这些道路是弗洛伊德本人开辟的，或者说是弗洛伊德本人走过的。有一点始终处于核心地位：阉割这个"臭名昭著的石头"。弗洛伊德将其总结为接受其本人性别的困难。阉割是一个挡板，而不是一个圆满的解决。阉割框定了俄狄浦斯情结，或之前或之后。拉康更强调主体的不满足感。无意识让主体自己错过自己：他不知道自己在说什么，不能真正地掌控自己，不能避免自己的失误，也不能避免扎根在他人生之中无法缝合的深渊里。

于是就出现了分析家的形象，这将是一种欲望，弗洛伊德的欲望以外的欲望，或许是拉康的欲望，以这些词陈述出来、在"分析家的欲望"的名义下表达出来："精神分析家带来的不是末世论，而是一种最初终结的权利（droits d'une fin première）？"④我们简单来说，世界末日已经发

---

① Jean-Bertrand Pontalis, *Entre le rêve et la douleur*, Paris: Gallimard, 1977, p. 224.
② Jacques Lacan, *Écrits II*, Paris: Seuil, 1999, p. 334.
③ Jacques Lacan, *Le Séminaire Livre XI: Les quatre concepts fondamentaux de la psychanalyse*, Paris: Seuil, 1973, p. 16.
④ Jacques Lacan, *Écrits II*, Paris: Seuil, 1999, p. 334.

生了。这个领域中没有任何值得期待的进展，没有调和，没有任何最后的审判。没什么好怕的，那该期待什么呢？这个姿态并非没有临床参考：对崩溃的恐惧就是对已经发生的事情的恐惧。

这种欲望应该开辟怎样的道路呢？拉康的工作正好证明这一点：精神分析并非徒劳，也并非没有出路。精神分析不会排斥彼者。

精神分析与哲学专题

为着彼此存在：试析梅洛-庞蒂儿童教育学研究中揭示的一种特殊的交互主体关系

宁晓萌[①] / 著

【摘要】1949—1950年，梅洛-庞蒂在索邦大学教授的儿童心理学与教育学的课程中展开了对在教育中发生的成人与儿童间关系的研究。对成人-儿童间的交互主体关系的研究，揭示出交互主体关系中实践性、社会性的维度，揭示出在现实的交互主体关系中蕴含的动力结构以及在相互作用-反馈间形成的复杂的机制。在本文中，这种具有现实而复杂的关系结构通过对"镜像阶段""俄狄浦斯情结"和"青春期"这三个特殊阶段中父母-儿童关系构造变化的具体分析获得展示。在由此阐发的"人与人的动力学"结构基础上，本文试图说明，对于教育中发生的成人与儿童关系的研究，需要发现和探索儿童自身的经验与表达，而避免以成人的观点代替和构造儿童本质的说明。而这种探索本身是具有矛盾性和困难性的。教育学研究本身正是在这种困境中展开的关于为了彼此存在的交互主体关系的深入而具体的研究。

【关键词】交互主体关系；儿童；他人；回应；为了彼此存在

1949年10月，梅洛-庞蒂接替让·皮亚杰"儿童心理学与教育学"

[①] 宁晓萌，北京大学哲学系长聘副教授，北京大学美学与美育研究中心研究员。

的讲席，开始在索邦大学讲授儿童心理学与教育学的课程。教育学与儿童心理学对梅洛-庞蒂而言，意味着关于两种相互关联而方向相反的视角的研究，即教育学体现为从成人视角看待与儿童的关系，而儿童心理学体现为从儿童视角看待与成人的关系。因而我们可以看到，在这个主题上渗透着梅洛-庞蒂对一种特殊的交互主体关系，即成人与儿童关系的具体考察与反思。

本文并不打算对具体的教育学理念或儿童心理学理论展开具体的讨论，而是想要聚焦于梅洛-庞蒂在成人与儿童间这种交互主体关系的研究中所看到的那种特殊性，并通过对这种特殊性的考察，揭示交互主体性问题具体的和实存论的意义，揭示关于交互主体关系的研究不仅限于一种抽象的、一般的、理论的讨论，而是在其实践性和具体呈现中更加显露出其现实意义。

一、在教育中发生的交互主体关系

教育学的目的是什么？如何看待教育学的本质诉求，决定着人们理解教育学的立场与视角。对梅洛-庞蒂而言，教育学是有待于从自身特质而不仅仅是就其对其他学科的依附关系来考察和研究的。

相比于其他学科，教育学的一个重要的特殊性在于它不可能只是一种纯粹的理论研究，而是本身也是一种**实践**，始终带有介入性的特征。在梅洛-庞蒂看来："由于事关在其生活中的存在，更应当说关乎人之为人的存在，它［教育学］并不是一种纯粹的观察，**所有的观察都已经就是介入**。人们不能在这种研究中仅只实验或观察而不去改变什么。理论也是一种实践。反过来，全部行动也都以理解的关系为前提。教育者与儿童间的关系不是附属于处境的，而是根本性的。"[①] 教育学的理论自身是具有实践维度的，而不是能独立于实践之外的。实践的诉求是教育学

---

① Maurice Merleau-Ponty, L'enfant vu par l'adulte, *Psychologie et pédagogie de l'enfant, Cours de Sorbonne, 1949–1952*, Paris: Verdier, 2001, p. 90.

的出发点也是归宿。这种蕴含在理论中的实践维度,并不单纯指向对教育活动中可操作性环节的各种理论分析,而是更加关涉教育学的本质,即**教育总是要促成人的改变**。这种改变不仅是顺应着人的成长而来的生理与心理的自然的发展,更意味着一个人(成人)对另一个人(儿童)的行为、思想等各种可能方面切实地干预、纠正、引导和鼓励。诚如梅洛-庞蒂所说,"教师的问题与精神分析师一样,更一般地说,与所有实验者一样,教师改造着主体"。[①] 精神分析师的工作在于治疗,在于帮助被分析者消除症状。弗洛伊德在《精神分析引论》中曾指出:"如果医生将他的知识以告知的方式传达给患者,这种知识将不会产生效果。……而我们所提出的'症状消失于其意义被知道之时'这个定理仍然是正确的。我们还必须指出,这个知识必须以患者内心的改变为基础,而这种内心的改变只能是由具有某种目的的心理工作引发的。"[②] 在此意义上,教师的工作与精神分析师有共通之处,即他们也并不满足于观察问题、分析问题,甚至把问题告诉学生,而是要在此基础上改变问题困扰学生的现状,让学生实实在在朝向未来更好地生活。这种改变是不可能单凭理论的分析与知识的口头传递实现的,它必然要求教师与学生形成一种现实的联系,对学生的心理、思想和行为促成一种实际的转变。用梅洛-庞蒂的话说,"观察与行动、理论与实践间的关系,从不是纯粹的知识,而是一种实存关系(un rapport d'existence)"。[③]

就在教育中一方致力于对另一方做出改变这一特质而言,在教育中形成的主体间的关系呈现出一种**不平等**的特征。在以往的交互主体关系研究中,我们似乎预设了两个地位对等的主体,一方可以注视另一方、触摸另一方,即使这种注视与触摸不仅仅是无动于衷的,即使这些行为

[①] Maurice Merleau-Ponty, L'enfant vu par l'adulte, *Psychologie et pédagogie de l'enfant, Cours de Sorbonne, 1949–1952*, Paris: Verdier, 2001, p. 90.
[②] 西格蒙德·弗洛伊德:《精神分析引论》,洪天富译,南京:译林出版社 2018 年版,第 244 页。
[③] Maurice Merleau-Ponty, *Psychologie et pédagogie de l'enfant, Cours de Sorbonne, 1949–1952*, Paris: Verdier, 2001, p. 90.

包含了侵犯、挑衅的意味，我们依然可以设定另一方具备反击的能力，他同样可以以具有攻击意味的方式注视回去或者触摸回去。这样的两个主体，相互成为各自眼中的另一个我，或者另一个主体，他人。而在教育关系中，我们通常理解的主体间的关系并非如此。虽然人们也常常说"教学相长"，但在更一般的语境下，教育总是发生在成人对儿童的单向的引导与改造中。对多数人而言，成人与儿童的分别是自然形成的。"我们（成人）的支配行为看起来是自然且必要的，因为儿童的一切都需要我们（为他们去做）。……我们的态度看起来是正确的，甚至是出于'天性'的，因为婴儿在降临世间时一无所有且弱小无助。"[1] 由于在现实的生理的处境上，儿童在最初的阶段是不可能自主地行为和为自己的行为做决定的，成人必须承担起照料他们、为他们做事情和帮助他们做决定的责任与义务，这就使得原本在大家看来本质上相同的人类主体呈现为分化的形态。成人相比于儿童具有更多的"权利"，儿童则在一定阶段内尚不具备拥有和使用这些权利的基本条件。儿童的处境使得成人不得不采取一种支配的态度，去干预他们在世存在的方方面面。从这个意义上说，成人与儿童显然不是在同等的认识的基础上形成相互间的联系，二者间的联系并不是平等的，而是普遍地表现为成人对儿童单方面的管束与控制，以及儿童对成人决定的依赖。然而成人与儿童之间的这种分别并不是本质性的。人们都自然而然地承认，成人与儿童只是各自处在人在一生发展中的不同阶段，成人曾经也是儿童，甚至没有泯灭作为儿童的全部特征，而儿童也终将成为成人，那是儿童的理想与现实的、也是必然的归宿。故而成人与儿童的这种差别，不是存在论层面上的差别，不是主体存在本质上的差别，而更是二者在所处世界中的身份角色上的差别，是一种社会性意义上的差别。相应地，二者之间的这种不平等的关系，也正是二者社会身份的体现。

这种不平等并不代表不公平，而是揭示出人在世存在的一种基本形

---

[1] Maurice Merleau-Ponty, *Psychologie et pédagogie de l'enfant, Cours de Sorbonne, 1949–1952*, Paris: Verdier, 2001, p. 92.

态。人在作为在世存在这一基础存在论特质之上，还有着更加丰富的多重的向度，每一个人在所处的社会中，在一生不同的阶段，有着不同的分工，扮演着不同的角色。在人的社会性的存在中，从来都不是人人皆同的。人们总是面对不同的别人，甚至不同的自己。梅洛-庞蒂指出，"我们很少会在一种平等的关系中，我们总是将他人看作比我们更强或更弱的人"。① 因此也可以说，教育学中所考虑的这种两种不平等的主体间的关系，正是对这种在其现实的、社会的存在中的主体间关系的基本形态的一种揭示。

而更重要的是，作为社会性的存在，在教育中形成的主体间的联系不仅仅是一个个体与另一个个体之间的关系。在梅洛-庞蒂看来："只要我们不能置身于……制度中，只要我们不理解各种事实所指向的亲属关系的形式，不理解在其文化之中的这些主体是在何种意义上将同辈感知为他们的'亲属'，不能从根本上理解个体的结构和个体间的结构，以及使各种观察到的相互联系成为可能的各种与自然和与他人间的制度性的联系（les rapports institutionnels），这些关系就尚不具备社会学的意义……"② 仅仅站在一个个体的内在立场上去推论与另一个主体间的可能的关系模型，是不足以说明主体间的社会性联系的。作为社会性存在的主体共同归属于 种文化的建制，在与共同处境的关联中形成相互间的联系。考虑到这一点，对于教育中形成的主体间联系，我们也不能仅以基于个体视角考察个体间联系的简单模式去研究，而应当充分考虑其社会性的结构。

---

① Maurice Merleau-Ponty, *Psychologie et pédagogie de l'enfant, Cours de Sorbonne, 1949–1952*, Paris: Verdier, 2001, p. 467.
② Maurice Merleau-Ponty, Le philosophe et la sociologie, *Signes*, Paris: Gallimard, 1960, p. 167 168.

二、成人与儿童

基于对教育学研究所关注的这种交互主体关系的特殊性的考虑，让我们来重新反思在教育处境中的成人与儿童之间的关系。

理解成人与儿童间关系的一个难点在于，如前所述，成人与儿童并非在存在论意义上本质不同的两类主体，成人与儿童间的界线很难划出。即使当梅洛-庞蒂特别致力于这种关系的研究，他似乎也并没有试图对何为成人、何为儿童做出说明。我们是否可以按照日常的理解，以年龄来做出区分，譬如像我们在生活中普遍接受的那样，将18岁以上的人视作成人，18岁以下视为儿童？然而在现实中，17岁的人与19岁的人是否可以被截然判作分属儿童与成人？他们的言语、行为、思考问题的方式等各方面是否充分显示出儿童与成人的区别？在现实生活中，我们常常会看到十几岁的少年也有很老成冷静的表现，而几十岁的成人似乎还像个孩子一样地行为。所以，单凭年龄的界线，或者说单凭一个人生理方面的发展来区分儿童与成人实际上是不太有效的，这无法构成对儿童或成人特质的说明。

那么在成人与儿童的定义并不清晰的情况下，要如何展开成人-儿童关系的研究呢？梅洛-庞蒂认为，先确定二者的本质特征再去研究二者之间的关系，这种做法本身就是需要避免的。他认为一种关于儿童的研究恰恰应该避免谈论儿童的本质，因为这种做法实际地构成了我们在理解儿童问题上的误区。他指出，"我们所拥有的关于儿童、其他人以及一切发生的事情的意识，从本质上讲都是具有欺骗性的"。[①] 我们不应该仅仅依赖于现有的研究所提供的对儿童本质特征的描述来理解儿童，因为这些研究往往从成人的角度出发，设定了许多儿童自己并没有产生的问题，将外来的问题强加在儿童的行为与思维中，以此获得的结论并不

---

① Maurice Merleau-Ponty, *Psychologie et pédagogie de l'enfant, Cours de Sorbonne, 1949–1952*, Paris: Verdier, 2001, p. 473.

足以说明儿童的特征。比如在儿童对世界的表象问题上，梅洛-庞蒂指出，瓦隆（Henry Wallon）与皮亚杰（Jean Piaget）等研究者尽管在儿童发展研究方面为我们带来了突出的贡献，却也同时陷于从成人视角讨论儿童的困难。他们提出一个在成人看来自然而然的问题，即你如何表象世界的问题，然而他们既没有看到儿童并不单纯以对象化的方式看待世界和用一个表象来表达对世界整体的理解，也没有充分考虑儿童是否具有自己的语言来表达这种理解。在这样的研究中，儿童被视为还不能提供成人的表达，衡量儿童的标准始终是按照成人的系统性的、范畴化的标准来设定的。在梅洛-庞蒂看来，这样的研究并没有从儿童自身的经验出发，没有真正像他们所希望的那样揭示出儿童的本质，而只是按照成人所设定的儿童的表象来看待他们。更值得关注的是，这样做有可能导致我们对儿童本质形成误解，而这种误解将不仅仅停留于理论层面，还有可能直接导致儿童朝向成人为之强加的标签的向度发展。[1] 正因如此，梅洛-庞蒂认为"在成人与儿童的关系上，我们不应只从我们的视角看待儿童，而应从一个不同于我们自己的角度来看"。[2] 若想建立一种严格的、科学的关于儿童的认识，其基本原则应当在于"我们必须重建一种人与人之间的动力学，而不是简单地总结儿童本质的若干特征"。[3] 这意味着，他更希望从一种动态的、发生的视角看到成人与儿童相互间有所回应、有所改变的、始终在发展进程之中而不是作为结果的静态关系的呈现。

对于这样一种动力学形式的成人-儿童关系，梅洛-庞蒂选取了父母-子女这种关系形态作为典型来考察。在他看来，"孩子与父母间的关系构建起其与他人关系的矩阵。父母是支点，在孩子生活中起到最基本的作用。"[4] 父母是孩子生命中最初遇到的他者，儿童与他人的重重关联

---

[1] Maurice Merleau-Ponty, *Psychologie et pédagogie de l'enfant, Cours de Sorbonne, 1949–1952*, Paris: Verdier, 2001, p. 475-476.
[2] 同上书，第475页。
[3] 同上。
[4] 同上书，第377页。

正是在与父母关系的基础上，通过与父母相联系的基本形式而逐渐建立起来的。"与父母的关系具有基础架构的特征。并且，与父母最初的关系模式影响着孩子后来与他人间关系的发展。"① 在这种关系的研究上，尽管心理学、社会学、历史学都为我们提供了可资借鉴的资源，梅洛-庞蒂还是认为弗洛伊德的精神分析研究"最先描述了儿童与他人的关系。并且，正是在那里，更具体的研究才得以成为可能。"② 因而在此，关于父母-子女关系的讨论也将主要借鉴精神分析的理论来展开。

在梅洛-庞蒂看来，精神分析致力于"重返个人史，去重新发现一个人生命中最关键的事件、创伤，以及一个人如何在阻抗中遭遇自己的问题"。③ 这种关注不会停留于单一的心理现象或心理事件，而是始终在一种整体性的关注中，探究事件对于一个生命而言的历史意义。在这种关注中，一个生命是作为整体、在其发展中被看待的。儿童与父母间的关系正是在这种生命的整体发展中扮演了至为关键的角色。尽管梅洛-庞蒂曾经指出，"不要把关于儿童各阶段的'本质'特征的结论看作是绝对的"，④ 在儿童成长中的几个特殊的阶段在他看来，还是在儿童与他人间关系的发展中起到了决定性的作用。

1. 镜像阶段——学习以他人的目光看自己

在儿童最初与他人的关联中，"镜像阶段"是一个非常重要的阶段。瓦隆认为，儿童从六个月到三岁这一阶段的发展以"对他人身体的认识的突然发展"为标志性特征。⑤ 在此阶段，儿童会借助镜子获得对他人和对自己身体的视觉表象。对他人镜像的认识早于对自己镜像的认识。孩子朝向镜子中的父亲笑，而在父亲发出声音时惊讶转头的例子，说明

---

① Maurice Merleau-Ponty, *Psychologie et pédagogie de l'enfant, Cours de Sorbonne, 1949–1952*, Paris: Verdier, 2001, p. 379.
② 同上书，第 174 页。
③ 同上书，第 330 页。
④ 同上书，第 475 页。
⑤ 同上书，第 315 页。

他/她已经能够区分镜中的形象与实际的存在，而不是将之混同为一。①然而事实上，我们在镜中看到的他人的形象与直接看到的他人形象具有一定的相似性，都是完整的他人的形象。这与我们对自己形象的观看是极为不同的。如果不借助镜子，我们只能看到自己身体的个别部分，我们可以从内部笼统地把握自身，却并未获得自己身体的完整的形象。因此镜子的出现为儿童带来了对自身认识的一个根本的变化，即一个完整的自身的视觉形象。"孩子拥有两个父亲的视觉形象，他的父亲和他父亲的镜像。而对自己，孩子只有一个自己身体的视觉形象，即镜像中的自己。他/她不把这个形象视为他/她自身，因为他/她自己处于他/她通过内在感受所感受到的地方，而他/她也同时在这同一个地方为他人所见，正如他/她在镜子里看到自己的形象。"②梅洛-庞蒂认为瓦隆最终将对镜像的理解归于理智的进程，而在他看来，"并不是只有通过理智的综合才能使问题得到解决，而是通过把问题放置在儿童与他人的关系中来解决"。③故而在瓦隆提出的镜像阶段的研究基础上，梅洛-庞蒂又参考了拉康著名的文章《镜像阶段作为我之功能的构成要素》④。他从拉康的研究中看到的非常关键的一点在于，镜像促成了一种"自我的陌生化"（aliénation du moi），它使"儿童成为自己的观者，他/她不再只是一个被感受到的我，而是成为一个观者，是能够被别人看到的东西"。⑤正是由于这种陌生化，镜子前面的儿童开始学习从自身之外的视角看自己，这个视角不是他/她自己原本的视角，而是好像别人看他/她时所采取的视角一样。因此，从儿童与他人关系的角度看，镜像的意义在于"儿童

---

① Maurice Merleau-Ponty, *Psychologie et pédagogie de l'enfant, Cours de Sorbonne, 1949-1952*, Paris: Verdier, 2001, p. 315.
② 同上书，第316页。
③ 同上书，第320页。
④ Jacques Lacan, Le stade du miroir comme formateur de la fonction du Je, *Écrits*, Paris: Seuil, 1966, p. 93-100.
⑤ Maurice Merleau-Ponty, *Psychologie et pédagogie de l'enfant, Cours de Sorbonne, 1949-1952*, Paris: Verdier, 2001, p. 319.

开始以他人的目光注视自己",把自己当作"被看到的存在"来把握。①孩子由此不仅是自然的、感知的、从内在领会到的我,也成为一个视觉的对象的我,是一个自己原本通过自己的眼睛不能直接看到的自己,是被另一道目光补充出的自己的完整的视觉形象。故而儿童是在镜像的认识中才一方面从内部完整地、非反思性地把握着自己,另一方面这个从内部把握到的自己也可以从外部被整体地把握,孩子将镜像所提供的新的与料"整合进身体图式的重构之中"。② 同时,由于知道自己是能够被别人看到的存在,他/她"有了与以往不一样的表现"。③ 如果说镜像阶段是儿童自我发展的标志性阶段,那么在这种镜前的自我人格的形成中,他人的目光也起到了关键的塑造作用。由于了解到自己也是他人目光中的存在,孩子的自我主义的存在中加入了为他人存在的因素,不管这种为他人存在是主动的还是被动的。

2. 俄狄浦斯情结——通过父母形成自我认同

如前所述,父母是孩子最初遇到的他人,或至少应该说,具有父母特征的成人是孩子世界中最初的他人。而孩子与父母的关系,从一开始就不仅仅是他/她与另外两个独立的个人之间的关系,而是多于这种个体间关系的叠加。梅洛-庞蒂认为,这种与父母的关系具有"与世界间的关系"的性质,父母正是孩子与世界间关系的"协调者"。④ 在与两位其赖以与世界发生联系的协调者的关系中,由于孩子天然的弱小无助与大人在这种关系中呈现出的压倒性的优越感形成了较为强烈的对比,孩子往往会在无力、受挫的感受中为这种关系加入一种矛盾性的因素——"与他人的关系建立在好斗性的个人表现中"。⑤ 梅洛-庞蒂认为这种看起来非常负面的、带有敌意的情绪实际上更是一种"保护性的态度","这

---

① Maurice Merleau-Ponty, *Psychologie et pédagogie de l'enfant, Cours de Sorbonne, 1949–1952*, Paris: Verdier, 2001, p. 527.
② 同上。
③ 同上。
④ 同上书,第 377 页。
⑤ 同上书,第 378 页。

种情绪是相应于父母间联系而生的，是一种受到矛盾情感影响的情绪。当父母在一起的时候，孩子感到他们构成了一个将自己排斥在外的群组，于是他要想办法分开他们。"① 在这样的过程中，孩子逐渐形成了对父母二人中一个更加喜欢亲近、对另一个更加有敌意和疏远的关系。于是这种关系又从孩子-成人关系发展为孩子-父亲-母亲间的三角关系，相较于孩子-成人的二元结构，在分别对待的态度中，孩子与父母形成的三个角色的心理剧的结构变得更加复杂起来。三人之间，存在着不同的两两关联，父亲与母亲-父亲与孩子-母亲与孩子三种不同形态的关系，再加上爱与恨的不同的可能选择，使得孩子与父母间的关系呈现出多重的张力。这样，在俄狄浦斯情结所呈现的问题中，梅洛-庞蒂更倾向于从这种结构呈现出的社会性因素来看待这一阶段对儿童-父母间关系发展的意义。

应当看到，弗洛伊德在俄狄浦斯情结中揭示的儿童在性的方面的意识是不容忽视的。这一现象最基本的表现便在于男孩对母亲的爱和对父亲的排斥，亦即在对父母中一方投注更多的敌意而对另一方投注更多的爱的选择中，性别的因素是很关键的。如果考虑到性的概念在更笼统的意义上被弗洛伊德理解为"与两性差别有关的一切"，② 那么我们在这层含义上看到的更是性的意识所带来的对人的差异性的发现，以及随之而来的对他人与我相同或不同的认识。只不过，这种差异性的发现并不是认知层面的，孩子并不是因此清楚地认识到男性、女性或者同性、异性的意义。而是这种对差异性的朦胧认识引发了孩子在行为上的变化。梅洛-庞蒂指出，"弗洛伊德的一个重要观点在于，从一开始，俄狄浦斯情结中占第一位的事实就是对同性父母的认同，而不是对其中另一个的爱恋"，"'性'与其说是对异性的寻找，不如说是孩子对自身性别的确

---

① Maurice Merleau-Ponty, *Psychologie et pédagogie de l'enfant, Cours de Sorbonne, 1949–1952*, Paris: Verdier, 2001, p. 378.
② 西格蒙德·弗洛伊德:《精神分析引论》，洪天富译，南京：译林出版社 2018 年版，第 261 页。

认"。① 在对自己身份的认同和对父母差异的认识中，孩子的"自我"也正在分化着。自我有了其所是并向之去是的方向，也有了对其所不是者的发现。其所是者是其未来发展的目标，而其所不是者则因异于自身、外在于自身的存在而逐渐对象化。在这种分化中，一种社会性因素已经通过父母的角色渗透进来，"超我"作为"我将会成为的那个我"、"理想的我"，作为一种动力因素加入到这种关系结构中。对理想的我的认同为孩子的自我发展"提供了'良知'（conscience），它确保着孩子想要成为的男性或女性理想人格的形成"，而同时这种形成"显然不会毫无冲突地完成"。② 超我在这一过程中总是表现为约束与禁止，这对孩子而言带有剥夺、使之重回自己弱小无助状态的意味，带有否定性的、不愉快的色彩，构成孩子自我发展进程中的压抑。故而，拉康指出："俄狄浦斯情结有两个作用：一个是否定性的，即压抑，一个是肯定性的，即升华与训练。"③ 否定性的方面不是有待克服的东西，而毋宁说它不仅不是孩子成长中的障碍，还是将孩子从"自我主义"中拉扯出来的一种强制力量，并且是一种持续性的力量。而另一方面，从自我主义的关注中走出并不意味着对自我的离弃，而是让孩子进入一种新的存在模式，即既在自身内在的关注中，又在与他人的外在的联系中；既在对本我的压抑中，又在趋向超我的理想人格的发展中存在。这种矛盾性构成一种紧张关系，这是一种有他人因素介入的自我的辩证发展结构，也是一种在发展之中的自我与他人的关系。

值得注意的是，在俄狄浦斯情结的表现中，孩子对于父母的反应扮演了极为重要的角色。这种反应一方面是孩子既被动又主动的表现，另一方面是一种实际的、依托于父母态度的即刻的行为上的回应。尽管在部分学者看来，俄狄浦斯情结具有普遍性的意义，然而它在每一个具体

---

① Maurice Merleau-Ponty, *Psychologie et pédagogie de l'enfant, Cours de Sorbonne, 1949–1952*, Paris: Verdier, 2001, p. 333.
② 同上书，第116页。
③ 同上。

案例中的体现关系到不同的具体处境。我们并不能认为孩子生理发展到一定阶段必然会出现这样的表现，实际上这种表现总是缘于孩子与父母相处的具体处境中的某个或某几个特殊事件的引发。父母的态度会引发孩子相应的反应，而在最初的反应做出之后，孩子也并非一锤定音地变成了某种固定的人格，他仍然在人格的形成发展之中，父母不同的表现还将导致他/她随后的变化。弗洛伊德在《俄狄浦斯情结的落幕》中描述的情况恰恰说明了这一点。俄狄浦斯情结的淡化并不是像随着年龄增长乳牙要让位于恒牙一样的过程。在成长过程中，随着家庭与社会关系的扩大与复杂化，孩子由于所爱的父母的训斥或不关心而不断地失望，这往往才是导致俄狄浦斯情结消解的主要原因。这种现象的发生同样是在具体处境中，基于父母的态度和行为做出的反应。从这个意义上说，俄狄浦斯情结还揭示出孩子与父母间关系的相互性与实际性，这是一组仅在相互作用中生成的关系，不能仅通过一方对另一方的单向度的作用来说明。

在此基础上，还必须看到，在这样一种孩子与父母间实际的、相互的联系之中，孩子在行为上的表现实际上多过他/她借此形成的智性的认识。孩子并不只是与父母的视觉形象打交道，不只有看到父亲或母亲时单方面的欢喜或无动于衷，还会刻意将他们的态度表现出来，让父母感受到。在此过程中，孩子"早熟地"学习像成人一样地去行为，学会同时接受具有矛盾性的两方面因素，即在含混性[①]中存在，而不是只能二者择一地存在，比如只能自我主义地存在，或只能在对他人的依赖中存在。他们开始像成人一样地去对待他人。在此意义上，前面提到的孩子在俄狄浦斯情结中获得的对自身性别的认同，更表现在孩子学习以同性的成人的方式去对待异性，譬如男孩子像同性的父亲对待母亲那样去

---

① 梅洛-庞蒂参考梅兰妮·克莱茵的研究，区分了"矛盾性"（ambivalence）与"含混性"（ambiguïté）的概念，在他看来，矛盾性意味着"将两个并不被看作表现同一事物的可选项关联于同一事物"，含混性则更是一个"成人的概念"，它意味着"主体看到两个图像，但他知道二者皆可用于同一事物"（Maurice Merleau-Ponty, *Psychologie et pédagogie de l'enfant, Cours de Sorbonne, 1949–1952*, Paris: Verdier, 2001, p. 305）。

对待异性的母亲。拉康因而将这一阶段称作"早于现实青春期的心理上的青春期"。① 可以说，正是在俄狄浦斯情结的表现中，孩子通过父母（作为其与世界的调节者）学习在一种自我-他人关系中自处，学习与他人建立联系、"获得一个与他人共存的自由的处境"。②

3. 青春期——不再通过父母形成与他人的联系，摆脱父母

如果说在俄狄浦斯情结中，发生在孩子身上的一个突出表现在于将异性的父母当作爱的对象，那么随着年龄的增长和孩子生理心理的发展，孩子逐渐意识到这种以父母为对象的爱的不可能性，并进而将之隐藏起来，将之内在化。然而这种情结在表面上的消退并不意味着真正的消失，而是作为一种历史，沉淀在孩子的生命历程之中。如果说孩子曾经在青春期到来前的阶段早熟地、形式上地将自己的爱贯注于某个对象，那么青春期的来临则意味着一种真正的成熟，即孩子不再只是幻想着、形式上地像成人一样去爱，而是可以现实地将爱投注于某个对象。就青春期与俄狄浦斯情结的关联来看，俄狄浦斯情结被看作"青春期的预演"，青春期则被视作"俄狄浦斯阶段的复活"，是对过去不曾真正出现的成熟的一种重建。从这个角度来说，青春期本身"直接关联着主体心理的过去"，"包含着对个人早期心理历史的回应"，是"俄狄浦斯情结在新的处境下被重新唤起"。③ 然而这种重新唤起并不意味着历史的完全重演。毋宁说这种历史的重演是过去的一种与他人间关系的模式被重新整合在一种新的处境中。在青春期的表现中，同性的父母的角色逐渐由其他成年人（比如说老师）取代，而爱恋的对象也往往由异性的同龄人所取代。一种新的关系结构取代了原先孩子与父母间的关系结构。在这种变化中，孩子的自我发展以"独立、负责任、与现实更加充分地联系起来"为特征，与孩子有关联的人的范围在逐渐扩大，同时，这样的发展也伴随着

---

① Maurice Merleau-Ponty, *Psychologie et pédagogie de l'enfant, Cours de Sorbonne, 1949–1952*, Paris: Verdier, 2001, p. 114.
② 同上书，第333页。
③ 同上书，第498页。

"父母价值的减弱",孩子与世界间的联系不再通过父母建立,孩子有了更多的可选项。从这个角度来看,青春期的意义并不停留在表面对父母的不服从或冷淡,而更应从孩子社会关系的变化来呈现其与他人关系结构的变化。

与俄狄浦斯阶段一样,青春期阶段呈现出的孩子与父母间的关系,特别是冲突,同样是对彼此态度和行为的相互反应。当孩子不再事事通过父母与世界建立联系,被冷落的父母的反应会直接导致孩子的不同表现。反过来,对于从未有过如此经历的父母而言,孩子的反应也在直接改变着他们与世界间关系的结构。因而梅洛-庞蒂总是反复强调,孩子与父母间的这种关系就像是两面对照的镜子生成的镜像,一重一重,无穷尽地反照着对方。① 孩子在父母身上看到自己将会变成的样子,而父母也在孩子身上看到过去的自己,在这种双重的认同与排斥中持久地关联着。青春期是儿童现实地转向成人态度的阶段,实际上,也应该是父母跟儿童态度作别的阶段。在这一阶段的孩子-父母关系中,同样呈现出彼此间相互作用的、充满张力的关系结构。这是一个孩子逐渐脱离父母的调节者作用,独自现实地进入社会关系的阶段,也是孩子在成长为人的过程中一个革命性的阶段。

镜像阶段、俄狄浦斯情结、青春期是儿童成长历程中的三个重要节点,它们不足以说明儿童的整体发展,对这些特殊阶段的现有研究也还不能被视作对这三个阶段的儿童本质特征的透彻的说明,但是体现在这三个特殊时期中的儿童与父母间关系结构的变化为我们勾画出儿童成人间关系的一些特征。

首先,这种关系向我们揭示出,在自我发展的很早期的阶段,一种他人的因素已经介入了这种发展,并对自我的发展具有补充和引导的作用,自我发展呈现为一种在自我-他人动力学关系中的富有张力的发展。

其次,这种自我-他人的动力学结构不只是在一种简单抽象的构造

---

① Maurice Merleau-Ponty, *Psychologie et pédagogie de l'enfant, Cours de Sorbonne, 1949–1952*, Paris: Verdier, 2001, p. 490.

中。以儿童-父母关系作为基础和典型的关系结构为我们揭示出这种关系本身是具体而现实的情感的、态度的和行为的联系，儿童与父母间的关系不是靠理论维系的，而是在每一刻具体的相处中实现着、发展着、改变着。

再次，我们必须充分注意到儿童与父母间关系是在相互影响之中的，不但父母的态度改变着儿童，成为对儿童成长的各种正面的或负面的推动力，儿童态度的变化实际上也在改变着父母。正是由于双方都在回应着对方，不断调整改变着，这组关系才呈现为一种富含戏剧张力的动力结构。

三、儿童画与儿童话语的发现

关于儿童与成人间关系的考察为我们揭示出在处理这种关系时我们要面对的丰富性和复杂性。在此基础上重新思考教育中的交互主体关系，我们会发现，我们不再能够简单地将这种关系视作成人对儿童的引导、控制与改造。因为成人与儿童实际上是相互成就的。作为成人，我们所面对的儿童并不仅仅是尚未长成大人的群体，我们不能只是简单地以成人的态度和成人的标准去要求儿童，好像儿童只是在被动性之中，只能遵循着我们的指令成长为与我们一样的人。事实上如前所述，我们并没有明确的关于成人与儿童的定义。我们不应该以成人的态度简单粗暴地概括孩子的特性，在儿童心理学与教育学的研究中，我们与其说是在描述儿童的生理心理特征，不如说是在揭示"孩子与一个不再是孩子的人的关系"，"这种关系揭示出在我们的社会中孩子被看待的方式"。[1] 在这种关系中，我们看到的实际上并不是孩子原初的存在样态。就像孩子在镜子中看到一个他者视角的自己，我们在孩子的表现中看到的也只是他们出借给镜子和他人目光的表象，是他们"被看到的"和"被解释的"存在。同时在一些观察中，孩子的行为并不是他们自由的行为，而只是

---

[1] Maurice Merleau-Ponty, *Psychologie et pédagogie de l'enfant, Cours de Sorbonne, 1949–1952*, Paris: Verdier, 2001, p. 466.

对我们研究的反应。也就是说，有时研究案例所记录的孩子的表现其实只是对我们行为的回应，而"我们常常注意不到，正是我们引起了他们的反应"。① 如果我们不想只是研究自己塑造出的儿童的表象和由自己引发的儿童的行为，就需要尝试真正去了解儿童的经验，不是通过回到自己的童年，那是无论如何都不可能实现的事情，而是尽可能有所反省地从儿童自身的活动中获得这种儿童的经验。

为此，梅洛-庞蒂特别提出了关于儿童研究的方法上的警示。在他看来，"必须避免研究儿童的本质"，因为儿童恰恰是"多变的"、没有稳定的整体状态。② 任何将其表现系统化、概括化的努力都在破坏我们对儿童经验的理解。相应地，实在论的研究在梅洛-庞蒂看来是有待批评的，因为这种做法正是将儿童所没有产生的问题强加给儿童，用成人习惯的解释方式将儿童的行为解释为"理解力的发展"。针对在儿童-成人关系研究中，总是存在成人掌控话语权，而儿童话语总是缺失的问题，梅洛-庞蒂尝试诉诸儿童自身的表达来寻找属于儿童的话语。儿童画的研究正是他的这种努力的体现。

梅洛-庞蒂关注儿童画的研究乃是为了克服一个困难，即为了研究儿童经验，直接向儿童发问从而获得答案是非常困难的。因为这将直接以成人的述谓语言和系统化、概括性的思维方式给儿童的回答设置了语境，迫使儿童以成人的方式作答。相比于这种方法，儿童画的世界更加贴近没有受到成人干扰的儿童经验世界。在他看来，以往的研究往往以其不完美、未完成性的特征来概括儿童画，这是一种太过消极的态度。儿童在作画的时候并非意在展示自己不能做到什么，没有做到什么，而一定是为了表达什么。所以梅洛-庞蒂的研究重在批评以吕格（Luquet）为代表的以否定性的方式解释儿童画的进路，而对以普吕多姆（Prudhommeau）为代表的将儿童画视作一种表达而非对世界的模仿复制

---

① Maurice Merleau-Ponty, *Psychologie et pédagogie de l'enfant, Cours de Sorbonne, 1949–1952*, Paris: Verdier, 2001, p. 466.
② 同上书，第471页、第475页。

的观点较为赞同。① 在梅洛-庞蒂看来，对成人而言，儿童画表现出的一切简略、不协调的特征都在于儿童没有使用透视法，也没有按照成人习惯的模式去模仿事物的表象。然而不使用透视法、不模仿事物的表象并不代表儿童画不是一种成功的表达。相反，在儿童一边念叨着一边用流动的线条演示出的一场战争场面之中，我们看到的是一个完整的、动态的表现，其中既包含着对世界的感知、对人物关系的领会，又包含着想象的创造。这样一幅画也许对于成人而言只是一团毫无意义的涂抹，而孩子却可以津津乐道地指出在某个位置发生了激烈的战斗，某几道线条代表着大山或者河流的阻隔。普吕多姆关于"火柴人"和"侧影"案例的研究恰恰试图说明，儿童画中的小人儿不是人的写实的表现，也不是对抽象概念的表象，而是儿童感知到的活生生的、在行动的、与别人发生各种关系的人。② 正是从这个意义上，梅洛-庞蒂在儿童画中实际地看到了一种"与可见世界和他者的联系"，这种联系"先于旁观者的态度，亦即先于那种无动于衷的沉思者的态度，那是成人的态度"。③ 在这种态度下，儿童毫无形式束缚地、自由地表达着他所看到的、所想到的、所感受到的东西。梅洛-庞蒂参考萨特的分析指出，对于儿童而言，画一个柠檬不一定要将其椭圆形、黄颜色、酸的口感并置地表现出来，黄颜色中已经带出了酸，酸也通向柠檬黄的颜色。任何一个特征都可以通向事物整体，而并非只能代表事物的一部分。④ 他由此看到"事物的统一性并非隐藏在各种性质后面，而是由任一种性质重新确认：每一种性质

---

① 关于儿童画的研究以及有关吕格和普吕多姆观点的讨论，可见于梅洛-庞蒂1949—1950年《儿童意识中的结构与冲突》(*Structure et conflits de la conscience enfantine*)和1951—1952年《儿童心理学的方法》(*Méthode en psychologie de l'enfant*)两门课程的讲稿，此外，相关内容亦以《表达与儿童画》(*L'expression et le dessin enfantin*)为题收录在其未刊著作《世界的散文》(*La prose du monde*)中。文本参见 Maurice Merleau-Ponty, *Psychologie et pédagogie de l'enfant, Cours de Sorbonne, 1949–1952*, Paris: Verdier, 2001, p. 210-223, p. 513-523; Maurice Merleau-Ponty, *La prose du monde*, Paris: Gallimard, 1964。
② Maurice Merleau-Ponty, *Psychologie et pédagogie de l'enfant, Cours de Sorbonne, 1949–1952*, Paris: Verdier, 2001, p. 218.
③ 同上书，第521页。
④ Maurice Merleau-Ponty, *Psychologie et pédagogie de l'enfant, Cours de Sorbonne, 1949–1952*, Paris: Verdier, 2001, p. 522-523.

都是整全的"。① 从这个角度来看,当孩子从某一个特征描绘事物,譬如说一抹黄色,或是一个不规则的圆圈、一道曲线,他也可以是通过与事物最直接、最亲密的联系表达他整体的感受。孩子的表达因而不但不是碎片的、不完整的,相反,梅洛-庞蒂指出,"儿童画是与事物全部的、总体的联系……儿童并不意图为事物的外观提供表象的再现,而是致力于从情感的活动的维度描绘事物的样子"。② 相比于成人画,儿童画更沉浸在自己与世界的直接联系中,他们更诉诸个体的情感的表达,而不是一个人人认可的图像形式的描绘,这是一种诉诸个人视角的对自身也是对事物的整体的表达,成人画虽然借助透视法提供了可并置的事物的缩影,却反而更像是在转译和传递事物的信息,反而少了与事物真实的联系。在梅洛-庞蒂看来,"绘画,即以不同的方式回应事物",③ 而儿童画与成人画是两种不同的回应事物的方式,呈现出不同类型的结构。儿童画表现出儿童对事物敏感的、直接的、情感丰富的、纠缠在与事物打交道的关联之中的表达,这是他们自身经验的宝贵呈现。

四、结论

梅洛-庞蒂通过儿童画的考察揭示出一种属于儿童自己的表达。这种表达目前看来或许并不足以全面地说明儿童的经验,却代表了一种研究的方向和进展。梅洛-庞蒂试图研究儿童经验的目的在于为我们关于儿童的研究提供一种不同的视角,一个儿童自己视角看到的世界,而不是通过成人视角去总结概括的儿童的世界。这种做法或许是困难重重的,因为只要是成人在做这项研究,一种成人视角和成人思维方式的概括总是难以避免。这种困难不仅是儿童研究的困难,也是教育本身的困难。

---

① Maurice Merleau-Ponty, *Causeries 1948*, Paris: Seuil, 2002, p. 27.
② Maurice Merleau-Ponty, *Psychologie et pédagogie de l'enfant, Cours de Sorbonne, 1949–1952*, Paris: Verdier, 2001, p. 520.
③ 同上书,第518页。

在教育中发生的交互主体关系是怎样的？教育并不仅仅是一方对另一方的知识的传递，也不仅仅是一方对另一方的道德律令的灌输。在梅洛-庞蒂看来，"我们不能在对儿童的现实处境有所了解之前先行接受预定的价值"。① 这意味着如果我们要将知识和道德律令传授给儿童，那么前提是这种知识体系与价值体系本身没有把儿童排除在外，它们本身应该对包涵儿童在内的整体处境有所考量。故而教育本身必须将儿童自身的经验、认识和话语考虑在内。然而如前所述，这种来自成人世界的关于儿童经验的考察始终是难以完全实现的。故而在教育学的研究中，人们总是通过历史学、人类学和心理学的研究接近儿童的世界。而梅洛-庞蒂从一开始就对这一无奈之举保持着警惕的态度。在他看来，这些研究虽然的确为我们提供了很多具体的材料，但我们同时需要借此了解到，这是成人所建立起来的与儿童的关系，是"成人对儿童的不同的行为"，也是"成人加在孩子身上的各种压力"，② 是我们所处的社会对待儿童的态度。这种关于儿童的认识并不是"客观的"认识，而只能说是出于成人视角的关于儿童的认识。

梅洛-庞蒂重新思考教育的问题，一方面是试图揭示出在通行的关于教育的理解中的这种问题性，另一方面也揭示出这种困难其实是无法克服的。如前所述，在教育中发生的成人与儿童间的关系不可能是平等的，现实的条件和人的社会性特征都使我们看到没有绝对平等的人与人之间的关系。在教育中，这种平等的不可能性也体现在具体的情境之中。即，梅洛-庞蒂指出，一方面"说服儿童很容易，因为使他们信服的往往不是我们的理智，而是我们的权威"；另一方面，"我们也从未完全使他们信服，在儿童身上已经建立起一种信念，即他是被成人影响和规定的，即使成人只是想讲道理"。③ 因此，各种具体的考察最终将告诉我们：

---

① Maurice Merleau-Ponty, *Psychologie et pédagogie de l'enfant, Cours de Sorbonne, 1949–1952*, Paris: Verdier, 2001, p. 89.
② 同上书，第 91 页。
③ 同上书，第 108 页。

"即便不是出于本意,我们也会不可避免地侵犯到儿童的自由。成人的责任是无论如何都要将这种侵犯减少至严格而言必要的东西上。成人不是要尊重儿童所有的幻想,而是不要把一切都视作幻想。"① 故而,梅洛-庞蒂在教育问题上的结论是,尽管我们已经看到成人会不可避免地在教育中与儿童发生冲突,对儿童的自由有所侵犯,尽管我们希望成人尽可能减少这种侵犯,但依然要认识到成人"不应将儿童的精神状态设定为婴儿式的,或未曾进入人类社会生活的状态","成人不应退出儿童的教育",而是应当"引导儿童加入到文明发展之中"。② 教育本身的特殊性就在于,它"并不是真正自由的,而是强制性的,是系统性的自由",而我们通过教育学研究要做的,正是要"把孩子的态度每时每刻组织在我们与孩子的关系之中"。③

在教育中形成的交互主体关系是非常鲜活的,是在具体情境中发生的、在相互作用中促成着主体改变的关系。这种关系本身并没有被揭示为完全和谐的、平等的、能够满足人们大团圆结局设想的关系,梅洛-庞蒂并没有回避其中包含的冲突与不平等的特征。而从一种动力学的角度来说,冲突与不平等本身恰恰在这种关系结构中充当着动力的因素,这是我们无从回避也不应回避的因素,是值得我们反省的问题。梅洛-庞蒂在后来的研究中致力于揭示一种相互一起(*Miteinander*)或为着彼此(*füreinander*)存在的交互主体关系,或者说共在关系。④ 这种关系既不是我们在很多哲学中看到的那种在对抗性的争执中达成的宁静,也不是简单的双方的融合,而是以这种关系中涉及的各方之间的相互性为突出的特征,即当一方做出行动,另一方会有所回应或反应,之前的一方又会在这种反应中再有所回应,如此延续下去。这种行动与反应都

---

① Maurice Merleau-Ponty, *Psychologie et pédagogie de l'enfant, Cours de Sorbonne, 1949–1952*, Paris: Verdier, 2001, p. 108.
② 同上书,第468页。
③ 同上书,第472页。
④ Maurice Merleau-Ponty, *L'institution, Passivité: Notes de cours 1954–1955*, Paris: Belin, 2003, p. 122.

是现实的、具体的，在这种关系中，任何一方的行动与反应都不是预先决定好的，因而引起的反应唯有在前一个行动做出之后才产生。这种关系对我们而言并不陌生，这正是我们日常处于其中的那种与他人和与世界间的关系的真实样态。梅洛-庞蒂后来喜欢讲"做"（faire）的问题，做不是一种抉择，也没有既定的目标，而毋宁说这只是一种发生，甚至不完全是主动的发生，我们总是在做那些我们其实并不真正知道也不能决定的事情，我们所谓的抉择与决定，不过是对我们身处其中的那个世界所做出的回应。① 基于这样的理解，我们恰恰可以将教育中发生的交互主体关系看作这种相互一起、为着彼此存在去存在的共在关系的一种生动、现实的展示。梅洛-庞蒂非常看重在教育中成人与儿童在相互影响中形成的关系结构，特别是成人对儿童的影响。他的研究以揭示成人视角的僭越为特征，呼吁人们尽可能去发现和探索儿童的经验世界，发现儿童自己的表达。而从相互性的角度来说，儿童的行为与态度带给成人的影响以及成人因而做出的反应也是欠缺研究的。在这种为了彼此的共同存在的关系研究中，以往被视作儿童心理学论题的镜像、俄狄浦斯情结、青春期等问题的研究，从另一方面看，也应该是对成人存在方式变化的揭示，也是由儿童在成长中的发展或对成人做出的回应引起的成人世界结构的改变。在此意义上，一种聚焦儿童心理学与教育学的研究，实际上也开启了对于更具一般性的交互主体关系的更加深层且具体的研究。

---

① 在《建制》课程中，梅洛-庞蒂多次谈到主体与"做"的关系，比如他会认为："在这儿没有决定论，没有对外力的屈从；事件往往是在做出决定（睡觉，引诱）之后才发生的。然而事件并非是由决定造成的，只是经由它的许可，而发生的并不是那已经决定好的。"（Maurice Merleau-Ponty, *L'institution, Passivité: Notes de cours 1954–1955*, Paris: Belin, 2003, p. 189）

梅洛-庞蒂与拉康：以镜子阶段为例探讨现象学与精神分析处理身体问题的不同进路

李锋[①]/著

一、处理身体问题的必要性及方法

"真正的哲学是重新学习看这个世界"，[②] 梅洛-庞蒂认为哲学就是要重新找到与事物的原初联系，恢复面对世界的惊奇。作为方法的现象学还原正是为了去除日常经验的重重幕布，排除所有超越性的主题，"重新把本质放回存在"。[③]

梅洛-庞蒂由此认为现象学并不是哲学史中的一个篇章，它就是哲学本身。他和海德格尔一样，认为对存在的探讨也即本体论只有作为现象学才是可能的，但他和海德格不一样的是，他让此在在肉身中扎根于这个世界。在海德格那里很少探讨肉身问题，在这个意义上可以说梅洛-庞蒂填补了《存在与时间》中缺少的至关重要的一坏。

梅洛-庞蒂对哲学史的贡献首先也在于他让问题的中心由我思转向

[①] 李锋，上海第二工业大学外语与文化传播学院讲师，法国巴黎西岱大学精神分析与心理病理学博士。
[②] Maurice Merleau-Ponty, *Phénoménologie de la perception*, Paris: Gallimard, 1945, p. 21.
[③] 同上书，第7页。

身体，以至他的哲学被人们概括为身体哲学。这首先表现在他的感知现象学中：感知身体就是肉身身体。身体问题的难点产生于身体本身所具有的形而上学的结构："同时对他人是客体对自身是主体"，[①] 所以把身体当作客体，用因果性的思维来研究，是错失了身体的本质内涵。梅洛-庞蒂充分意识到了身体作为世界显现的地点所具有的开放性的结构，它作为意义产生的枢纽，具有模糊含混的维度的重要性。梅洛-庞蒂因此被称为模糊哲学家，但这并不是对他的讥讽，正是本着现象学回到事物本身的精神，梅洛-庞蒂才把目光持续聚焦于这片传统哲学家难以处理的含混野性的场域。

在某种意义上，有两个哲学家对梅洛-庞蒂至关重要：胡塞尔与笛卡尔，他们既给他以强烈的启发，也是他必须要以自己的创造性加以超越的。他用从胡塞尔那里习得的现象学方法处理笛卡尔的身心二元问题，他的问题焦点针对的是哲学史上的经典问题，所以他是一个真正的哲学家，他的身体哲学并不是凭空产生的，而是具有强烈的问题意识与方法意识。

二、梅洛-庞蒂与精神分析的接近

可以说在法国的哲学家中，没有谁像梅洛-庞蒂一样在思想发展中持续地和精神分析展开对话。这首次表现在他的第一本著作《行为的结构》中对无意识的探讨，[②] 在他的成名作《感知现象学》中，他对性化的身体进行探讨的章节处处可见弗洛伊德的影子，[③] 在那里他更是为弗洛伊德备受争议的泛性论辩护，称弗洛伊德的工作"把性欲重新整合到人的存在中"，[④] 至于他在后期作品《可见的与不可见的》中发展出肉的本体

---

① Maurice Merleau-Ponty, *Phénoménologie de la perception*, Paris: Gallimard, 1945, p. 205.
② Maurice Merleau-Ponty, *La structure du comportement*, Paris: PUF, 2002, p. 193.
③ Maurice Merleau-Ponty, *Phénoménologie de la perception*, Paris: Gallimard, 1945, p. 206-208.
④ 同上书，第 195 页。

论，精神分析更是其内在的对话对象，①应当说他对精神分析的认识经历了不断的深化过程。

精神分析产生于癔症的临床，癔症的临床现象直接揭示出在身体与性欲、身体与语言两个维度讨论问题的重要性，在此基础上发展出冲动（pulsion）的元心理学（metapsychologie）理论，提出身体的爱欲区（zone érogène）的概念。爱欲的表达的身体就不再是自然的身体，在此精神分析和自然科学对身体的态度有着根本的分野。

梅洛-庞蒂对精神分析的无意识概念表现出很大的兴趣，这是因为他处理的也是意向性的原初维度的事物。两者都认为意识和自我并没有穷尽意向性，意识和自我只是晚到的上层建筑，相比于前反思的身体在世的体验来说是衍生出来的，而这种前反思的体验和事物与他人更原初地联系了起来。

虽然梅洛-庞蒂在现象学方法下思考身体问题，与精神分析在元心理学框架下思考身体问题有很多区别，但是我们还是可以看到两者在思维方法上都代表了对自然科学因果性理解身体的方法的排斥，梅洛-庞蒂因此称弗洛伊德是肉身哲学家，后者的无意识概念要从肉身的角度加以理解。②

三、身体、镜像与自我：以镜子阶段为例讨论梅洛-庞蒂与拉康关于身体问题思考的根本差异

在弗洛伊德那里，对自恋的讨论与身体问题紧密相关，拉康的镜像阶段的论文就是在自恋问题上对弗洛伊德思想的推进，梅洛-庞蒂对镜像阶段的讨论则是继承了他本人在感知现象学中对身体图式的探讨。所以镜子阶段可以作为一个测试的焦点——现象学与精神分析的理论在此对峙，哪一个才是真正回到事物本身，回到身体现象本身？

---

① Maurice Merleau-Ponty, *Le visible et l'invisible*, Paris: Gallimard, 1964, p. 296-297.
② 同上书，第318页。

拉康提出的镜像阶段的概念最早见于他 1936 年在马伦巴举行的国际精神分析大会上的论文，但此论文原文散佚，我们现在在拉康《文集》中所见的《镜像阶段作为我的功能的形成者》是他后来补写的。①

梅洛-庞蒂在索邦关于幼儿心理学的课程②参考了拉康的论文来讨论镜像现象。梅洛-庞蒂把镜像阶段追溯到心理学家亨利·瓦隆关于幼儿心理学研究的"镜像实验"。③瓦隆观察到，从大约六个月起，人类的幼儿和大猩猩都可以认出镜子中反射的图像，但是大猩猩很快就丧失兴趣去干别的了，人类的幼儿则不同，他会表现出被这个图像深深吸引，以至产生了某种欢呼雀跃的狂喜的情感。

瓦隆认为，首先幼儿要能区分出镜像并不是自己本身，这需要具备能区分事物本身与事物的表象的能力，其次又要能认出镜子里面的像是自己的镜像，实现再认的过程，这并不是一个简单的过程。所以瓦隆认为，当幼儿在镜子中认出了自己，这标志着幼儿的智力发展，镜像帮助幼儿形成了某种自我同一感。但梅洛-庞蒂认为瓦隆的解释没有揭示幼儿对镜像的兴趣在哪里，他为什么面对镜像会产生狂喜的情感，他认为拉康的解释弥补了这方面的不足，为此他转向拉康的理论，试图深化对镜像阶段的理解。但两人的观点并不完全相同，下面我们通过三个方面的比较来分析两个人之间的差异。

1. 镜像的整合功能 VS 镜像的异化效果

在镜像阶段之前，幼儿的身体是处于一种不和谐的状态，他无法随意支配控制自己身体的各部分。在镜像阶段中，一个外在于他的镜像恰恰提供了一个整合的图式来协调他的身体和环境的融合。对于梅洛-庞蒂来说，这个镜像提供的整合功能与他在感知现象学研究中的身体图式

---

① Jacques Lacan, Le stade du miroir comme formateur de la fonction du Je, *Écrits I*, Paris: Seuil, 1992, p. 92.
② Maurice Merleau-Ponty, Les relations avec autrui chez l'enfant, *Parcours 1935–1951*, Paris: Verdier, 1997, p. 147-229.
③ Henri Wallon, *Les origines du caractère chez l'enfant*, Paris: PUF, 1993.

的功能是一致的。身体图式用来表达身体结构的整体性,以及身体在世界的存在方式,这是一种具体的统一性,包含了外在环境与内在机能的整合,这个统一活动尚未涉及抽象的意识活动或者反思的层次。对梅洛-庞蒂而言,镜像阶段是身体图式更有组织的阶段,也就是说一个整体的身体图式经由对镜像的再认而获得,这样"面对镜像,他成了自己图像的观众,当获得镜像后,幼儿发现自身无论对于自己还是对于他人都是可见的了"。① 他强调,通过这个过程幼儿走出他的本体感受,由"本体感受的空间进入理想空间",在这个意义上,幼儿开始更开放地存在于世界,镜像就像一个门槛,打开了幼儿与彼者和世界的关系。

梅洛-庞蒂注意到,"视觉,对于精神分析家,并不只是一个与其他感觉并列的感知功能,对于主体而言,它具有不同于其他感觉的意义",这个意义在于"正是通过视觉,主体能够对对象有一个充分的掌握（domination）"。② 也就是说,视觉更倾向于给出整体的图式,这恰恰满足了支离破碎的身体整合的需要,所以图像的功能对于身体的意义体现在通过一个外在的图像弥补了躯体先天的缺失,在有机体和环境间建立了某种一致性。拉康这样写道："在我们看来,镜子阶段的功能就是图像功能（imago）的一个特例,建立有机体与现实之间的关系,或者如人们说的,建立内在世界与外在世界的关系"③,在精神分析理论中这属于认同过程（identification）带来的人格结构的改变,可以促进对外在世界的适应。

以上关于镜像的整合功能的论述,梅洛-庞蒂和拉康都是一致的,但拉康更强调这个镜像所带来的异化功能,他讲人被图像所捕获（captation）,镜像带来的再认（reconaissance）同时也是不识（meconaissance）,主体误认外在的图像为自己本身,"本质上,在人的存

---

① Maurice Merleau-Ponty, Les relations avec autrui chez l'enfant, *Parcours 1935–1951*, Paris: Verdier, 1997, p. 202.
② 同上书,第205页。
③ Jacques Lacan, *Écrits I*, Paris: Seuil, 1992, p. 95.

在那里，镜像显现的第一个效果就是主体的异化效果。正是在彼者中，主体获得了认同与自我体验"。① 镜像阶段在人的存在论维度所带来的持久影响使主体在构成上根本性地疏离于自身。

相比于梅洛-庞蒂的理解，拉康强调了对身体图像投注的力比多性质，以及这种对镜像的认同所带来的异化效果。梅洛-庞蒂对这个过程的理解则较为肯定，他认为经由这个过程，身体自身走出内在的直接感受而对他人和世界保持开放。

2. 原初的自我 VS "不识"的自我

梅洛-庞蒂把镜像阶段解释为由直接体验的自我（le moi vécu）过渡到理想的、想象的自我（le moi idéal）。② 在现象学的思路中，直接体验的自我更为重要，因为通过镜像获得整合的身体形象的自我还不是最原初的。梅洛-庞蒂坚持一个现象学家的视角：存在一个原初的经验自我和一个衍生的理想自我的区分。但是对拉康而言，在幼儿通过镜像形成自我之前，并不存在一个直接体验的自我，自我是在想象界构成的，并不是一开始就存在的。

拉康并不认为镜像阶段代表一个从未反思的世界过渡到一个反思的世界，他在镜像阶段中强调的是自我构成性的"不识"，自我只是在表面上达成了一致性和完备性，这种"不识"是自我构成性的维度，拉康并不追求自我原初统一的神话，也不强调返回前反思的世界的必要性。

3. 原初的含混 VS 原初的缺失

幼儿和自身镜像的关系可以用梅洛-庞蒂的"可逆性"（réversibilité）这个术语来形容。在这里可逆性既代表了我和彼者的混合，身体与世界的交织，同时也代表了融合的不可能性，以及两者之间必然的差距。想要和镜像的融合只会带来那喀索斯神话所暗示的死亡的结局。

---

① Jacques Lacan, *Écrits I*, Paris: Seuil, 1992, p. 180.
② Maurice Merleau-Ponty, Les relations avec autrui chez l'enfant, *Parcours 1935–1951*, Paris: Verdier, 1997, p. 194.

拉康在镜像阶段的论文中也强调人与镜像的根本差异,"原始的不一致"(une discorde primordial)。① 两人在镜像关系中都发现了这个镜像关系中必然的差异性。梅洛-庞蒂对镜像阶段的描述是中性的,他更强调身体的统一性与世界的统一性。但是拉康在这里强调的是幼儿一开始就存在根本性缺失,他认为需要假设存在某种生物学的缺口,② 从一开始它就是有缺失的,在镜像阶段获得的认同也只是一种自恋性的误认,我们身上自始至终存在着这种无法弥补的裂痕,它深刻影响了我们与他人和世界之间的存在关系。

所以我们可以看到,相比于幼儿在镜像前的狂喜,人的存在的构成上有一种内在的缺失甚至"疾病",我们可以提问,这种"疾病"是镜像阶段的结果还是它的起源?对于这个问题,梅洛-庞蒂和拉康有着不同的回答。对梅洛-庞蒂而言,经由镜像阶段主体才经历了异化的效果,原初的身体则是含混的、模糊的,所以"疾病"是起源于镜像阶段。但是对拉康而言,某种原初的不一致深深地烙印在人的本体论的结构中,所以镜像阶段非但不是"疾病"的起源,它本身恰恰是对这种"疾病"的治愈的尝试。

四. 描述 VS 拓扑:精神分析与现象学理论视角的根本差异

关于镜像阶段拉康与梅洛-庞蒂两人关注点的差异,我们可以进一步放置在现象学和精神分析更一般的理论框架差异下去思考,理论框架差异决定了二人各自思考身体问题的根本性差异。

虽然拉康和现象学有过一段蜜月期,比如他在职业生涯初期对精神病的研究阶段,就和德国哲学家雅斯贝尔斯(Karl Jaspers)代表的现象学的精神病学传统很接近。他在与法国精神病学家亨利·伊(Henry Ey)

---

① Jacques Lacan, *Écrits I*, Paris: Seuil, 1992, p. 95.
② Jacques Lacan, *Le Séminaire Livre II: Le moi dans la théorie de Freud et dans la technique de la psychanalyse*, Paris: Seuil, 1978, p. 371.

代表的器官性精神病学论战时提出的心理因果的概念,[①] 也深受现象学方法的启发。但是随着理论构造的发展,他与现象学的深刻差异也显现了出来。下面从三个方面简单地概括一下。

1. 意义建构 VS 因果决定

对于现象学来说,自恋的身体和原始的意向性是主体间的客观的意义世界建构的基础,赋予意义正是主体得以逃避因果关系的决定论的方式,以此才表现出主体的自由及其生存的建构性的特征。但是精神分析恰恰在意义的领域和主体性的地点引入了语言能指的决定论。意义不再作为意向性的相关物而产生,而是作为某种并不来自主体领域的原因的效果而出现。精神分析临床处理的症状正是作为脱离了主体掌控的能指链的效果而出现,在这里就表现出在某些能指和主体的症状之间存在直接的因果关系,而这种关系并不是主体的意向性建构的。

2. 语言的发生 VS 语言的结构

虽然梅洛-庞蒂与结构主义有过思想上的交叉,但他对语言现象强调的是发生学的视角。比如在1960年的波讷瓦勒大会上[②],他和拉康的直接分歧点就在于对符号领域性质的理解,他强调语言和感知过程不能分离,他完全不能接受符号维度的自主性以及它在逻辑上的预先存在。

拉康在他的著名论文《精神分析中言语和语言的作用与领域》中,首次提出了语言在理解人的存在上所具有的重要性。[③] 他甚至重新创造了一个法语的新词"言在"(Parlêtre),来表明人在存在论的维度首先是一个言说的主体。

对语言的定位上的差别决定了现象学是把语言和感知放在同一水平考察的。梅洛-庞蒂把表达(expression)作为人的身体的一个形而上学的结构,它首先意味着身体的开放性。而精神分析则强调语言的先在性

---

① Jacques Lacan, *Écrits I*, Paris: Seuil, 1992, p. 150.
② Henry Ey, *L'Inconscient*, 6ᵉ Colloque de Bonneval, Paris: Desclée De Brouwer, 1978.
③ Jacques Lacan, *Écrits I*, Paris: Seuil, 1992, p. 124.

与决定性，以及语言对身体的插入与异化作用。

3. 身体的统一 VS 身体的缺失

梅洛-庞蒂强调身体的含混性，身体作为意义发生的枢纽具有原始的统一性。现象学也试图发现在意向性的所有维度被传统哲学分开的身体与心灵所具有的深刻的统一性、互相渗透性，于是在感知与思想、体验与逻辑之间，不存在一种抽象的二分。

而精神分析对身体的思考首先是从言在的身体出发的，它本身的机体功能被语言的介入深刻地改变，拉康称之为词对物的谋杀。拉康的客体小 a 正是从身体永远丧失的对象，正是由于这一丧失，人的欲望才得以产生，整个精神的动力构造过程就是围绕这个缺失的对象。

拉康用一个短语"缺在"（manque à être）来描述人在本体论结构上的缺失。人是缺在，对于这种缺失，任何图像和能指都无法填补，正是出于这种对缺失的强调，拉康远离了现象学的描述思路，求助于结构的、拓扑的研究方法。在精神分析临床经验的对照下，只有以拓扑作为研究工具才能最大程度地避免想象的干扰，抵达对实在运动的形式把握。可以说这里存在一种拉康的缺失逻辑，他正是通过这个逻辑组织起他的三界理论（想象界、符号界、实在界）："人的存在与他自身的图像的关系是一种缺口的关系、异化的张力关系，正是由于这里的缺口，符号界才存在插入的可能。符号界和实在界之间的张力在此也是隐藏在里面的。"[1]

---

[1] Jacques Lacan, *Le Séminaire Livre II: Le moi dans la théorie de Freud et dans la technique de la psychanalyse*, Paris. Seuil, 1978, p. 3/1.

两种反射之间的身体主体：
拉康意识理论中的现象学倾向

王晨阳[①]/著

【摘要】意识概念在对拉康理论的传统解读中因为两个重要原因而被忽视：第一是无意识作为精神分析核心贡献，天然地挤压了直观上作为其对立面概念的生存空间；第二是语言和象征界在拉康理论中对意义生产的决定性作用似乎自动排除了从体验角度发展感知理论的价值。在这一背景下，本文在以梅洛-庞蒂为代表的现象学脉络的启示下，重新评估拉康文本中关于意识的论述，试图挑战上述两个成见。通过表现拉康如何在身体的层面展开主体朝向世界的感知性活动，证明拉康意识理论如何具有不次于其关于无意识论述的颠覆性价值。在论证过程中，本文将重点分析拉康理论中的"两种反射"——以自我为中心的"镜面反射"和以身体为中心的"镜头反射"——是如何成为镜像阶段的。作为勾连其他关键论断的支点，拉康的意识概念被证明具备一种具身化在场的世界（worldly）结构。这意味着自我中心论不仅仅是对无意识层面上象征决定的盲目，同时应当被视为对意识层面上一种真诚的朝向姿态的遮蔽。

【关键词】拉康；意识；现象学；反射；身体主体

[①] 王晨阳，英国伦敦大学伯贝克学院精神分析社会研究博士，现任英国埃塞克斯大学社会心理与精神分析研究系讲师。

作为20世纪的两股重要思潮，精神分析和现象学从诞生伊始就存在着有趣的张力。一方面，弗洛伊德和胡塞尔作为同辈人有着相似的生活轨迹：两人都在维也纳接受过弗朗兹·布伦塔诺的指导，并在之后致力于研究主观世界及其意义；但另一方面，两人的研究对象似乎截然相反：弗洛伊德工作的核心是心灵深处的无意识过程、趋势和能量，具体表现为机械论的心理模型和以压抑为基础的动力学假说；胡塞尔则尝试回答第一人称视角下意识活动是如何被感知和体验的，强调自我的超验存在以及与外部世界遭遇过程中意义的构造与生产。正因如此，长期以来试图对这两种理论路径进行比较研究的学者大多把注意力集中于精神分析语境中的"无意识"概念能够在内涵和外延上与现象学的意识理论发生重叠。例如保罗·利科就指出，胡塞尔现象学中的"被动发生"（passive genesis）以一种新的方式"指向"了弗洛伊德的无意识。① 相比于主动发生，被动发生意味着在自我没有积极参与感知活动的前提下，通过联想来实现内容的综合。它的对象包括婴幼儿时期感知习得的残余，这些历史的痕迹由于被长期掩盖而无法让当下的意识反思活动与原初构成时刻发生关联。在利科看来，被动发生的这些属性与弗洛伊德理论中无意识作为只能通过回溯性分析才能揭示的早期力比多客体有着明显的相似性。"简而言之，现象学谈论被动发生作为在我之外的意义，而精神分析具体地展现了它。"② 与此相反，塔利亚·维尔什认为被动发生和被动综合所指示的"滞留"（retention）与弗洛伊德的无意识内容有本质上的差异：前者只是通过遗忘而保持非直觉的、无区分的和无生命的状态，并且可以通过联想随时以间接方式参与意识内容的综合，后者则被防御机制以能量贯注的方式与意识域隔绝。缺乏对压抑机制的解释导致胡塞尔理论中的滞留更容易滑落到弗洛伊德理论框架的前意识而非无意识区域。③

---

① Paul Ricœur, *Freud and Philosophy. An Essay on Interpretation*, New Haven and London: Yale University Press, 1970, p. 380.
② 同上书，第382页。
③ Talia Welsh, The Retentional and the Repressed: Does Freud's Concept of the Unconscious Threaten Husserlian Phenomenology?, *Human Studies*, 2002, 25 (2), pp. 165-183.

通过以上梳理，我们发现精神分析对"意识"的理解并未被纳入与现象学的比较。相比于对无意识的革命性发现和系统性论述，弗洛伊德的意识理论显得黯然失色，被其他理论取向的学者长期忽视，似乎缺乏在更广阔的学科视野作进一步探索的哲学意义。然而正如拉康所指出："在弗洛伊德的工作中，与生命体功能相关的意识的晦涩、无法被缩减的本质，和他所告诉我们的关于无意识的内容一样重要。"[①] 在这一背景下，本文力图挖掘精神分析理论中意识概念的现象学价值，从而展现两种理论路径之间互动的新的可能性。我选择拉康的精神分析理论作为出发点，因为拉康在 20 世纪中叶对弗洛伊德理论的改造有两个重要结果直接影响了精神分析与现象学比较研究的方向：第一是对无意识的重新定义；第二是对意识概念理论潜力的彻底开发。在本文的第一部分，我将展现拉康和继承发展了胡塞尔理论的梅洛-庞蒂如何继续围绕"无意识"概念展开辩论。他们的辩论说明了以无意识为基础实现跨理论共识的失败。在第二部分，我将解释拉康围绕意识的论述如何积极回应和补充了以梅洛-庞蒂为代表的现象学核心观点。在第三部分，我将进一步探讨理解拉康意识理论中的现象学倾向对于精神分析研究的价值。

一、无意识的两种重新定义

作为胡塞尔之后最重要的现象学家之一，梅洛-庞蒂对无意识概念的处理方式是他批判继承胡塞尔体系的直接反映。胡塞尔的超验现象学建立在一个统一的、自主的、透明和主动发生的超验自我的前提之上。正如他在《欧洲科学的危机与超验现象学》中所言："超验主体性并不是意向性体验的混乱，而是综合的统一体，是每一个新的客体类型得以构建的多层次综合，在其中每一个客体都代表超验主体性的一个规范结

[①] Jacques Lacan, *The Seminar of Jacques Lacan, Book II: The Ego in Freud's Theory and in the Technique of Psychoanalysis, 1954–1955*, ed. by Jacques-Alain Miller, translated by Sylvana Tomaselli, New York: W. W. Norton & Company, 1988, p. 117.

构。"① 然而以超验自我作为上帝视角，从而让身体、世界、其他主体和被构建的客体都在其意向性的凝视中展开的设定，恰恰是梅洛-庞蒂的现象学所坚决反对的。② 梅洛-庞蒂把胡塞尔晚期提出的生活世界概念视为现象学最有价值的洞见，并在此基础上把解释主体与被给定世界相遇的体验作为现象学研究的核心任务。不同于胡塞尔，梅洛-庞蒂没有把抽象的超验自我作为出发点，而是把主体的意向性定义为主体具体的、前反思的和空间性的朝向，面对着他早已融入其中的世界。在梅洛-庞蒂的主体中，心灵和身体不能被分离和对立，后者不是自然科学视角下的客观化的生理属性的集合体，而是主观的、活着的、体验和被体验着的身体："感知的心灵是一个具身化的心灵。我首先就尝试在身体以及世界之中建立心灵的根基，反对那些把感知视为外部事物对身体施加行动的简单结果的学说，也反对那些坚持意识自主性的理论。这些哲学都因为偏爱一种纯粹的外在性或纯粹的内在性，而忘记把心灵嵌入到肉体之中，忘记我们与自己的身体以及被感知事物之间的模糊关系。"③

如果说作为滞留的无意识在胡塞尔体系中的作用是维持一个"活的当下"（living present），从而保证超验自我对于被构建客体主动综合的成功，那么梅洛-庞蒂眼中的无意识则需要嵌入身体主体与生活世界的纠缠关系。在《感知现象学》中，梅洛-庞蒂旗帜鲜明地反对把意识和无意识作为不同心理层级的假说："两个错误必须要被避免：一个是没有认识到在明显的直接表象之外还有任何内容存在，就像意识哲学所做的一样；另一个是把显在内容用同样由表象构成的潜在内容复制一遍，就像无意识心理学所做的一样。"④ 在梅洛-庞蒂看来，无意识并不是意识

---

① Edmund Husserl, *The Crisis of European Sciences and Transcendental Phenomenology: An Introduction to Phenomenological Philosophy*, New Brunswick: Ateost Press, 2003, p. 19.
② G. B. Madison, *The Phenomenology of Merleau-Ponty*, Athens: Ohio University Press, 1981; M. C. Dillon, *Merleau-Ponty's Ontology*, Evanston, Illinois: Northwestern University Press, 1997.
③ Maurice Merleau-Ponty, *The Primacy of Perception*, Evanston, Illinois: Northwestern University Press, 1964, pp. 3-4.
④ Maurice Merleau-Ponty, *Phenomenology of Perception*, London: Routledge, 2002, p. 195.

背后的深度内容，而是与感知意识并存的背景意识，一种前反思的、被体验的、充满模糊感的意识。这种模糊感可以通过沙地作画的例子来理解：感知意识意味着沙地上突起的画像被辨认出来，而无意识意味着无法对画像和背景作区分，说明整个沙地处在无法辨认的混沌状态。虽然弗洛伊德经典的无意识概念和梅洛-庞蒂的模糊意识都具备无法被直接意识和理解的属性，但导致这种状态的原因截然不同：前者是压抑机制的结果，而后者是身体主体遭遇世界的多面性后的反应。马丁·迪伦指出，梅洛-庞蒂的身体主体并不构成意义生产的起点或源头，而只是整个意义构建过程的一环。不仅是身体在接触世界，世界也在向主体发问并寻求肢体运动和触感作为回馈。① 因此很多看上去无法理解的行为举止，"并不是因为存在着深藏于内心的无意识表象或趋势，而是因为有太多相对封闭的世界，太多情景。如果我们身处一个情景之中，我们就被包裹了而无法对自身透明，导致我们与自身的接触只能在模糊的氛围中实现。"②

梅洛-庞蒂把无意识概念吸纳进自己现象学体系的方式或许会让传统的弗洛伊德派分析师们大吃一惊，但很难吓到拉康。事实上，通过"重返弗洛伊德"，拉康和梅洛-庞蒂一样瓦解了无意识作为单纯的内在深层心理表象系统的假说。现象学对早期拉康有着深刻影响。在雅克·阿兰-米勒看来，这种影响主要体现在反客观主义。与自然科学的客观实证路线相反，现象学致力于发展一门严密的主体性哲学。通过把人视为拥有主观视角和能够言说的存在，意义的维度被纳入了考量。③ 因为现象学，拉康没有把无意识视为内在性的容器，而是把它看成外在于自身、与匮乏的主体发生关联的存在。但拉康对无意识的重构并没有止

---

① M. C. Dillon, *Merleau-Ponty's Ontology*, Evanston, Illinois: Northwestern University Press, 1997, p. 146.
② Merleau-Ponty, *Phenomenology of Perception*, London: Routledge, 2002, p. 444.
③ Jacques-Alain Miller, An Introduction to Seminars I and II Lacan's Orientation Prior to 1953 (I), *Reading Seminars I and II Lacan's Return to Freud*, ed. by Richard Feldstein, Bruce Fink, and Maire Jaanus, Albany: State University of New York Press, 1996, p. 11.

步于此，1953年以后，随着索绪尔语言学、罗曼·雅各布森的语言结构分析以及列维-斯特劳斯的结构人类学的影响日益增加，拉康对无意识的理解也从体验维度逐步向象征维度转移，最终到达了"无意识像语言一样结构"的结论。① 具体来说，无意识被认为是由语言构成的社会象征网络中能指作用于主体的效果，而能指之间因为差异的运作（隐喻和转喻）向主体开放意义的多种可能性。这一重新定义不仅能够更好地解释诙谐、梦境和失语作为弗洛伊德无意识代表所共有的修辞要素，而且成功地让精神分析从过时的个体决定论模型向社会建构论转型。

在面对梅洛-庞蒂对无意识的解读时，拉康一方面承认现象学取向的进步意义："梅洛-庞蒂的工作典型地展现了任何健康的现象学，例如与感知有关的现象学，都要求我们在任何客体化甚至任何糅杂客体化经验的反思性分析之前思考活的体验。"② 与此同时，他也明确指出梅洛-庞蒂的理论依然依赖于整体性功能的理念，即假设一个类似于格式塔的给定统一体作为理论性反思理解最后能够到达的终点。这导致梅洛-庞蒂无法放弃意识的优先性，导致"一切都在意识之中。一种反思性意识通过一系列综合和交换构建整个世界，并在每一个时刻把自身放置在一个自我更新的包裹性整体之中，并最终在主体身上找到自己的起源。"③ 拉康认为，梅洛-庞蒂在细致地描绘意识与世界的关系时，假定了意识与主体的统一性（意识必然是主体意识，意向性通过身体主体进行表达），而没有考虑意识之外主体存在的可能性。例如，梅洛-庞蒂在重新解读笛卡尔的"我思故我在"时强调，主体的我必须是一个具身化的我，是一个与世界共在的我："真正的'我思故我在'并不会通过主体存在的

---

① Jacques Lacan, *The Seminar of Jacques Lacan, Book XX: On Feminine Sexuality, the Limits of Love and Knowledge, 1972–1973*, ed. by Jacques-Alain Miller, translated by Bruce Fink, London & New York: W. W. Norton & Company, 1999, p. 48.
② Jacques Lacan, Presentation on Psychical Causality, *Écrits*, translated by B. Fink, London and New York: W. W. Norton & Company, 2006, p. 146.
③ Jacques Lacan, *The Seminar of Jacques Lacan, Book II: The Ego in Freud's Theory and in the Technique of Psychoanalysis, 1954–1955*, ed. by Jacques-Alain Miller, translated by Sylvana Tomaselli, New York: W. W. Norton & Company, 1988, p. 78.

思想来定义主体的存在，也不会把世界的确定性转变为我对于世界所思的确定性，更不会把世界本身替换为意义的世界。相反它承认我思作为无法转让的事实，排除了任何类型的观念论而揭示了在世之在。"① 但拉康认为，"我思，故我不在"，无意识主体并不是作为一种源自身体的边缘意识在补充主观意识，而是存在于后者缺席的位置。拉康无法接受梅洛-庞蒂试图模糊意识与无意识边界的尝试。在他看来，主体永远不可能向现象学所设定的那样，以"完全的方式被定位在意识之中，因为主体首先必须是无意识的，必须维持先于主体构成存在的能指的发生"。②

拉康和梅洛-庞蒂关于无意识的根本分歧体现在语言符号或能指的问题上。詹姆斯·菲利普观察到，梅洛-庞蒂对把无意识语言化的做法表现出强烈的抗拒。他不认为弗洛伊德在对诙谐的分析中像拉康一样看到了语言、话语及其语法功能，并且指出推崇能指的确定性有客观唯心论的风险。③ 虽然晚期的梅洛-庞蒂在这方面的态度有所缓和，④ 但他依然排斥用编码转译的符号法则定义语言的做法，而是更倾向于把语言视为主体的一种生活体验，"语言作为物，是一条手臂，一种行动，一次进攻或者诱惑，因为它把个体深埋的生活体验摆到台面上并赋予其形式。"⑤ 拉康则认为，梅洛-庞蒂把无意识解读为模糊意识的做法在维持非再现性的同时，付出了剥夺无意识特异性的代价，特别是导致了对于精神分析非常重要的无意识性意义的丧失。性在梅洛-庞蒂的笔下成为一种维持身体模糊和歧义的"氛围"（atmosphere）。⑥ 精神分析症状的具体意义

---

① Merleau-Ponty, *Phenomenology of Perception*, London: Routledge, 2002, p. xiv.
② Jacques Lacan, *The Seminar of Jacques Lacan, Book X: Anxiety*, ed. by Jacques-Alain Miller, London: Polity Press, 2014, p. 87.
③ James Phillips, Lacan and Merleau-Ponty: The Confrontation of Psychoanalysis and Phenomenology, *Disseminating Lacan*, ed. by David Pettigrew and François Raffoul, Albany: State University of New York Press, 1996, pp. 69-108.
④ James Phillips, Merleau-Ponty's Nonverbal Unconscious, *Unconsciousness between Phenomenology and Psychoanalysis*, ed. by Dorothée Legrand and Dylan Trigg, New York: Springer, 2017, pp. 75-94.
⑤ Maurice Merleau-Ponty, *The Visible and the Invisible*, Evanston, Illinois: Northwestern University Press, 1968, p. 126.
⑥ Merleau-Ponty, *Phenomenology of Perception*, London: Routledge, 2002, p. 195.

被消解为一种普遍性的存在态度，既无法解释世俗意义上的恋物癖，也无法说明弗洛伊德所发现的俄狄浦斯情结的意义。

通过上述讨论我们可以发现，虽然梅洛-庞蒂和拉康都对弗洛伊德的无意识概念进行了大刀阔斧的改革，但他们的重新定义依然表现出截然不同的理论面向，两者之间的矛盾在无意识这一特定主题上难以调和。这要求我们寻找新的路径来进一步推进精神分析与现象学的交互。

二、拉康理论中的身体意识

虽然在弗洛伊德的第一个心理地形学之中，（前）意识已经扮演着与无意识相对立的重要角色，但长期以来精神分析对意识的理解并没有得到充分重视。特别是对把意识研究作为核心工作的现象学学者来说，精神分析的意识似乎只是在重复对这一概念通俗的、非体系化的和缺乏新意的理解。弗洛伊德被认为简单接受了来自布伦塔诺的关于意识的再现性结构。[1] 而拉康虽然对无意识进行了富有哲学意义的改造，但仍被批评"缺乏对意识的反思，特别是缺乏对意识身体的、情感的和时间构成的理解"。[2] 这样一种刻板印象令人遗憾，因为如果细读拉康文本，我们会发现他对意识问题的深入思辨，其研究成果能够在现象学的视域下展现出重要的价值。

要理解拉康的意识理论，我们首先要认识到意识概念在精神分析的历史背景中早已呈现出现象学的复杂性。在1895年的《科学心理学大纲》中，弗洛伊德构建的关于感知的元心理学框架就带有鲜明的现象学色彩。[3] 在弗洛伊德看来，有机体与外部世界的交互方式建立在以承担

---

[1] Anastasia Kozyreva, Non-Representational Approaches to the Unconscious in the Phenomenology of Husserl and Merleau-Ponty, *Phenomenology and the Cognitive Sciences*, 2018, 17, p. 202.

[2] Rudolf Bernet, Unconscious Consciousness in Husserl and Freud, *Phenomenology and the Cognitive Sciences*, 2002, 1, p. 328.

[3] Sigmund Freud, Project for a Scientific Psychology (1895), *The Standard Edition of the Complete Psychological Works of Sigmund Freud*（以下简称为 S. E.）I, London: Hogarth Press, 1950, pp. 281-391.

能量循环的神经元 Qn 作为最小单位的多个感知系统上。最表层的系统 φ 负责有机体对于外部刺激的条件反射，其中 Qn 在瞬间接收和释放刺激，从而传递最直观的身体感知（例如疼痛、灼热或寒冷）。在由可渗透的 Qn 构成的系统 φ 之外，弗洛伊德还假定了系统 ψ 的存在，后者包含了因为神经通路中接触障碍（contact barrier）对能量的拦截而出现的不可渗透的 Qn。弗洛伊德认为这一类 Qn 保障了对感知系统的持续能量贯注，从而使得个体能够应对来自内部的本能刺激（例如饥饿、口渴）。以上我们所讨论的两种神经元都只是在处理能量交换的问题，而心理表象的呈现还需要这些能量所承载和传递的"质感觉"（qualities-sensations）作为前提。所以弗洛伊德第三步是假定了系统 ω，"对它的刺激可以产生各种质量——也就是意识感觉"。[1]

虽然弗洛伊德的理论是建立在能量交换的动力学基础上，但通过"质"与"量"的结合，依然可以和胡塞尔现象学体系中不同的意识功能产生对应。例如 φ 和 ω 的结合实质上承担着类似于胡塞尔理论中质素性材料（hyletic data）的功能，即通过呈现感知体验的感性内容，传达意识构造物"被给予"的原初印象（primal impression）。[2] 系统 ψ 和 ω 的结合则负责时间意识的生成。正如在胡塞尔理论中个体对世界的感知不是断裂的孤立碎片，而是通过滞留和前摄（protention）共同构成一个具备最小时间跨度的意向对象，[3] 系统 ψ 对能量宣泄的阻碍同样在生产作为时间延展的意识现实，这种现实使得有机体能够把握"心理印象的宽度以及同样的印象被重复的频率"。[4] 事实上，弗洛伊德专门把自我指

---

[1] Sigmund Freud, Project for a Scientific Psychology (1895), *The Standard Edition of the Complete Psychological Works of Sigmund Freud*（以下简称为 *S. E.*）*I*, London: Hogarth Press, 1950, p. 309.

[2] Kenneth Williford, Husserl's Hyletic Data and Phenomenal Consciousness, *Phenomenology and the Cognitive Sciences*, 2013, 12, pp. 501-519.

[3] Edmund Husserl, *Phenomenology of Internal Time Consciousness*, Bloomington: Indiana University Press, 1964.

[4] Sigmund Freud, Project for a Scientific Psychology (1895), *S. E. I*, London: Hogarth Press, 1950, p. 400.

定在 ψ 系统中，并且赋予其"协调能量在神经通路中运动方向"的功能。自我的一个重要任务是防止 ψ 对 ω 过度的能量贯注以致陷入幻想的无用消耗。相反，心理能量需要通过协调参与到复杂的次级过程之中。在这个意义上，弗洛伊德的自我部分承担了胡塞尔理论中先验自我的功能，两者都在积极地通过主动综合构建感觉性知识。

与无意识一样，拉康的意识理论同样开始于他对弗洛伊德元心理学体系的改造。在研讨班二里，拉康敏锐地指出了弗洛伊德的感知系统在地形学意义上无法解决意识的定位问题："在这里我们第一次遇见了这个难题，也是将在弗洛伊德的工作中反复出现的问题——那就是我们不知道怎么处理意识系统。"① 一方面，当意识系统 ω 与 φ 结合时，它需要出现在有机体朝向世界的表层，从而迅速进行感知图像的反射；另一方面，当意识系统 ω 与 ψ 结合时，它又必须被定位在心理深层从而激活记忆痕迹。意识系统的这一悖论性被拉康很清晰地表述出来："它必须既在那里又不在那里。当它被包括在 ψ 层面的能量系统中的时候，它就不能成为它（感知表层）的一部分，也不能扮演指涉现实的角色。当然一些能量依然要通过它，但它无法像条件反射中的宣泄系统一样与外部世界的大量能量输出建立关系。与此相反，它必须与后者完全区分。另一方面，从 ω 中所发生的开始，ψ 系统需要信息，就像瓦拉布雷加之前匆忙但并不错误地说过。它只能在感知系统的宣泄层发现这一信息。"②

有趣的是，为了解决这一悖论，拉康对弗洛伊德意识系统的处理方式无限接近梅洛-庞蒂对弗洛伊德无意识系统的处理方式，即把 ω 从任何所谓的心理深度中抽离出来，使其成为自我主导下积极感知的背景板，一个"可以生产图像的表面"。③ 这里的"生产"并不是一种主动的或创造性的意义构造过程，而是被动的，是某物在其之上施加压力所触

---

① Jacques Lacan, *The Seminar of Jacques Lacan, Book II: The Ego in Freud's Theory and in the Technique of Psychoanalysis, 1954–1955*, ed. by Jacques-Alain Miller, translated by Sylvana Tomaselli, New York: W. W. Norton & Company, 1988, p. 75.
② 同上书，第 117 页。
③ 同上书，第 49 页。

发的反射。拉康让观众设想一个照相机在人类灭绝之后依然对着眼前的风景自动拍照的场景，并认为照相机的产出就是意识，哪怕"没有自我或者类似于自我的体验可以感知到它"。① 但怎样才能在自我作为主体认知活动出发点缺席的情况下设想意识的可能性？要理解这一点，我们需要跳出精神分析的既定框架，在现象学语境中寻找拉康的理论支撑。拉康对意识和自我感知的区分是被动综合和主动综合的区分，或者在梅洛-庞蒂的视角下，是"建立世界与我们的生活自然和前解释的统一体"的运行意向性（operative intentionality）② 与前反思意向性（pre-reflective intentionality）之间的区别。马蒂纳·伦特指出，梅洛-庞蒂在对意向性的理解中区分了"指向的"和"关于的"两种类型。指向性是任何意向性行为的前提条件，但并不是每个意向性活动都是"关于"某个可以被区分的具体意向对象。换句话说，存在一种前反思的意向行动，它指向世界，但并不允许一种反思性的理解来辨认出其所指向的具体对象。③

这种前反思性和无关性正是拉康的意识理论所试图把握的内涵。拉康明确表示，"意识对于一个客体的掌握并不意味着揭示其属性"。④ 我们可以以视觉为例来理解意识。如果说看作为一种意向行动本身，总是把主体的注意力和被看的对象关联在一起，那么意识则是联系着"完全偶然性的某物，像无人居住的世界里的湖面一样偶然——我们眼睛和耳朵的存在"。⑤ 最为关键的是"我所看到的"和"我的眼睛所看到的"其实并不一致。拉康指出，我们能够意识到自己在看，仿佛没有什么比"我看我所看"更不证自明的东西。但事实上我们完全没有意识到在我们

---

① Jacques Lacan, *The Seminar of Jacques Lacan, Book II: The Ego in Freud's Theory and in the Technique of Psychoanalysis, 1954–1955*, ed. by Jacques-Alain Miller, translated by Sylvana Tomaselli, New York: W. W. Norton & Company, 1988, p. 47.
② Merleau-Ponty, *Phenomenology of Perception*, London: Routledge, 2002, p. xx.
③ Martina Reuter, Merleau-Ponty's Notion of Pre-Reflective Intentionality, *Synthese*, 1999, 118 (1), pp. 69-88.
④ Jacques Lacan, *The Seminar of Jacques Lacan, Book II: The Ego in Freud's Theory and in the Technique of Psychoanalysis, 1954–1955*, ed. by Jacques-Alain Miller, translated by Sylvana Tomaselli, New York: W. W. Norton & Company, 1988, p. 6.
⑤ 同上书，第48页。

主观视域的边缘"眼睛试图看什么"。① 无论是眼睛的比喻还是照相机的比喻，其实都意图说明纯粹物质基础上对世界的一种完全开放性朝向。这种毫无遮蔽和毫无取舍的展开姿态是拉康赋予意识概念的本质属性。

正因为意识本身不等同或服从于任何心理实体（例如自我），而是直接与产生意识的身体器官绑定在一起（例如眼睛、耳朵），是"生理的，物质的，而非心理的"。② 所以我们可以把拉康的意识视为身体意识，把拉康的意识主体理解为梅洛-庞蒂意义上的身体主体。在梅洛-庞蒂笔下，身体本身就是我们朝向世界的一种视角。"一种肉体的或者姿态性的图示"，每个时刻都在生产身体和事物之间全面的、实践的和含蓄的关系。③ 长期以来，哲学把主体对客体的感知视为纯粹的知识，而身体主体的引入使得我们可以想象一种建立在肢体行动基础上的意义生产可能性。把握拉康意识概念的这一现象学内涵对于我们之后进一步理解拉康精神分析理论有着重要帮助。

三、从镜像反射回归镜头反射

在上文的讨论中我们已经得出两个主要结论：第一，拉康理论中存在着一个不等同于或服从于自我的意识概念；第二，这 意识概念具备前自反性和无关性的现象学内涵。事实上，这两点已经构成了对拉康精神分析研究中很多既成观念的挑战。长期以来，拉康精神分析理论很容易被描绘为象征层面上的无意识主体对抗想象自我的简单叙事，在这种二元对立框架中，意识要么与自我合并，要么丧失自己的存在空间。例如在布鲁斯·芬克的《拉康式主体》一书中，意识和意向性被直接归纳

---

① Jacques Lacan, *The Seminar of Jacques Lacan, Book II: The Ego in Freud's Theory and in the Technique of Psychoanalysis, 1954–1955*, ed. by Jacques-Alain Miller, translated by Sylvana Tomaselli, New York: W. W. Norton & Company, 1988, p. 118.
② 同上书，第57页。
③ Merleau-Ponty, *The Primacy of Perception*, Evanston, Illinois: Northwestern University Press, 1964, p. 5.

到自我话语里，与无意识的他者话语对立。[1] 马丁·墨菲认为拉康追求无意识真理，反对"关于意识的、自我的以及基于分析师自我对自我进行改造的精神分析理论"。[2] 连雅克·阿兰-米勒也过于轻易地做出判断，认为"拉康的转向是把关于意识的现象学观点转变为主体的概念，也就是无意识主体"。[3] 这些观点的错误不仅仅在于不同概念之间的意义混淆，更在于没有充分认识到在拉康精神分析框架中，一种既不同于无意识又不同于自我的意识理论存在的必要性和重要价值。在下文我将通过重读拉康的镜像阶段理论进行论证。

众所周知，拉康的镜像阶段理论通过描绘婴儿在镜子中辨认出自己身体镜像的场景来揭示主体自我的诞生。拉康的主体发生学认为个体在世界中的诞生具有过早成熟的特征，这是因为婴儿生理的协调能力不足以适应其作为有机体所处的环境。直到镜像阶段之前，婴儿对自己身体的感知都是碎片化的，缺乏内部和外部的清晰界限。镜像阶段给婴儿提供了原初的整体性体验，虽然对镜像反射的认同是一种"从不足向预期"[4]的认识跳跃而非主体形象的真实展现，但它至少构成了一个能够组织自我形象，划定身体与环境边界并主导感知系统的自我。自我在这里的诞生并不是个体心理成熟的自然结果，而是通过误认和内化他者（形象）实现的。它的出现预示着主体未来心理发展过程中身份异化的命运。

从认识论角度来讲，用镜像阶段解释自我的诞生必须要首先回答在自我诞生之前镜像认同如何可能这一问题。如果说前镜像的婴儿处在没有区分的原初自恋状态，他又是怎样在镜像中辨认出自我形象的呢？拉康在研讨班中也谈到了这一悖论："如果我们从一个力比多贯注的完美自

---

[1] Bruce Fink, *The Lacanian Subject: Between Language and Jouissance*, Princeton, NJ: Princeton University Press, 1996, p. 4.
[2] Martin Murray, *Jacques Lacan: A Critical Introduction*, London: Pluto Press, 2016, p. 174.
[3] Jacques-Alain Miller, An Introduction to Seminars I and II Lacan's Orientation Prior to 1953 (III), *Reading Seminars I and II Lacan's Return to Freud*, ed. by Richard Feldstein, Bruce Fink, and Maire Jaanus, Albany: State University of New York Press, 1996, p. 27.
[4] Jacques Lacan, The Mirror Stage as Formative of the I Function as Revealed in Psychoanalytic Experience, *Écrits*, London & New York: W. W. Norton & Company, 2006, p. 78.

恋状态开始，并认为原初客体在一开始就被主体包容在自恋空间中，从而构成享乐的原初单体，那么我们很难理解是什么导致主体从这一状态中离开。"[1] 对此，拉康提出的解决方案是引入象征维度：婴儿对镜像反射的辨认是大他者干预而非个体主动意向性的结果。拉康指出，个体从诞生伊始就已经存在于社会化的象征网络之中，"在其中，第一人称我以原初形式沉淀下来，先于与小他者的辩证认同过程中的客观化"。[2] 镜像阶段的场景并不是一个孤立的婴儿在照镜子，而是在母亲怀抱中的婴儿接受来自他者的指示："看，那是你。"在这个意义上，主体对大他者的原初认同应该先于主体对自己身体整体形象的镜像认同，象征维度上自我理想的出现应该先于镜像阶段所构建的想象维度的理想自我。

虽然大他者的引入解释了主体脱离自恋状态而转向镜像反射的契机，但象征指示的发出和想象性自我的产生之间依然缺少了关键一环。如果意识仅仅是自我的意识，是主观驱动下的积极的意向体验，那么在自我诞生之前，如何保证大他者的引导作为外部刺激被个体成功接收？要实现这一点，我们就必须坚持自我与意识的分野，承认一种被动的和前反思的意识表象可以在没有自我参与的情况下对外部世界保持敞开。换句话说，在镜子对个体的身体形象进行反射之前，身体作为参与意义构建的体验场域，总是已经是在反射世界。这种反射是无目的性的、包容的和持续的，是拉康所说的在无人居住的世界中的"镜头反射"。镜像所反射的是图像，而身体的"镜头反射"的成果是一种意向的姿态，是来自他者的身体意识在向我延展和被我的身体捕获过程中的"被给予"的存在状态。

镜像阶段所产生的想象性自我统一体与作为实在的身体之间的紧张关系同样可以在身体意识的语境中得以理解。自我通过积极综合来试图

---

[1] Jacques Lacan, *The Seminar of Jacques Lacan, Book VIII: Transference, 1960–1961*, translated by Bruce Fink, Cambridge: Polity, 2015, p. 348.
[2] Jacques Lacan, The Mirror Stage as Formative of the I Function as Revealed in Psychoanalytic Experience, *Écrits*, London & New York: W. W. Norton & Company, 2006, p. 76.

实现的独立自主的主观视域，需要牺牲意识本身的世界结构作为代价。然而正如拉康的视觉例子所指出，"我所看"永远无法覆盖"眼睛所看"，自我的意识总是受限于意料之外的身体意识。这两者之间无法弥合的差异解释了为什么压抑和误认成为维护自我稳定性的必要机制。从精神分析伦理的角度出发，坚持自我之外的身体意识具有积极意义。在拉康看来，导致主体困境的不是构成主体身体的物质性因素，而是自我对于虚幻满足的固着以致主体无法面对无意识的真相。而身体意识所呈现出的被动性特质，虽然看似与一种伦理的积极生活并不兼容，但实质上是在坚持一种主体对世界的真诚和开放的朝向姿态。如果说在梅洛-庞蒂的理论中，身体习性可以把主体从其主动意向活动的过度计划中解放出来，减轻个体对于他所习惯的世界的依赖，那么拉康意识理论的现象学倾向同样可以帮助主体摆脱自我中心主义的遮蔽而获得更多的意义可能。

  在这篇文章中，我通过梅洛-庞蒂的现象学视角解读了拉康理论中的意识概念，揭示了拉康意识理论所具有的鲜明的现象学倾向。精神分析与现象学长期以来的互动都集中在无意识概念上。虽然梅洛-庞蒂和拉康都对传统的弗洛伊德无意识进行了重新定义，但我的分析指出两者的观点依然存在不可调和的差异。梅洛-庞蒂试图把意识被动的、先反思的和具身化的属性与无意识概念结合起来的尝试在精神分析语境中并不成功，却非常贴切地对应了拉康在弗洛伊德意识概念基础上的新发展。拉康利用"镜头反射"展现了自我掌控之外的身体意识的存在，从而填补了象征他者对主体的决定与自我构成所依赖的想象性"镜面反射"之间缺失的逻辑环节。拉康的意识理论不仅能够帮助我们进一步理解他对自我中心主义的反思，而且为精神分析与现象学之间的理论交互构建了新的桥梁。

从内主体性到身体间性

——梅洛-庞蒂的"无意识"观初探

孙聪[①]/著

【摘要】 对精神分析学进行现象学的重塑一直是梅洛-庞蒂努力的目标之一。受到波利泽尔的启发,梅洛-庞蒂反对早期精神分析学对无意识进行纯粹表象化的阐释,借助格式塔理论提出一种新的无意识之形成的结构性构想,以替代精神分析学具有形而上学倾向的压抑理论,并通过对早期对象关系的研究探讨主体的实存处境,以揭示无意识的身体间性维度,从而完成对无意识概念的现象学改造。

【关键词】 无意识;表象;意向性;身体间性

一

在梅洛-庞蒂的著述中,以现象学进路对精神分析进行理解的努力从未中断过。在梅洛-庞蒂看来,现象学和精神分析"都导向同一种'潜在性'",[②] 二者之间有着互相补充、互相支撑的关系,共同为一种非对象化的"新的哲学"提供了视角:"现象学让精神分析能够无歧义地认

---

① 孙聪,华南师范大学-法国巴黎第八大学联合培养博士。
② Maurice Merleau-Ponty, L'œuvre et L'esprit de Freud, *Parcour II*, Paris: Verdier, 2000, p. 283.

识'精神现实',认识各种变态形式的'内主体性'本质……弗洛伊德主义则为现象学证实了一种未经精神投注的非认知化、非表象化的意识,为现象学提供了一种能够填充人与世界和人际关系的材料"。[1] 但另一方面,他也对精神分析将无意识定位成一种与意识领域有着拓扑化区隔的精神装置的观点颇有微词,并提出需要"重塑精神分析的某些概念"[2] 以破除精神分析的某些形而上学特征。因此在一生的哲学之旅中,梅洛-庞蒂不停地回到无意识这一精神分析学的核心概念,借助不同的理论工具对其进行反复的思考和修订。

梅洛-庞蒂早期对精神分析的理解在很大程度上受到了匈牙利哲学家乔治·波利泽尔(Georges Politzer)的影响。在《心理学基础的批判》里,波利泽尔对基于实验的传统心理学进行了批判,认为这种模拟物理学的心理学以"第三人称"的视角看待人的精神领域,进而在心理学领域中抹杀了作为主体的"我"的维度,使其抽象化,而弗洛伊德"感兴趣的并不是心理活动的形式和质料,而是其意义,这种意义只有主体自己的叙事才能够提供",[3] 这种基于主体具体经验性材料的思路将"第一人称"置入心理学的视角,是通达"真正的心理学"的进路。[4] 但另一方面,波利泽尔不满于弗洛伊德将梦思看作"我们儿童时期精神生活的记忆在夜间的片段性复演"的论述,认为这种看法将充满原初意义的个体化精神生活化约为"'精神装置',意味着不再具有'人化形式'(forme humaine)的机械论的重现,意味着不再关注主体,而仅仅关注表象和兴奋之运作的'程序'的重现"。[5]

与波利泽尔一样,梅洛-庞蒂拒绝弗洛伊德对压抑的理解,也不将精神冲突的形成过程看作诸如情结、退行、升华等一系列精神机制之间形成的复杂却又单一化的因果关系,因为这样界定的无意识必然具有去

---

[1] Maurice Merleau-Ponty, L'œuvre et L'esprit de Freud, *Parcour II*, Paris: Verdier, 2000, p. 277.
[2] 同上书,第 279 页。
[3] Georges Plitzer, *Critique des Fondements de la Psychologie*, Paris: PUF, 1968, p. 81.
[4] 同上书,第 42—43 页。
[5] 同上书,第 142 页。

时间化、去人格化的特征，使其"无法描述'活体内'（in vivo）的运作"，①也使"精神分析的发现转变成一种人类实存的形而上学"。②在梅洛-庞蒂看来，应当将压抑机制揭示的精神冲突纳入主体发展的环节。借助格式塔理论思路，梅洛-庞蒂将发展构想为"一种行为之渐进的、不连续的结构化（格式塔）过程"。③梅洛-庞蒂受到格式塔心理学的影响，将个体发展视为一个不断对行为进行重新改造的过程，被压抑物变成拒绝在发展出的新系统下被改造的"各种儿童化态度"（les attitudes enfantines），所以"只有在整合仅仅在表面上完成，同时又让某些隔离在整合部分之外的某些系统在行为里持续存在时，才会有压抑"。④由此观之，各种被压抑物是在主体发展的过程中无法整合到结构之中的东西，它们并非像弗洛伊德所认为的拓扑性地"被压抑"，只是在格式塔结构运作良好时，没有时机进入意识领域。而精神分析学揭示的梦、口误、过失行为抑或精神病理等被压抑物回归的现象，仅仅是未被整合之物的显现，并且这种显现在主体"退回到行为组织的原始方式，一种复杂方式的退转并退回到更为容易的方式"⑤发生时出现。这样，无意识便失去了"与意识之间形成的动力性冲突"⑥的意涵，而这种作为"两个精神群组活跃斗争之结果"的动力性在精神分析学之中有至关重要的意义。也是在格式塔的意义上，弗洛伊德以无意识概念所描述的精神现象实则是梦中出现的"儿童化意识"或情结中的"分裂意识"，所以"弗洛伊德以情结、退行或抵抗等名词描述的各种现象，仅仅是碎片化意识生活的可能性，它并不是在所有时刻都只有单一的意义"。⑦需要指出的是，这一时

---

① Maurice Merleau-Ponty, L'œuvre et L'esprit de Freud, *Parcour II*, Paris: Verdier, 2000, p. 277.
② Maurice Merleau-Ponty, *La structure du comportement*, Paris: PUF, 2009, p. 192.
③ 同上。
④ 同上。
⑤ 同上书，第193页。
⑥ Sigmund Freud, Five lectures on psychoanalysis (1910), *The Standard Edition of The Complete Psychological Works of Sigmund Freud*（以下简称为 S. E.）*XI*, London: Hogarth Press, 1957, p. 25.
⑦ Maurice Merleau-Ponty, *La structure du comportement*, Paris: PUF, 2009, p. 193.

期的梅洛-庞蒂忽略了弗洛伊德在一开始就为无意识赋予的"多元决定"（Überdeterminierung）特征这一事实。早在 19 世纪末，弗洛伊德就已经发现作为现象的精神病理表现与无意识的病因之间并不具有直接的因果关系，是多种致病因素协同作用导致了某一种特殊的病理现象出现，① 在论述梦或失误行为等其他无意识现象的相关著作中，弗洛伊德多元决定的观点是一以贯之的。而梅洛-庞蒂对这一点的忽视恰恰表明，他在这一时期未能摆脱同时代流行的、将弗洛伊德的理论简化为一种特殊的还原主义之观点的影响："弗洛伊德的因果性解释总是细枝末节性的"。② 为了克服这种缺陷，梅洛-庞蒂认为需要"将弗洛伊德主义的无意识看作一种古老的或原初的意识，将被压抑物看作我们无法整合的经验领域"，只有如此，现象学才能"为精神分析带来它自身需要的种种分类和诸多表达方式"。③

诚然在《行为的结构》中，无意识被看作一种"科学的和可观的意识形态"，④ 但在此之后，弗洛伊德的"多元决定"概念终于进入了梅洛-庞蒂的视域："在一些具体的分析里，当需要看到症状的多重意义，或者用他自己的话来说是'多元决定性'时，弗洛伊德放弃了因果性思维"。⑤ 但在梅洛-庞蒂看来，如果承认无意识现象具有多元决定性质，就必须放弃将无意识当作一种完全独立于意识化的日常精神运作之外的精神装置的假设，因为在这样的假设下，无意识只能在机缘巧合的情况下，以一个象征化的运作为契机突破压抑的限制，从而显现在意识中。压抑机制和被压抑物的复归之间的永恒拮抗使得这种偶然性的显现只能是独断的、单义的，这样无意识与其现象之间就不可能形成多元决定的

---

① 在《癔症研究》里，弗洛伊德就明确表示："神经症病原学的首要特征——即症状的起源通常来说是多元决定的，几种因素共同作用，导致产生了神经症这一结果。"参见 Sigmund Freud, Studies on hysteria (1895), *S. E. II*, London: Hogarth Press, 1955, p. 263。
② Maurice Merleau-Ponty, *La structure du comportement*, Paris: PUF, 2009, p. 195.
③ Maurice Merleau-Ponty, L'œuvre et L'esprit de Freud, *Parcour II*, Paris: Verdier, 2000, p. 277.
④ Jenny Slatman, The Psychoanalysis of Nature and the Nature of Expression, *Chiasmi International 2: Merleau-Ponty. De la nature à l'ontologie*, Paris: Vrin, 2000, p. 212.
⑤ Maurice Merleau-Ponty, *Phénoménologie de la Perception*, Paris: Gallimard, 1948, p. 184.

关系，因此梅洛-庞蒂提出"两种需要避免的错误：一是仅仅对由清晰的表象所展现的显现内容的实存进行认知，这是意识哲学的做法；另一种是将潜在内容与这种显现内容并置，这是无意识的心理学的做法"。① 以压抑机制为界区分出拓扑性地相互分离的表象系统的观点非常具有观念论的特征，这等于在精神领域引入了另一种形而上学。而将压抑过程看作一种实存的历程，即首先有"过往经验或曾有的记忆，其后产生对曾有之记忆的记忆，如此渐次接续，直到最后只留下那最特殊的形式"，压抑就成为"一种普遍现象，通过联系于在世存在的时间性结构，它使我们得以理解一个个具身化存在（êtres incarnés）的条件"，② 如此便破除了精神分析第一拓扑理论的形而上学内涵，使无意识"第一人称化"。

沿着这一思路，作为压抑原动力的性欲也需要进行重新界定。梅洛-庞蒂注意到一个事实：如果仅仅将性欲理解为一种"器官快感"（Organlust），即有机体内在的、因其满足过程对自我产生威胁而必然被压抑的冲动，弗洛伊德的发现就不再是泛性论的，反而将性欲问题"窄化"了：它被限缩为有待控制的主体内驱力，而不再是主体间的联系纽带。在梅洛-庞蒂看来，性欲驱动压抑机制运作的假设是站不住脚的，因为在现象学的视角下，可以将性欲看作一种实存身处其中的氛围，而非一种单纯的驱力，性欲及其衍生物的命运，并不是被检查机制打上了否定性标签后就持续地排除在意识领域之外，反而与实存之间形成了一种相互影响、相互扩散的关系。由此观之，作为性欲代表的潜在表象的各种形式"全然不是无意识的，我们非常清楚它们是模糊的，并且与性欲有关，但它们不会明确地唤起性欲"。③ 所以对于性欲问题来说，精神分析的贡献在于"重新找到了曾经被误认为隶属于意识的关系和态度……还在曾经被人们认为是'纯粹身体的'功能中发现一种辩证运动，

---

① Maurice Merleau-Ponty, *Phénoménologie de la Perception*, Paris: Gallimard, 1948, p. 196.
② 同上书，第99页。
③ 同上书，第196页。

并将性欲纳入人的存在"。① 在这一时期，通过用全部经验和行为具有一种整体性的观点替代弗洛伊德的精神装置拓扑学理论，梅洛-庞蒂似乎完全和格式塔心理学站在了一起，用感知的"对象-背景"二分取代了精神分析的"意识-无意识"二分。

那么我们是否可以认为，梅洛-庞蒂完全支持将"意识当作直接经验的等价物"，所谓的无意识仅仅是"自我的行为环境"的一部分，因此可以"完全放弃使用'无意识'这一术语"②的格式塔观点呢？并不尽然。梅洛-庞蒂并不赞同格式塔心理学将"良好的组织原则"作为意识化经验的唯一准则，而是将这种经验看作带有主体性倾向的精神过程，至少"初始的意识远比认知化的、不带旨趣的精神运作丰富得多，是一种儿童与其环境中的兴趣关注点之间的情感连接"。③ 换句话说，对于主体而言，格式塔提出的"环境场"不应该是中性的感知背景，而是在意识抵达之前就已经铭刻了主体性的存在。虽然梅洛-庞蒂反对压抑模型下的无意识拓扑论，但同时抹杀无意识的主体性维度也是他断然不能接受的。如何既破除截然区隔精神装置的拓扑论又保留无意识固有的主体性欲望意涵，成为梅洛-庞蒂接下来对无意识概念思考的关键。

二

梅洛-庞蒂的前期著作将精神分析的无意识处理成一个观念论性质的概念，这一理解是否囊括了弗洛伊德赋予无意识的全部意涵？诚然在精神分析学的发展初期，弗洛伊德在一定程度上受到了联想主义的影响，将无意识现象首先视为观念的断裂，但在他的著述中，无意识概念并非是全然观念论的——例如在元心理学的框架下，无意识被看作"寻求卸

---

① Maurice Merleau-Ponty, *Phénoménologie de la Perception*, Paris: Gallimard, 1948, p. 184.
② 库尔特·考夫卡：《格式塔心理学原理》，李维译，北京大学出版社2010年版，第41页。
③ Maurice Merleau-Ponty, *La structure du comportement*, Paris: PUF, 2009, p. 191.

载附着其上的投注的冲动代表所组成",① 即无意识的内容物并非一般意义上的表象,而是冲动的表象代表(Vorstellungsrepräsentanz),而冲动的根源"是一种身体过程,产生于某一器官或身体的某一部分"。② 换言之,动力性的无意识的运作一开始就具有内源的身体性,绝不能只在观念论的框架下加以理解,而这一点是20世纪上半叶的弗洛伊德主义理论发展中常见的谬误。在后来的论述中,梅洛-庞蒂本人也发现需要将弗洛伊德与弗洛伊德主义区分开来:"日常对弗洛伊德主义无意识的讨论导向了另一种意识的独断:人们将其化约为'我们决定不去想',而这种决定预设了一种[主体]与被压抑物的连接,无意识就仅仅是一种特殊形式的自欺而已"。③ 倘若如此,为何不可以用布洛伊尔的次意识或胡塞尔的原初意识替代这一概念呢?为了辩驳这种流俗的无意识观,弗洛伊德为无意识赋予的动力性重回梅洛-庞蒂的视野,这种动力性的回归在一定程度上借助了另外一位精神分析家克莱茵的思考才得以实现。

克莱茵对无意识的探索以婴儿期的对象关系为出发点。在克莱茵的视角下,在前俄狄浦斯期的对象关系中,"来源于主体的第一个对象关系(与母亲和母亲乳房的关系)"④ 中的对象被分裂为"好对象"与"坏对象",主体与好对象认同以图获得其性质,主体破坏坏对象,以卸载负载在其上的冲动。克莱茵认为这种对象关系的分裂伴随着极其复杂的投射(projection)和内射(introjection),而这种"早期发展中的分裂近似于压抑在后期自我发展中扮演的角色",⑤ 所以是无意识的真正起源。在使用投射和内射概念时,克莱茵保留了弗洛伊德为其赋予的"妄

---

① Sigmund Freud, The Unconscious (1915), *S. E. XIV*, London: Hogarth Press, 1957, p. 186.
② Sigmund Freud, Instincts and their Vicissitudes (1915), *S. E. XIV*, London: Hogarth Press, 1957, p. 123.
③ Maurice Merleau-Ponty, *Résumé du Cour-Collège de France*, Paris: Gallimard, 2016, p. 69.
④ Melanie Klein, Envy and Gratitude, *Envy and Gratitude and other works 1946–1963*, edited by M. Masud R. Khan, London: The Hogarth Press, 1975, p. 178.
⑤ 同上书,第7页。

想症式的病理性防御模式"① 这一内涵,但同时也将其看作普遍性的主体发生学机制——在早期的对象关系中,在身体性的联结的基础上,主体"将自己的某部分放置在对象内部"或者"将对象的某部分置于自我中",最终导致主体对于对象认同或逃避对象的迫害。② 在迫害性的对象关系中,与成年人观念性焦虑不同的是,儿童的焦虑是"在场"的,这个在场首先是身体性的在场,即儿童感受到的是实在性的"吞噬倾向"(cannibalism)。③ 因此对于克莱茵而言,无意识和意识之间的关系并不完全像弗洛伊德一开始所构想的那般截然区隔开来,至少"与成人相比,儿童的意识和无意识之间的联结更加紧密,而且压抑也较不强烈"。④ 梅洛-庞蒂非常看重克莱茵对生命早期精神运作的论述,认为这种理论"为我们带来了最为具体的对无意识的理解",⑤ 因为在克莱茵描述的早期对象关系里,这种主体与对象的身体的感受性联结对于主体的精神运作和无意识的形成具有至关重要的影响,这一点与梅洛-庞蒂的思路不谋而合:"投射和内射一直是身体的功能:对外部世界中的对象的口腔性和肛门性'归并'(incorporation),以及儿童对对象之效能的获取,这些过程都得益于物质性的(身体)运作。"⑥ 既然克莱茵揭示的早期的无意识机制不可能是一个主体内的运作,必然具有主体间性,而这种主体间性首先体现为一种"身体间性"(intercorporéité),那么主体与对象的感受性互动不仅为投射和内射的发生开辟了通路,而且感受性互动本身就是

---

① Sigmund Freud, Project for a Scientific Psychology (1895), S. E. 1, London: Hogarth Press, 1950, p. 207.
② Melanie Klein, Notes on some Schizoid Mechanisms, *Envy and Gratitude and other works 1946–1963*, edited by M. Masud R. Khan, London: The Hogarth Press, 1975, pp. 8-10.
③ Melanie Klein, Criminal Tendencies in Normal Children, *Contributions to psycho-analysis, 1921–1945*, London: The Hogarth Press, 1948, p. 185.
④ Melanie Klein, The Psychoanalytic Play Technique: It's History and Significance, *Envy and Gratitude and other works 1946–1963*, edited by M. Masud R. Khan, London: The Hogarth Press, 1975, p. 132.
⑤ Maurice Merleau-Ponty, *Maurice Merleau-Ponty à la Sorbonne, 1949–1952*, Grenoble: Cynara, 1988, p. 362.
⑥ Maurice Merleau-Ponty, *Child Psychology and Pedagogy: The Sorbonne Lectures 1949–1952,* trans. Talia Welsh, Evanston: Northwestern University Press, 2010, p. 287.

投射和内射的运作中最重要的组成部分，因为"[在对象关系中]母亲的身体以在场的形式而非记忆中的形式出现，我们不可能区分内部与外部，也不可能在二者之间制造一个裂缝，因为它们互相啮合在一起"。①从胡塞尔处借用的"配对"（Paarung）概念非常适合描述这种早期对象关系中的身体运作："一个身体在另一个身体之中遇见了自身的对应者，这使它实现了自身的意向并揭示了自己的新意向。"②

由此，无意识的过程具有了一种意向性，作为一种"实存的普遍性运动"，③这种意向性既需要在他人的身体之在场性所提供的场域中得以发生，更需要在他人的行为中获得承认。借助梅洛-庞蒂的这种阐述，我们也可以在很大程度上理解克莱茵在描述早期无意识运作时提出的疑难④——原始的精神过程是含混的，它发生在主体被语言-符号系统支配之前，由于这一过程受到身体意向性的驱动，所以主体-对象间投射和内射不受逻辑运作的先导性指引，而是受到对象的身体性在场的影响，受到感知过程的支配。

经由对主体无意识的身体间性维度的阐释，梅洛-庞蒂为无意识提供了一种新的意涵：无意识不再意味着被拓扑性区隔的精神领域，而是充斥着主体与他者之共在的感受性处境；同时，无意识之"无"不再仅仅是一种观念或表象意义上的否定性，还指涉一种身体的匿名性——在对象关系中，他人的身体通过身体间性的互动性影响并控制了主体早年的精神运作，也形塑着主体的身体结构，在继发的精神运作和新结构获得的过程中，过往的对象关系会无意识地对其产生影响，换言之，他人的身体以"缺场"的方式"在场"。在梅洛-庞蒂看来，拓扑化的无意识

---

① Maurice Merleau-Ponty, *Child Psychology and Pedagogy: The Sorbonne Lectures 1949–1952*, trans. Talia Welsh, Evanston: Northwestern University Press, 2010, p. 294.
② 同上书，第28页。
③ Maurice Merleau-Ponty, *Phénoménologie de la Perception*, Paris: Gallimard, 1948, p. 183.
④ 克莱茵坦言自己在描述原始精神过程时"碰到了极大的障碍"，因为这些过程"都发生在儿童使用语言开始思考之前"，因此不得不用"投射进入另外一个人（对象）"这样的表达。参见 Melanie Klein, Notes on some Schizoid Mechanisms, *Envy and Gratitude and other works 1946–1963*, edited by M. Masud R. Khan, London: The Hogarth Press, 1975, p. 8.

界定恰恰忽略了这种匿名性的在场，也在无意识中抹除了"欲望着的身体"的维度，在后期对精神分析的相关论述中，梅洛-庞蒂尝试寻回无意识的这一维度，并用"两歧性"①来重新界定无意识。

在身体间性的视角下，早期的对象关系始于母亲的一种矛盾性感受。梅洛-庞蒂指出，在面对同时作为"自己身体的衍生物"和"从己身逃逸而出"的孩子的身体时，已婚女性处在一种"拥有一个孩子的强烈欲望"和"成为母亲这个新角色引发恐惧"的矛盾之中，因为一旦孩子出生，母亲的身体就"系统性地被另一个存在占据"。②身体间性为克莱茵提出的早期精神机制添加了新的注解：好对象与坏对象的分裂并非始于主体的幻想，而是源于母亲自身的两歧性（不管母亲在意识层面是否意识到它）。母亲的两歧性由主体通过感知"直接地"捕捉，诱发了主体对象关系的分裂。换言之，早期分裂并不是纯粹的主体内运作，分裂的对象也并非外部存在的精神内投射物，而首先是一种独立于主体的、具有"匿名性和普遍性"的"对-象"（ob-jet）③——因其存在先于所有指称性的语词-符号系统，所以是匿名的；因婴儿主体与其形成绝对依赖的关系，所以是普遍的——这种对-象不仅被主体规定，它在对象关系中也对主体进行规定，这种相互规定是无意识的，并且发生在身体间性的场域之中。梅洛-庞蒂指出："身体是有意义的身体，也是有欲望的身体，感觉学成为一种力比多的身体理论。克莱茵的著作启发我们，如果借助'具身化'（corporéité）——即致力于从外部研究内部以及从内部研究外部，是一种归并的普遍性能力——来理解弗洛伊德主义的各种概念，这些概念就会被矫正并且得到巩固。"④被身体现象学"矫正"后的无意识

---

① 梅洛-庞蒂在多种意义上使用 ambivalence 一词，此处采用一种更适合表达无意识的早期对象关系之特性的译法。
② Maurice Merleau-Ponty, *Child Psychology and Pedagogy: The Sorbonne Lectures 1949–1952,* trans. Talia Welsh, Evanston: Northwestern University Press, 2010, p. 78.
③ Maurice Merleau-Ponty, *Le Visible et l'Invisible,* Paris: Gallimard, 1964, p. 251.
④ Maurice Merleau-Ponty, *Résumé du Cour-Collège de France,* Paris: Gallimard, 2016, p. 178.

不仅是"充斥着很多活跃的但却无意识的表象"①的精神装置，更是一种处在身体间性之中的感知化精神运作。这种精神运作可以被原初性地遗忘，因而是无意识的；但同时，由于早期对象关系残存的影响，这种精神运作在所有继发的对象关系的"配对"之中"在场"，对其产生持续的影响，直到下一个对象关系的建立……

三

对于梅洛-庞蒂对无意识概念的各种阐释，可以做出如下总结：第一，无意识不仅具有观念性，还具有由对象关系带来的身体性；第二，无意识的内容物不仅包含被意识排斥的观念，还包含身体间性意义上的感知化运作过程；第三，无意识的形成过程并非某些观念被压抑在意识领域之外，而是未被整合进新的行为或感知结构之中的精神产物；第四，性欲并非压抑机制的内部动力，反而为无意识运作提供了一种氛围，使其影响主体其他的精神活动；第五，并不存在拓扑论意义上的无意识精神装置，无意识是所有意识化精神活动的"基底"。在经历了梅洛-庞蒂的改造之后，无意识不再是隔离于意识的"另一舞台"，而是处在身体间性之中的感知场，是为意识的活动提供舞台的"背景"，它不仅铭刻了主体自身的属性，也被对象感知性地构建，不仅是"构建的成果"，也"持续处在构建之中"，其"意义永远是主体间性的"。②

通过对压抑概念的再阐释和对性欲问题的重新界定，梅洛-庞蒂将无意识看成是感知性的，这一无意识观与所有以观念论为基础的精神分析理论相对立。但是我们是否可以说梅洛-庞蒂对弗洛伊德的无意识理论进行了彻底的颠覆？梅洛-庞蒂提出的这种"感知的无意识"是否真的

---

① Sigmund Freud, A Note on the Unconscious in Psycho-analysis (1912), *S. E. XII*, London: Hogarth Press, 1958, p. 262.
② Évelyne Grossman, Inconscient freudien, inconscient phénoménologique, *Rue Descartes*, 2010, n° 70, p. 108

是"弗洛伊德或其他精神分析家都未曾触及的"①？其实不然，梅洛-庞蒂提出的无意识观恰恰与弗洛伊德早期强调过的无意识过程具有"重复连接带来满足经验的感知"②的"感知同一"（Wahrnehmugsidentität）遥相呼应——在构建精神分析的第一个拓扑学时，弗洛伊德强调过这种无意识与感知的邻近性——并将观念化的"思想同一"（Denkidentität）视作"欲望之满足被［主体的］经验改造之后所采取的迂回路径"，③换言之，从精神分析学创立伊始，感知就在无意识运作中占据了第一性的位置，观念论实则是对继发的无意识运作进行解释时采取的视角。在之后构建元心理学框架的过程中，弗洛伊德本人亦坦言，如不以拓扑论的视角观之，无意识是主体"构建其精神活动过程中的一个常规的、不可避免的阶段，任何精神活动都从无意识开始"，因此，无意识是"所有心理活动都具有的一种含混特性"，④只不过在弗洛伊德与其他同时代精神分析家的病理学论著中，对无意识的论述更多是从观念论视角出发，从而构建出精神分析的拓扑论，因而对感知问题未及进一步阐述，而梅洛-庞蒂为无意识赋予的"模糊性"⑤可被视为去除了弗洛伊德主义中的观念论之影响后的再阐释。不仅如此，在实践层面上，经历了观念论的改造的精神分析在很长一段时间里都被视为一种"洞察式"的治疗，即把分析治疗看作将无意识内容物意识化的过程，梅洛-庞蒂的无意识观恰恰回答了在这种治疗观指导之下临床情境中广泛出现的"我知道，但依然"（I know, but still）⑥的问题——纯粹观念论的无意识理解不足以解释治疗情境，在治疗实践中，我们必须考虑主体间性与身体间性的问题——这也

---

① Guy-félix Duportail, *Les Institution du Monde de la Vie: Tome 1, Merleau Ponty et Lacan*, Grenoble: Millon, 2008, p. 13.
② Sigmund Freud, The Interpretation of Dreams (1900), *S. E. V*, London: Hogarth Press, 1958, p. 566.
③ 同上书，第 567 页。
④ Sigmund Freud, A Note on the Unconscious in Psycho-analysis (1912), *S. E. XII*, London: Hogarth Press, 1958, pp. 264-266.
⑤ Maurice Merleau-Ponty, *Phénoménologie de la Perception*, Paris: Gallimard, 1948, p. 188.
⑥ 心理治疗习语，用以描述病人"洞察"到某些"重要"的无意识观念后仍然没有感知或行为层面的改变之现象。

是梅洛-庞蒂所言"对弗洛伊德概念进行矫正"的实践意义。

当然，梅洛-庞蒂的无意识观也曾受到来自精神分析领域的质疑。精神分析家彭塔利斯敏锐地指出，如果依梅洛-庞蒂的观点，将压抑看作在发展过程中被隔离在整体之外的某些系统，就等于将其误认成了精神分析中固着的概念。[①] 在精神分析发展阶段论的框架下，固着具有鲜明的发生学特征——某些冲动满足模式因不满足于下一阶段的力比多组织模式的需求，而被持续地区隔在整个系统之外，但这种区隔并未将这些冲动废除，它们依旧通过某些途径获得直接或间接的满足，这个过程既可以是无意识的（例如梦和精神症状），也可以是意识化的（例如性倒错行为和边缘性行为）。如果将新的发展阶段定义为一种格式塔，梅洛-庞蒂所界定的压抑就完全无法与固着概念区分开来，倘若如此，精神分析学就完全不需要假定压抑的过程存在于主体的精神生活之中，自然也不需要如弗洛伊德那样，假设多种相互间具有拓扑性区隔的精神装置存在。梅洛-庞蒂的一种实存精神分析的临床实践就不再是驱使压抑物复归意识的"顿悟"疗法，而是在他者（分析家）的影响之下，将未整合之物纳入新近发展的系统。在梅洛-庞蒂的视域下，精神分析转变为一种存在分析，并且将精神分析疗法看作"通过实存关系将主体和医生联系在一起"从而"得到治愈"[②]的过程就不足为奇了。这种对压抑的理解显然偏离了弗洛伊德为压抑机制赋予的意义，可以说梅洛-庞蒂对无意识的批判是从一种对压抑的"误读"开始的。然而，这一"误读"也为梅洛-庞蒂重新以身体为进路来奠基无意识概念，并将弗洛伊德已经发现但未能充分阐述的身体意涵发掘出来提供了可能。

作为"第一个严肃思考弗洛伊德无意识概念的哲学家"，[③] 梅洛-庞蒂从现象学出发，为无意识概念提供了一种"他者的视角"，这一努力为精

[①] Jean-Bertrand Pontalis, La Position du problème de l'inconscient chez Merleau-Ponty, *Après Freud*, Paris: Gallimard, 1988, p. 80.
[②] Maurice Merleau-Ponty, *Phénoménologie de la Perception*, Paris: Gallimard, 1948, p. 519.
[③] Hervé Le Baut, *Merleau Ponty, Freud et les psychanalystes*, Paris: L'Harmattan, 2014, p. 7.

神分析学对无意识的探索开辟了新的可能性，也为其后拉康提出的"对象 a"理论奠定了基础。在回溯 20 世纪法国精神分析学的发展沿革时，梅洛-庞蒂的思想不应被忽视。

在看与被看中隐没的客体

——拉康精神分析中的"目光"作为客体小 a

蔡婷婷[①] / 著

【摘要】 本文主要从萨特《存在与虚无》中锁孔窥伺的片段谈起，围绕拉康中后期研讨班中将"目光"（regard）作为客体小 a，以及由此主客体构建这一核心问题做简单的梳理。两位法国思想家在各自理论发展的重要阶段中都谈及"看"与"被看"的问题，因此有必要（主要基于内部的必要性）澄清"目光"，尤其是拉康派精神分析中的"目光"作为超越传统意义上的客体概念，它在精神分析理论中所占据的关键地位。

【关键词】 目光；客体小 a；欲望的主体

对于萨特来说，目光代表着彼者的在场，这意味着主体应该在彼者目光的注视下为自己的行为负责，并同时对自己的行为在彼者那里可能产生的影响负责，只有当主体"选择"去承担这些责任时，作为实在的存在才真正与萨特意义上的"自由"相一致，由此才有可能去造就主体自身作为人的本质。对拉康来说，反思的自我意识作为人的本质同样不是一开始就存在的。但在他那里，自我意识并非是通过彼者目光的在场而得以确立，而是由于目光这一特殊的"客体"隐没在观看者与被观看

---
① 蔡婷婷，法国巴黎西岱大学精神分析与心理病理学博士。

者的相互性当中，主体才有可能真正进入他与彼者的关系，在自身的缺失中将后者作为爱的对象或客体。本文将从"看"与"被看"的问题出发，浅谈精神分析理论中两种客体的身份，以及主体如何"通过"这两种客体与外部世界发生关联。

两个时刻

在《存在与虚无》中，萨特曾谈及锁孔窥伺者的经历，这段经历分为两个部分：第一部分，他首先将脸紧紧地贴在门上，尽力让自己的眼睛穿过锁孔去窥探发生在门背后的事；通过这一行为，他占据的是正在观看的、但尚未被发现的（没被看到、没有自我意识的）、并专注于当前行动的主体这样一个位置。在那个特定时刻，只有观看者这唯一的个体处于窥伺情境之中，而他所使用的是一双被工具化了的眼睛。观看的场景、锁孔、门、眼睛构成了一个封闭的圈，而这个闭合的循环没人进得去："在我的态度中不存在'除此之外'，它被以一种纯粹的方式放置于工具（锁孔）和目标对象（观看的场景）的关系中，以一种与我自己消失在世界里同样的方式。"[①] 此时此刻，窥伺者不具备任何对于自身的意识，占据他全部大脑的只有将要达成的目标和实现这个目标的方法，除此之外别无他物。

第二部分，随着第二个人的到来，观看的主体突然意识到此刻为止自己一直在做的事，他"看到"了自己，因为有人看到了他，也就是说他通过别人的眼睛反观到了自身。他对自己暴露在这一目光之下而感到羞愧，身体也在这样的情境中无法动弹。但究竟是什么将他置于此般境地呢？在被看到的那一刻，有个"外部"来到了他这里，因为此时他已不再仅仅是那双躲藏在门后的眼睛，而且还是那个被抓个正着的羞愧的偷窥者。正如萨特在之后补充道："我听到走廊上的脚步声，有人看见我

---

① Jean-Paul Sartre, *L'être et le néant*, Paris: Gallimard, 1976, p. 305.

了。……［这意味着］我突然之间抵达了自己的存在本身，并且一些根本性的改变出现在我自己的结构中，这些改变是我可以通过反思的自我去捕捉并固定下来的东西。"①

主体在被看见时所体验到的感受并非仅仅是单纯的羞愧或恐惧，在萨特看来，这些体验是人的存在的基本内容和存在过程中重要的组成部分，它们总是与人的实在和主体性相关联。正是在这个意义上，他将彼者的目光作为揭示个体存在的基本要素。需要指出的是，我们不能将这一目光局限于眼睛，因为它可以将个体引向真正意义上的存在，一种"外-在"，就是说在自身之外的存在：个体通过将自我与彼者相分离而迈入到主体存在的层面上，在其中彼者的目光让"看"与"被看"区分开来，从而在这一分离中扮演着重要角色。具体来讲，我将彼者定位在我看向他人的目光中，而彼者也可以在一种相互性中将我定位于他看向我的目光中。萨特认为，正是目光的互动让我们去思考自身与他人之间的关系；换句话说，只有在彼此的目光中，我们才能作为目光的对象或为彼者存在的客体而被感知和思考。

彼者的到场从根本上修改了主体的位置。在"被看"这样让人感到意外的状态下，有某种东西复活了，开始扮演反思的自我意识的角色，由此促成了一种"返回到自身"的运动。新的主体被彼者加诸目光下的自我之上，使新的主体作为反思的自我意识将后者放在了客体的位置上。在萨特那里，看（自我意识与彼者）与被看（目光下的自我）相互区分开来，由此在对不同"存在"的界定中，主体"选择"了"他是何者"，而在对自己的存在承担责任的同时，也涉及其他所有人，因为他们将根据自己所看到的主体的行动来引导各自的行为。

---

① Jean-Paul Sartre, *L'être et le néant*, Paris: Gallimard, 1976, p. 306.

弗洛伊德的"窥伺冲动"

进入拉康之前，我们需要首先了解在精神分析的框架内，"看"与"被看"的问题是如何被提出和思考的，因为拉康自始至终都在弗洛伊德所创建的精神分析视角下讨论主体的问题。

任何熟悉弗洛伊德著作的人都知道，"冲动"的概念几乎处于其精神分析理论的核心位置，而这个概念理解起来又是如此困难，因为它同时涉及生理和心理两个层面，弗洛伊德本人更是令人费解地将其定义为"位于身-心之间"；在其重要著作《冲动及其命运》中，他曾这样描述："作为位于身心边界的一个概念，冲动是内部兴奋的精神代表，它来自于个体的内部却又作用于人的心理。"[①] 对弗洛伊德来说，冲动概念的重要性在于它是个体发展的基础，因为它源自并始终扎根于我们的躯体当中。

作为很早就被弗洛伊德讨论的部分冲动，窥伺冲动（la pulsion scopique）在其早期和晚期的众多著作中均有出现。从 1905 年被发现开始，这一概念经历了十年的讨论和发展，到 1915 年时已经成为重要的性冲动之一。与精神病学将其放在性倒错的领域中不同，弗洛伊德不仅把"看"（窥淫癖）与"被看"（裸露癖）作为某种特定的病理现象，还认为它们分别处于窥伺冲动发展的不同阶段。[②] 他在《冲动及其命运》中提出了窥伺冲动一般性的动力学轨迹，而这一过程伴随着主体确立自身与外部的区分："首先，看作为一种主动性，将个体的投注引向自身之外，指向外部客体；其次，放弃外部客体，冲动的投注返回到自身的某个部位；与此同时，被动性与新目标确立：被看；最后，新主体的引入，我们被他看。"[③]

---

① Sigmund Freud, Pulsions et destins des pulsions, *Métapsychologie*, Paris: Gallimard, 1977, p. 18.
② 弗洛伊德认为冲动具有四个基本特征，动力性特征是其中之一。也就是说，冲动在其动力驱使下会发生、发展，并经历各个阶段，以最终达成其目标（同上书，第 18—20 页）。
③ 同上书，第 29 页。

对于弗洛伊德来说，所有的冲动都是主动性先于被动性；但与其他冲动不同的是，窥伺冲动始于"自淫"（auto-érotisme）①，也就是说在它主动地去看某个外部客体之前，首先看的是个体自身的某个部位，这是窥伺冲动发展的准备阶段，它属于自恋的范围。这个阶段的重要性在于，它为冲动之后朝着主动性和被动性发展做好了准备。由此，弗洛伊德将该冲动的独特变化过程概括为："自淫""看"和"被看"。需要指出的是，直到冲动发展的第三个阶段，新的主体才出现，这为拉康后来关于镜子阶段的假设提供了基础，对于后者来说，是大彼者在看着主体，并且正是在这一来自外部的目光中，主体确立自身的"存在"，以及作为主体的欲望。在"目光"先于主体的意义上，拉康将"目光"作为欲望主体确立的原因，称之为客体小 a。

客体小 a 与欲望的主体

在拉康那里，"看"与"被看"的问题在更为基础的层面上被思考。他认为，如果目光代表彼者的在场，那么这样一种在场也不能被放置于"主体与主体的关系"当中，② 反而"从看与被看的相互性这一点来说，主体更容易找到不在场的托辞"。③ 在拉康看来，萨特是在观看者与被观看者的关系层面上讨论目光的问题，但被观看者对主体来说是种"诱惑物"式的存在，主体与它的关系只能是"与诱惑物的关系"。而在此关系之下，主体就成为面对"诱惑物的牺牲品"："主体在窥伺冲动的支配下面对外部世界，在这里他所遭遇到的并非真正的客体小 a，而是后者的补充，镜像 i(a)，a 是从他身上掉落的东西。"④ 因此，这里主体并非作

---

① 正如阿兰·德·米约拉所说，代表"窥伺"的希腊语词根 scopt 本义为"通过……自娱"。Alain de MIjolla, *Dictionnaire international de la psychanalyse*, Paris: Fayard, 2013, p. 1627.
② Jacques Lacan, *Le Séminaire Livre XI: Les quatre concepts fondamentaux de la psychanalyse*, Paris: Seuil, 1973, p. 98.
③ 同上书，第 90 页。
④ Jacques Lacan, *Des Noms-du-Père*, Paris: Seuil, 2005, p. 81.

为他自身，而他看到的也并非是他真正想要看到的，客体小 a 作为主体欲望的原因，让他确信他想要看到的能够在大彼者中重新被找到，[①]但幻想的逻辑让这个过程最终只能陷入无限循环。

从弗洛伊德开始，精神分析在对客体这个概念进行再制作的维度上重写了围绕主-客二元对立构建起来的人类个体与外部世界的关系。在精神分析中，客体的身份由两部分构成：作为爱的对象的"整体的"客体和作为冲动投注对象的"部分的"客体。在拉康那里，作为爱的对象的客体（本身带有缺失的标记）在镜子阶段得以形成，在弗洛伊德的基础上，他将作为冲动投注对象的客体推进到远远超越传统客体概念的位置上："我们（精神分析家）不相信客体，我们只观察到欲望，通过对欲望的观察，归纳出它的原因是被客体化了的。"[②] 欲望的原因作为可以被客体化的东西，这就是拉康的发明：客体小 a。由此，他由存在于客体的整体性和局部性之间的根本差异出发，将作为冲动投注对象的客体与定义主体的欲望相关联，并对弗洛伊德的名句做出了回应："我们在爱的地点没有欲望，而在欲望的地点无法去爱。"[③]

这样去"描述"精神分析的客体并非是要让这一概念变得更加抽象或匪夷所思，相反这使得作为"部分的"客体在主体的构建中扮演着具体而"现实"的角色（从"精神现实"的意义上讲），而主体最根本的"现实"在于其"部分的"丧失，即被缺失的客体所标记的存在，它支撑着主体的欲望。拉康早在他关于镜子阶段的理论中就指出，外部世界并非完全是镜像，其中总是会有不能被镜像化的东西。而当这些不能在镜子中看到的"缺失"呈现出来时，由于其自身在外部世界中不能和镜像一样被符号所标记，当主体突然置身于本应是缺失所在的地点时，焦虑

---

① 在拉康早期关于"镜子阶段"的讨论中，我们可以通过光学图式清楚地理解这一点，即，只有在镜子所代表的大彼者规定的范围之内，我们才能真正"看到"大彼者想要让我们看到的东西。参见 Jacques Lacan, Remarque sur le rapport de Daniel Lagache: "Psychanalyse et structure de la personnalité", *Écrits*, Paris: Seuil, 1966, p. 674-675。

② Jacques Lacan, *Le Séminaire Livre XXIII: Sinthome*, Paris: Seuil, 2005, p. 36.

③ Sigmund Freud, Sur le plus général des rabaissements de la vie amoureuse, *La vie sexuelle*, Paris: PUF, 2002, p. 59.

就会在此产生，而这种特殊的情感（affect）的出现是分析治疗中重要的信号，因为这预示着主体正趋近客体小 a。① 这就是拉康在他关于客体小 a 的最重要的研讨班之一《焦虑》中所讨论的 "看" 与主体的关系问题。不难看出，相对于萨特将 "焦虑" 等体验作为存在的基本内容和组成部分，拉康对这一问题的思考更接近克尔凯郭尔，因为对后者来说，是焦虑从根本上揭示了人类个体存在的可能性。②

"目光" 与拉康意义上的 "存在"

"看" 与 "被看" 在精神分析的理论框架下与视觉或眼睛无关，它更多涉及的是在被欲望支撑的空间中主体就位的地点。拉康在《精神分析的四个基本概念》研讨班中明确指出，目光作为客体小 a，标记着主体的缺失："世界上的东西，在它们被看到之前，早已有目光在'看着'它们了。……通过以上内容你们可以理解，目光与客体小 a 是等同的。"③ 对于拉康来说，个体从出生开始就处在与彼者的关系中，但这个关系一开始并不利于个体从与彼者的融合中独立出来，因为这取决于后者（一般由母亲代表）是否在其无意识层面接受父姓的阉割，这意味着对 "整体的" 对象的享乐被限制在一定的范围之内，主体只能在对 "部分的" 对象的享乐中启动自身的欲望。换句话说，孩子出生之后，他/她与母亲之间通过 "目光" 的挂钩建立起关联，从此只能在 "看" 与 "被看" 拉开的身体的距离中去欲望母亲的注视，而母亲将不再在一种完整性中专属于 "我" 一人。

以对享乐的限制为代价，主体完成了符号性认同（identification symbolique）。只有通过被拉康称为对 l'Un 的符号性认同的过程，主体才

---

① Jacques Lacan, *Le Séminaire Livre X: L'angoisse,* Paris: Seuil, 2004, p. 74.
② Søren Kierkegaard, *Miettes philosophiques-Le Concept de l'angoisse*, Paris: Gallimard, 1990, p. 202.
③ Jacques Lacan, *Le Séminaire Livre XI: Les quatre concepts fondamentaux de la psychanalyse*, Paris: Seuil, 1973, p. 303.

能确立其作为主体的身份。① 相比于萨特的存在（être）概念，拉康区分了"存在"（existence）和"是/在"（être）。当他谈到"大彼者不存在"（inexistence de l'Autre）时，意味着作为"不可能性"的实在是存在的（existence de l'Un）。② "存在"（existence）相对于"是/在"（être）是逻辑上的前提和依据，它保证了所有被言说的东西可以通过"是/在"在大彼者中被串联起来，但这种串联以相互间根本的差异性为基础，而正是作为"不可能性"的实在的存在规定了将这一根本的差异性作为能指的法则和言说的前提。换句话说，"存在"作为不可能性的实在，它让言说成为可能，而言说的地点是"是/在"的地点，即大彼者的地点，也是主体去寻找他永远失掉的、"不可能作为它本身被找到的"客体小 a 的地点。

"目光"的精神病理学

一般来说，目光与欲望主体的建立有关，当上述目光的挂钩实现之后，主体的欲望可能会指向对大彼者目光的寻求，希望找回这一失掉的客体，但找到的永远不是真正想要被找到的东西，而只会启动重新寻找的尝试。因为目光只是作为一种残留、剩余，它标记着作为被划杠的主体（ $)只能在欲望着的状态下确立自身作为缺失的存在。

通过"目光"确立的主体的欲望可能通过某些特定的精神病理现象得以体现。比如在上述"窥淫癖"和"裸露癖"中，"看"与"被看"作为获得性满足的条件，从根本上修改了主体在欲望结构中的位置。值得一提的是，当以上所述的挂钩不能完成时，目光进入主体的历史可能是入侵性的或以迫害的方式。大量临床案例显示，尽管孩子与母亲之间目

---

① 参见 Jacques Lacan, *Le Séminaire Livre IX: L'identification*, leçon du 29 novembre et du 13 décembre 1961, inédit.
② l'Un 这一表述主要出现在拉康第十九个研讨班《或者更糟》（*Ou pire*）中，他用 Yad'lun 来表述（和补充）"没有性关系"，以及由它所代表的不可能性的实在而确立的能指的法则。

光的挂钩发生在"看"与"被看"的层面上，但其后来的表现形式有可能被泛化，比如妄想障碍患者向我们报告的"被监视"或"被窃听"等核心信念。我们也常常发现在幼儿孤独症那里，孩子回避他人的注视，往往基于对被目光吞噬的恐惧。[1] 此外，在母子其中一方或双方失明的情况下，两者关系的挂钩是通过声音（呼唤、回应等）的定位来确立的。

归根结底，孩子最初是否与母亲建立起关联，取决于孩子能否被母亲的欲望安顿在她的注视或声音中，而这一安顿属于同样被能指所规定的大彼者精神结构的范畴。从这个意义上讲，我们也许更能理解被拉康视为特殊的客体的"目光"在主体精神结构中占据的关键地位。

---

[1] 法国著名精神分析家香塔尔·大卫兹在其临床工作报告中指出，某些孤独症孩子害怕自己会像食物一样被他人的目光所吞噬，这种恐惧与他们自身的"身体意象"有关。参见 Chantal Lheureux Davidse, *L'autisme infantile ou le bruit de la rencontre*, Paris: Harmattan, 2003, p. 183-189。

同感现象和无意识的假设

——利普斯、弗洛伊德和拉康

余一文[①]/著

【摘要】 本文梳理了美学家西奥多·利普斯对弗洛伊德的两个影响：无意识的概念和同感。利普斯的动力的无意识概念开创了新的方法论，为弗洛伊德的无意识概念的提出打好了基础。同感对弗洛伊德意识和前意识层面的经济论和认同理论产生了影响，但是弗洛伊德没有将此方法推广到无意识层面，也没有将它作为精神分析的重要临床技术加以强调，而同感在同时期却成为胡塞尔现象学的参考对象。本文尝试论述，弗洛伊德在面对来自同一个作者的两种思想资源时，他取舍的依据与其说是这两种思想所针对的对象（前意识或无意识），不如说是这两种思想开启的不同的方法，弗洛伊德坚持的是只有假设和建构的方法适用于无意识。拉康重新拾起了这一问题，本文尝试在拉康对弗洛伊德的评述中提取如下观点：弗洛伊德选择了从"不确定"的地方建构无意识思想，而不是像现象学那样从确定的体验行为开始。

【关键词】 弗洛伊德；拉康；利普斯；无意识；同感

---

① 余一文，华南师范大学-日本京都大学联合培养博士生。

导言

在西奥多·利普斯（Theodor Lipps，1851—1914）的学说中，有两个概念对弗洛伊德造成了影响：一是动力性的无意识概念，它克服了布伦塔诺学派的描述心理学在研究方法上静态、主观的局限性，主张从动力性的角度去设想无意识的存在，这种方法论上的突破为弗洛伊德的无意识概念打下了基础；二是他的"同感"理论，利普斯认为我们只知道自己的意识，而要理解他人的体验，就需要通过同感（Einfühlung），弗洛伊德也在他的著作中使用了这个概念来说明对他人的理解和认同的机制。

在心理学中，Einfühlung 通常被翻译为"共情"，它是一个频繁出现的用语。在心理学语境下，还有"同理心""神入""感情同感"等译法。在国内外，研究共情在心理学和社会学中的作用的文献不计其数。"共情"对应的英语单词是 Empathy，《牛津英语词典》（OED）对这个词的解释是"将自己的人格投射到（并因此完全理解）思考对象中的能力"。英文 Empathy 的词源是德语 Einfühlung，在 1873 年首次被美学家劳伯特·费肖尔（Robert Vischer，1847—1933）使用，之后被利普斯引入心理学。这个概念也被胡塞尔引入现象学，用以解决"心理之物"的问题。在现象学的语境下，它指的是"对陌生主体及其体验行为的经验"，[①] 通常译为"移情""同感"等。

本论文统一将 Einfühlung 翻译为"同感"（但当它出现在已被翻译出版的著作或论文的标题时，则不更改原有翻译），考虑到以下几点：1."同感"的中的"同"与精神分析意义上的"认同"有相通之处，弗洛伊德经常在认同的意义上使用 Einfühlung，而且这个翻译在利普斯、胡塞尔的意义上也成立，它最能体现精神分析和现象学的交叉。2."共

[①] 艾迪特·斯泰因：《论移情问题》，张浩军译，华东师范出版社 2014 年版，第 21 页。

情"和"共感"的"共"给人相互协同甚至融合为一、不分彼此的印象，利普斯和弗洛伊德都没有在这个意义上使用这个词。3."移情"中的"移"强调了一个个体到另一个个体的过程，符合利普斯和弗洛伊德的使用，但是容易与精神分析的 Übertragung（本文将它翻译为"转移"）的一个常见翻译混淆，造成读者的混乱。4.用其他新的词语来翻译的话，也会给读者的理解造成负担，而且丢失了它与现象学的学理传承关系。

已经有一系列研究说明了利普斯与弗洛伊德无意识概念的关系，如玛丽亚·吉曼特（Maria Gyemant）指出了利普斯的无意识和弗洛伊德的无意识之间的传承性和差异性，前者的无意识是可以在某些时刻进入意识的，意识和无意识之间是连续的，而后者的无意识始终不能成为意识，因为压抑机制——弗洛伊德将它视为他最原创性的发明——的存在。因此，利普斯说的无意识相当于弗洛伊德说的前意识。[1]

值得关注的还有弗洛伊德与同感概念历史的研究，如乔治·皮格曼（George Pigman）的论文考察了这个术语的历史和弗洛伊德对该术语的使用史，重新评价了同感在弗洛伊德思想体系中的重要位置，[2]但路易丝·德·乌尔图比（Louise de Urtubey）对皮格曼提出了批判，认为同感并没有比"认同"多出什么新的东西，同感在弗洛伊德那里甚至不是一个概念，因为没有元心理学的参照。[3] 这个争论一方面对定位"同感"在精神分析和心理治疗中的位置非常重要，另一方面也关系到精神分析和现象学之间的关系。

同感这个术语在精神分析中引起的混乱，很大程度是由于它与无意识的关系不清晰。一方面，在理论层面上大部分作者忠于弗洛伊德，将同感定位至前意识的层面。但是在实际的临床中，区分前意识的认同和

---

[1] Maria Gyemant, Lipps et Freud. Pour une psychologie dynamique de l'inconscient, *Revue de Metaphysique et de Morale,* 2018, 97 (1), p. 47.
[2] George Pigman, Freud And The History Of Empathy, *The International Journal of Psycho-Analysis*, 1995, 76, pp. 237-256.
[3] Louise de Urtubey, Freud et l'empathie, *Revue Française de Psychanalyse*, 2004, 68(3), p. 853-865.

"无意识的感知"、"无意识的交流"又是困难的,这个问题弗洛伊德在世时就已经存在,如弗洛伊德曾与他的同事费伦奇、宾斯万格等人讨论过这个问题(后面会再提到)。

既然在名词层面上区分前意识和无意识容易陷入困难,而且会有将无意识误认为一种心理实体的危险,因此**本文尝试在方法的角度上区分意识–前意识层面的同感,以及针对无意识的假设**。笔者认为利普斯提出的**同感和无意识概念**,想要解决的问题是相通的——即如何认识自我意识之外的对象,但是在**方法上确有着重要的差异**:无意识在利普斯那里是一个动力性的概念,如果没有无意识,一些现象便无法被解释,我们只能去**假设**它的存在,所以无意识是假设性的而不是实体性的,即使弗洛伊德和利普斯的无意识概念内涵不同,但方法上是一致的。而利普斯的同感概念继承自其初次使用者费肖尔,指的是通过一种对他人的**模仿**,达到对他人体验的理解,而这并不是假设性的。

或许也是由于这两种方法的混杂,利普斯的思想在现象学研究中受到质疑。胡塞尔在《逻辑研究》的序言中将利普斯归为"心理学"的代表人物,[1]对于现象学来说,利普斯的方法的明见性是不彻底的,还受外在经验的预设影响,于是胡塞尔将自己创立的现象学与之拉开距离。[2]同样,胡塞尔的学生恩斯泰即使尝试去探索同感的现象学,也特意将同感与假设相区分,只将前者引入现象学的范畴。[3]

在弗洛伊德之后,重新强调同感和无意识过程所体现的方法论差异的是雅克·拉康,他在他的研讨班生涯的开始就让我们注意到弗洛伊德在分析技术中的特异点:让病人从梦中不确定的元素开始建构梦的思想,这一点让精神分析与现象学直观方法保持了距离。拉康将同感放到"反转移"的队列中,认为反转移只是"分析家偏见的集合"。[4]他曾将

---

[1] Edmund Husserl, *HUA XVIII*, Den Haag: Martinus Nijhoff, 1975, S. 64.
[2] 关于胡塞尔的现象学与心理学的关系,参见倪梁康:《意识问题的现象学与心理学视角》,《河北师范大学学报》(哲学社会科学版),2020年第2期,第1—17页。
[3] 艾迪特·斯泰因:《论移情问题》,张浩军译,华东师范出版社2014年版,第37页。
[4] Jacques Lacan, *Le Séminaire Livre I: Les écrits techniques de Freud*, Paris: Seuil, 1975, p. 31.

Einfühlung 翻译为 Connivence，即共谋、串通之意。① 美国的拉康派布鲁斯·芬克说："分析家如果表现出共感，就只强调了分析家和分析者共有的人类性，而不共有的人类性就被隐藏、无视了。"② "对于设身处地地感受、思考分析者的'内在生活'的分析家而言，事实就是如此。这样相信的话，就不能不无视与患者不同的部分、不能设身处地的特殊性。"③

北村隆人在近年出版的《共感与精神分析》中采用心理学史的方法，考察了在不同历史时期、不同国家、不同的精神分析流派间对共感（Einfühlung）的评价的变迁。④ 将同感作为理解对方的一种手段，它的直接性、便利性、实用性是显而易见的。而无意识并不是一种可以直观的概念，而是面对特异性的精神现象做出的假设，它并不是一次就可以完成的。从精神分析的历史中可以看到，同感始终是精神分析的"被压抑物"和"被压抑物的回归"，它始终构成着精神分析实践中重要的"外部性补充"（说外部是因为它外在于无意识领域）。弗洛伊德对同感这个词抱有警戒，但它在临床上的便利性和实用性让它被后人一再要求重视，这时候带来的可能就是对作为假设的无意识的遗忘。但另一方面，如北村从历史的案例中所看到的那样，如果始终对同感置若罔闻，就会陷入实践上的危机。

为了保留实践上的灵活，同时让无意识的领域不被持续地忘却，还要让精神分析和现象学能够产生有益的对话，有必要进一步说明同感与无意识在历史上和理论上的关系——本文前两部分将从历史角度出发，说明利普斯的同感和无意识概念，以及弗洛伊德对它们的接受。第三部分将从拉康对弗洛伊德文本的解读入手，从理论上说明同感与无意识的关系。本文的目的并不只是从精神分析的角度批判同感，而是通过说明同感和假设两种方法，明确现象学和精神分析的临界点/分界点，希望

---

① Jacques Lacan, *Écrits*, Paris: Seuil, 1966, p. 339.
② Bruce Fink, *Fundamentals of Psychoanalytic Technique: A Lacanian Approach for Practitioners*, New York: W. W. Norton & Company, 2007. p. 2.
③ 同上书，第 3 页。
④ 北村隆人：共感と精神分析，みすず書房，2021。

为能够沟通两者的思想的出现做出铺垫。

一、Einfühlung 的历史

1. 利普斯的同感概念

美学家罗伯特·费肖尔在 1873 年首次使用了德语的 Einfühlung，指的是将人类感受投向外部的世界。这词首次出现在费肖尔对薛尔纳（Scherner）的《梦的生活》（Das Leben des Traums）的评论中——这也是一本被弗洛伊德高度评价[①]的有关梦的著作。他写道："这里展示了在梦中，身体响应着某些刺激，将自身在空间的形式中对象化。存在着一种无意识地将身体自身以及灵魂的形式置于（Versetzen）对象的形式中的过程。由此我提出一个概念，称之为 Einfühlung。"[②]费肖尔认为身体与灵魂的形式和内容之间存在着模仿，如睡梦中的身体对刺激（内容）做出反应时，会将自身变成一个对象，即变成梦中的图像。而在觉醒状态中，当我们的内心受到外部刺激（内容）的时候，身体也就会做出模仿，产生相应的动作和情感。费肖尔的模仿论对后人产生了广泛的影响，受到影响的作者包括西贝克（Siebeck）、福尔克特（Volkelt）和施特恩（Stern）等。[③]

利普斯对这个术语作了相当大的调整，在利普斯那里，同感不是用来了解外部世界的，而是用来了解他人的。利普斯将知识的对象分为三

---

① 这本书被弗洛伊德称为"解释做梦是心灵的特殊活动的最原始和最深远的尝试。"参见 Sigmund Freud, The Interpretation of Dreams, *The Standard Edition of The Complete Psychological Works of Sigmund Freud*（以下简称为 S. E.）4, London: Hogarth Press, 1958, p. 83。
② Robert Vischer, Über das optische Formgefühl: Ein Beitrag zur Ästhetik, *Drei Schriften zum ästhetischen Formproblem*, Halle: Niemeyer, 1927, S. 4.
③ Hermann Siebeck, Das Wesen der ästhetischen Anschauung, *Psychologische Untersuchungen zur Theorie des Schönen und der Kunst*, Berlin: Dummler, 1875; Johannes Volkelt, *Die Traum-Phantasie*, Stuttgart: Meyer & Zeller, 1876; Paul Stern, *Einfühlung und Association in der neueren Ästhetik: Ein Beitrag zur psychologischen Analyse der ästhetischen Anschauung*, Hamburg: Voss, 1898.

类、物体、我们自身、他人，它们对应的认知手段有三种，分别是感官感知、内感知、同感。既然我们的感官和内感知都体验不到他人的感受，而只能体验到自己的感受，那么理解他人的体验就只能通过同感。同感并不是指一种简单的类比，比如看到了自己悲伤的表情，然后看到别人脸上一个类似的表情时，认为他在悲伤。利普斯继承了费肖尔的模仿理论，他写道："我对他人的生活体验的理解，一方面是基于模仿的本能驱力，另一方面是以独特的方式表达我自己的精神体验的本能驱力。"[①] 比如当我们看到某人脸上的表情时，我们开始本能地模仿它，通过模仿他者的表情，我们体验到相应的情绪（比如悲伤），并理解了他人的体验。虽然利普斯把同感的对象从外部世界转变为他人，但在同感的方法上，**我们依然能在他身上看到费肖尔模仿论的影子**。就这样，利普斯将同感引入了心理学领域，而且还主张把它拓展到社会学领域。他说："同感的概念现在已经成为一个基本概念，特别是美学的基本概念。但它也必须成为心理学的基本概念，而且必须进一步成为社会学的基本概念。"[②] 在今天，利普斯在某种意义上也算是如愿以偿了。

利普斯设想了同感的两种后果，如果同感体验与我的性格相符合，那么同感就是"积极和同情的"，在完全积极的同感中只有一个自我（Ich）存在。[③] 但是，如果同感的体验与我的性格不相符，就会有消极、反感的同感，我和对象相分离，"一个自我"发生分裂，从而认识到其他个体的存在。也就是说，只有在消极的同感中，只有感受到与我的本性不同的东西，才能感受到与自己不同的他者的存在。

胡塞尔利用了这个概念，试图解决主体间性的问题，《观念》时期的胡塞尔认为，要认识"心理之物"就必须通过对他人的同感。然而，利

---

① Theodor Lipps, *Ästhetik: Psychologie des Schönen und der Kunst. Erster Teil. Grundlegung der Ästhetik*, Hamburg: Voss, 1903, S. 193.
② Theodor Lipps, Das Wissen von fremden Ichen, *Psychologische Studien*, Bd.1, Leipzig: Engelmann, 1907, S. 713.
③ Theodor Lipps, Einfühlung, innere Nachahmung, und Organempfindungen, *Archiv für die gesamte Psychologie*, 1903, 1. S. 194.

普斯的同感概念并没有流行多长时间。舍勒在1913年大力抨击了这个概念，他认为给予我们的是我们自己和别人的经验之流；只有在后来我们才能区分经验是谁的，是我们自己的还是别人的。① 也就是说，舍勒指出主客对立的框架不是最初给予我们的现象，最初给予我们的仅仅是部分我与他人的经验之流，只有在此之后，区分主客体才是可能的。这个批判在思想史中的分量不言而喻，它预示了海德格尔、梅洛-庞蒂等重要思想家的主体间性思想。胡塞尔一方面采纳了舍勒这个批判，另一方面也考虑到在同感中他人只不过是"我"的一个投影，于是后来也采取了"同感的共同体""语言共同体"等新的概念来推进主体间性的问题。② 但是，这并不意味着同感对现象学来说不再重要，斯泰因于1913—1917年在胡塞尔的指导下完成的博士论文《论移情问题》澄清了现象学中移情的本质，对后世有很大的影响。同感对现象学的重要性近年在国内也得到重视，如2022年出版的《胡塞尔同感现象学研究》也深入探讨了这个概念，说明了这个概念对当代哲学的重要性。③

2. 利普斯的无意识概念

弗洛伊德受利普斯最直接、最明显的影响并不是同感的概念，而是无意识的概念。利普斯在1883年出版的《精神生活的基本事实》④中介绍了无意识的概念：精神生活中一些现象的意识特征只是一个过程的表象，而这个过程在大多数情况下是无意识的。在一个思想出现在意识中的每一时刻，将这一思想与过去的全部心理事件联系起来的一整套因果联系仍然是无意识的，但却是活跃的和动力性的。

---

① Max Scheler, *Zur Phänomenologie und Theorie der Sympathiegefühle und von Liebe und Hass. Mit einem Anhang über den Grund zur Annahme der Existenz des fremden Ich*, Halle: Niemeyer, 1913, S. 133.
② 关于这个问题，参考罗海波：《胡塞尔交互主体性理论的重新定位》（博士学位论文），吉林大学，2014年；马晓辉：《胡塞尔从主体性到主体间性的哲学路径》，《聊城大学学报》（社会科学版），2006年第2期，第60—61页；杨方：《胡塞尔：从主体性到主体间性》，《长沙理工大学学报》（社会科学版），1995年第1期，第37—39页。
③ 罗志达：《胡塞尔同感现象学研究》，广东人民出版社，2022年。
④ Theodor Lipps, *Grundtatsachen des Seelenlebens*, Bonn: Cohen, 1883.

要理解利普斯观点的重要性，还要联系当时主流的心理学观点。当时利普斯面对着两个势力的敌人，一是布伦塔诺学派的描述心理学，它将心理现象视为固定的、静态的实体；二是以威廉·冯特的学生古斯塔夫·费希纳为代表的心理物理学，主张将心理事实还原为生物过程。

众所周知，布伦塔诺曾是弗洛伊德和胡塞尔共同的老师。布伦塔诺学派认为，心理现象可以由两个基本特征来定义，一是它与对象有着意向性的关系，二是它们可以在内部意识中得到确证。由这两个特征出发，每一个心理现象也是一种有意识的现象，纯粹的描述性心理学没有无意识的概念。因为即使存在无意识的心理现象，也没法进行描述，只能进行**因果关系的推断**。推断无法描述的心理现象违背了"基于经验的心理学"的主张，所以布伦塔诺学派将无意识和"推断"的方法论一起驱逐出描述性心理学的领域。[1]

利普斯认为，像布伦塔诺这样的纯描述性心理学并不能真正宣称具有科学的地位，因为它只能接触到主观的意识事实，只能接触到"我"的意识，而不能触及我之外的其他人的意识，也不能触及我的意识之外的领域。要理解我的意识之外的领域，就离不开研究将心理现象相互联系起来的因果关系。而这种因果关系只能在**动力**的视角中看到。利普斯的"动力"指的是意识和无意识的关系。他设想在有意识的表象的内容背后，存在着推动这些内容到达意识的无意识过程，意识不是静态的实体，而是由它背后的无意识过程推动的。[2] 在利普斯这里，无意识的假说能够说明过去的心理事件与当下的关系："任何现在的心理事件通常或多或少都是由过去的意识经验决定的，而这一点可以在这些过去的意识

---

[1] Franz Clemens Brentano, *Psychologie vom empirischen standpunkt*, Leipzig: Felix Meiner Verlag, 1924; Maurice de Gandillac, éd. Jean-François Courtine, *Psychologie du point de vue empirique*, Paris: Vrin, 2008, livre II, chap. II.

[2] 弗洛伊德著名的"冰山隐喻"也可以在利普斯那里找到："（无意识）并不作为偶然的资料出现，而是作为心理生活的一般基础。瞬间的精神生活，这是我在其他地方有机会使用的形象，就像一座巨大的山脉浸入大海，其中只有几座最高峰在水面之上。" Theodor Lipps, Das Begriff des Unbewussten in der Psychologie, *Schriften zur Psychologie und Erkenntnistheorie*, F. Fabbianelli (Hg.), Bd. 1, Würzburg: Ergon-Verlag, 2013, S. 346.

经验不需要存在于我当下的意识的情况下做到。"① 利普斯举了一个例子，当一个句子到达意识的时候，立刻有一种拒绝的感觉，但是拒绝的明确理由并不能在意识中找到，尽管这些理由曾经成为过意识，但在做出拒绝的判断的时候，这些理由依然在意识之外。② 利普斯没有像布伦塔诺学派那样将无意识驱逐出研究的领域，而是根据意识不能解释的现象来推断无意识的存在。

二、弗洛伊德与利普斯

弗洛伊德对利普斯的崇敬持续了 40 年之久。弗洛伊德在读了《精神生活的基本事实》之后表示，他怀疑利普斯是"当今社会头脑最清晰的哲学作家"。③ 直到 1930 年代，弗洛伊德依然把利普斯作为无意识的先驱提及。④ 吉曼特指出了利普斯的无意识和弗洛伊德的无意识的关系，利普斯的无意识是可以在某些时刻进入意识的，意识和无意识之间是连续的，而弗洛伊德的无意识由于压抑机制——弗洛伊德将它视为他最原创性的发明——的存在，始终不能成为意识。⑤ 因此，利普斯说的无意识相当于弗洛伊德说的前意识。而弗洛伊德对同感的接受又是怎么样的呢？它与无意识有什么关系？借由这些问题，本文尝试提出弗洛伊德从

---

① 弗洛伊德著名的"冰山隐喻"也可以在利普斯那里找到："（无意识）并不作为偶然的资料出现，而是作为心理生活的一般基础。瞬间的精神生活，这是我在其他地方有机会使用的形象，就像一座巨大的山脉浸入大海，其中只有几座最高峰在水面之上。" Theodor Lipps, Das Begriff des Unbewussten in der Psychologie, *Schriften zur Psychologie und Erkenntnistheorie*, F. Fabbianelli (Hg.), Bd. 1, Würzburg: Ergon-Verlag, 2013, S. 346.
② 同上。
③ Sigmund Freud, *The Complete Letters of Sigmund Freud to Wilhelm Fliess 1887–1904*, trans. & ed. Jeffrey Moussaieff Masson, Cambridge, MA: The Belknap Press, Harvard Univ. Press, 1986. p. 324.
④ Sigmund Freud, An outline of psycho-analysis, *S. E.23*, London: Hogarth Press, 1964, p. 158; Sigmund Freud, Some elementary lessons in psychoanalysis, *S. E.23*, London: Hogarth Press, 1964, p. 286.
⑤ Maria Gyemant, Lipps et Freud. Pour une psychologie dynamique de l'inconscient, *Revue de Métaphysique et de Morale*, 2018, 97 (1), p. 47.

利普斯那里接受的方法论的遗产。

1. 弗洛伊德对同感的接受

弗洛伊德在 1905 年出版的《诙谐及其与无意识的关系》中第一次使用同感，它发生于两种情况：一种情况是，当听到一个人说出一些很天真的话，我们会像听到一个笑话那样发笑，这是因为在说话的人并没有审查和抑制他说的内容（就像"童言无忌"，以一种天真的态度说出了大家不敢讲的内容），这时我们同感到了说话的人，"这样，我们就会考虑到说话者的心理状态，把自己放在其中，并试图通过与自己的心理状态相比较来理解它。正是这些同感和比较的过程，导致了我们通过笑来释放开支的节省"。① 也就是说，通过同感说笑话的人或说天真的话的人，就能短暂地像这个人一样不需要有所抑制，节省了抑制的心理开支，而这部分开支以笑的形式释放出来。另一种情况是关于喜剧，喜剧演员有两种方式可能让我们发笑，要么是他做出一些很笨拙、滑稽的行为（比如摔倒），这时候我们因为自己完成这些行为的消耗比他小而发笑，要么就是演员做出了一些巧妙的表现来节省了能量，关键是我的消耗与我通过同感所估计的他人的消耗产生了差异，这种节省让我们发笑。② 在这本书里，同感服务于经济原则，即以精神消耗的节省为目的，为了做到这一点，就必须通过同感对他者做出评估。弗洛伊德强调的是同感评估的侧面，而不是利普斯和现象学意义上体验的侧面。

在其他一些地方，弗洛伊德将同感用作"认同"的同义词。如在《群体心理学与自我的分析》中："在我们理解他人那里对我们的自我总是陌生的东西方面，同感起着最大的作用。"③ 在《抑制、症状和焦虑》里他说："只有通过同感，我们才知道除我们自己以外的精神生活的存

---

① Sigmund Freud, Jokes and their Relation to the Unconscious, *S. E.8*, London: Hogarth Press, 1960, p. 186.
② 同上书，第 195 页。
③ Sigmund Freud, Group Psychology and the Analysis of the Ego, *S. E.18*, London: Hogarth Press, 1955, p. 108.

在。"① 在《图腾与禁忌》里他说:"这位母亲不仅仅是理解她女儿的情感,她还把它们变成自己的情感。"② 可见弗洛伊德自始至终坚持利普斯的观点,即同感使我们能够理解他人,意识到他们有和我们一样的自我。弗洛伊德在这些地方使用的同感并不是持续地代入对方,而只是为了理解和评估他人,然后回到与对方分离的状态中,这与让自我和他者合而为一的状态不相同。

纵观这些引述,弗洛伊德都仅仅把同感限制在前意识的层次上。同样,同感在分析中对他人的理解的作用,还不涉及无意识的层次,也没有在技术层面上扮演关键的作用。尽管他在《治疗的开始》中表示,在治疗中"如果从一开始就采取同感以外的任何立场,例如道德化的立场,当然有可能失去这第一次成功"。③ 但是,这只是在初始阶段为了让病人进入分析治疗的态度,没有涉及无意识层面,远不如阻抗、转移、解释等临床现象重要。

在技术的问题上,弗洛伊德有一段著名的文字可能会让人想起同感,他说分析家的"无意识应该能容许病人展现其无意识,就好比电话接收端之于呼叫端。同样,正如接收器将重新把声波转换为电话导线的电波,医生的无意识能够在病人抵达他那里的无意识衍生物的帮助下,传达出重组该诸联想之源起的无意识。"④ 宾斯万格曾经向弗洛伊德询问过这句话的含义,弗洛伊德在1925年2月22日的信中回答说,他是在描述性地使用"无意识",从动力学上讲,"前意识"会更准确。⑤ 也就是说,弗洛伊德虽然使用了电话来比喻分析中的交流,但是他对是否存在"无

---

① Sigmund Freud, Inhibitions, Symptoms and Anxiety, *S. E.20*, London: Hogarth Press, 1959, p. 104.
② Sigmund Freud, Totem and Taboo, *S. E.13*, London: Hogarth Press, 1955, p. 15.
③ Sigmund Freud, On beginning the treatment, *S. E.12*, London: Hogarth Press, 1958, pp. 139-40. 英语标准版把这里的 Einfühlung 翻译成了 sympathetic understanding。
④ Sigmund Freud, Recommendations to physicians practising psycho-analysis, *S. E.12*, London: Hogarth Press, 1958, pp. 115-116.
⑤ Sigmund Freud & Ludwig Binswanger, *Briefwechsel,* 1908-1938, Frankfurt am Main: Fischer, 1992, S. 202.

意识的交流"抱有非常谨慎的态度。

在别的地方，弗洛伊德将可以像打电话那样交流的东西放在了前意识的层次上，弗洛伊德的弟子费伦奇（Ferenczi）在论文《精神分析技术的弹性》中提到"同感现象"，他说："我得出的结论是，这首先是一个心理学策略的问题，什么时候以及如何告诉病人一些特定的事情，什么时候应该认为他所提供的材料足以得出结论，应该以什么形式向病人介绍这些材料，应该对病人意外的或令人困惑的反应做出什么反应，什么时候应该保持沉默，等待进一步的联想，以及在什么时候进一步保持沉默只会给病人带来无用的痛苦，等等。正如你所看到的，使用'策略'这个词只使我能够将不确定性减少到一个简单而适当的公式。但什么是'策略'？答案并不十分困难。它是一种同感能力。"[1] 弗洛伊德这样评论这篇文章："虽然你所说的'策略'是非常正确的，但在我看来，这种形式的让步也是值得怀疑的。没有策略的人都会在其中看到对武断的正当化，也就是说对主观因素，对尚未克服的个人情结的正当化。事实上，我们所做的，是考虑我们的干预所引起的各种反应，尤其重要的是对局势中的动力因素的估量。这种评估自然没有规则，分析家的经验和常态将是决定性的。对于初学者来说，当然应该把'策略'从其神秘性中剥离出来。"[2] 弗洛伊德认为，同感确实考量和评估来访者的状态，起着分析家调整干预策略的作用，但他提醒道，分析家没有解决个人情结会影响使用同感这种方法做出的判断，同感这个策略对新手来说太具有神秘性。弗洛伊德并没有将同感放到他的无意识理论中。对他来说，同感仅仅用于说明对他人的认同、理解和评估。

在意识和前意识的层次上，弗洛伊德和胡塞尔对利普斯的接受和运用是一致的。弗洛伊德对同感的一个担心也与现象学类似：现象学担心

---

[1] Sándor Ferenczi, The elasticity of psychoanalytic technique, *Final Contributions to the Problems and Methods of Psycho-Analysis*, New York: Basic Books, 1955, p. 89.
[2] Ilse Grubrich-Simitis, Six letters of Sigmund Freud and Sándor Ferenczi on the interrelationship of psychoanalytic theory and technique, *The International Journal of Psychoanalysis*, 1986, 13. p. 271.

的是在同感中，先要将他人作为统觉的对象，这样一来，所谓的他人仅仅是我的内在投射，这样就会走进唯我论的困境。而弗洛伊德担心，当我们认为自己在同感时，我们可能是把自己的感觉投射到对方身上，而这会受到未解决的个人情结的影响。

2. 作为弗洛伊德方法的假设

弗洛伊德提醒同感会受个人情结的扭曲，同感中感受到的他人，很可能仅仅是个人情结的投射。而对于无意识，他有着加倍的警觉性，我们能够意识到的，仅仅是经过变形和扭曲的部分，无意识就定义来说是不可进入的，这构成了弗洛伊德的无意识概念与利普斯不同的地方。尽管我们无法直接感受到他者，也无法直接认识到无意识，但这并不意味着他者和无意识都是不合法的研究对象。弗洛伊德正是在方法论上受惠于利普斯，摆脱了描述性心理学和还原论的桎梏，精神分析可以将自身建立在假设而不是任何还原论的实体之上。弗洛伊德在《论无意识》中写道："这种存在着无意识的假说是完全合法的。这是因为当我们提出这种假说的时候，一点也没有脱离人们所习惯的那种普通思维方式。意识只能使我们每个人知道自己的心理状态，而我们对别人意识状态的了解，就只能靠类比推导出来，或者说只能靠观察别人身上相似的说法和行动方式而达到对别人行为和意识的理解。"[①]

对无意识和他者的意识状态，都需要进行推论。虽然我们不拥有另外一个人的意识，不能直接经验他的经验，但是我们拥有和他一样的意识，所以我们可以通过自我的意识来推测与自己相似的他者的意识。而无意识则需要通过"没有无意识的话就无法说明"的例子间接地证明，通过这些例子，说明"无意识的假设是正当而且必要的"。[②]

无意识的假说"一点也没有脱离人们所习惯的那种普通思维方式"，也就是从已知向未知推论的思维方式。弗洛伊德在这里认为，无意识的

---

① Sigmund Freud, The unconscious, *S. E.14*, London: Hogarth Press, 1957, p. 169.
② 同上。

假设和他者意识的假设存在一致性。但是此时弗洛伊德所说的"类比"已经超出了利普斯同感的范畴。在利普斯那里，对他者的理解并不是通过类比，而是通过内在模仿，并不是通过我和他人共同表情推测对方表情的意义，而是通过模仿对方的表情体验对方的体验。可找到的弗洛伊德对"模仿说"的引用痕迹不多。无论弗洛伊德是误解了利普斯，还是在这里没打算参考利普斯，都能说明在弗洛伊德对无意识的构想中，首要的并非体验而是假设（和他在《诙谐》中强调同感的评估功能是一贯的）。或者说，正是因为"我在自己身上所看到的许多行为和表现无法同自己所能觉察到的自我心理活动联系起来"，[1] 构想无意识的存在才是正当和必要的。

对于弗洛伊德来说，同感的当下体验的欺骗性，容易受个人情结的影响。利普斯虽然也强调了存留于无意识的过去经验对当下意识的影响，但他没有将这一点贯彻到他更著名的同感的理论中，没有关注此时此地的同感是如何被过去经验所扭曲的。正是基于这一点，弗洛伊德与同感的方法分道扬镳。在对无意识的假设中，他重视的并不是那些直接的、鲜明的体验，而是那些可疑的、不确定的体验。

三、拉康对弗洛伊德的再解读

1. 话的不确定性

接下来，我们将考察拉康对弗洛伊德的阅读，来说明弗洛伊德对无意识的假设与怀疑、不确定性的关系。首先我们把《诙谐及其与无意识的关系》中的一个笑话当作例子：一个犹太人问另一个犹太人说："你上哪儿？"对方答："我要去克拉考"，他说的是真话。但这个疑心重重的人大骂："你这个大骗子。你说你要去克拉考，是为了让我以为你是要去伦

---

[1] Sigmund Freud, The unconscious, *S. E.14*, London: Hogarth Press, 1957, p. 169.

贝格。现在我明明就知道你要去克拉考，你为什么要骗我？"①弗洛伊德将这个笑话称作"怀疑论"的笑话，它"利用了我们最常见的概念中的不确定性"。②

这个笑话在拉康派那里有两个常见的注释角度。一是以此为例，说明说（énonciation）和话（énoncé）的分离，③"我要去克拉考"这句话在话的层面上与事实相符，但是第一个犹太人关注到的是"说"的维度：既然他要去的是克拉考，那么他为什么要对我说去克拉考呢？他这样说为的是什么呢？这句话相当于"我在说谎"，在话的层面上这是自相矛盾的，但是在说的层面上它却能起到某种效果（比如迷惑听的人）。"我要去克拉考"和"我在说谎"这句话（énoncé）中的"我"，和将这句话说出（énonciation）的"我"是不同的。一般而言，即使话的内容是清晰的，说话的"我"的意图也总是模糊的，说出这句话的"我"可能在欺骗。而在这个笑话里，第一个犹太人很快就从这种"你是否在骗我？"的怀疑转入了"你就在骗我！"的确信。

第二种解读就是将第一个犹太人看作一个偏执狂的例子。如沈志中对这句话做出的拉康式解读："在认为对方可能骗我的前提下，将自己的想法牵扯进对方的话语。"④第一个犹太人在听到第二个犹太人的回答之前，就知道他在骗自己，也就是说"主体以一种反转的方式从他者那里收到自己的信息"。⑤他早就知道对方会骗自己，无论对方说什么，他都会从对方那里听到原来自己的想法。这个笑话中的"怀疑论"是指一种偏执狂的怀疑论，他对具有欺骗可能性的话语抱有怀疑，但是对自身先入为主的想法和**体验行为**本身并不怀疑。之所以"正常"的情况下可以在具有一定不确定性的情况下暂且信任他人的"话"，是因为大他者对

---

① Sigmund Freud, Jokes and their Relation to the Unconscious, *S. E.8*, London: Hogarth Press, 1960, p. 115.
② 同上。
③ Jacques Lacan, *Le Séminaire Livre XI: Les quatre concepts fondamentaux de la psychanalyse*, Paris: Seuil, 1973, p. 127-128.
④ 沈志中：《永夜微光》，台湾大学出版社2019年版，第22页。
⑤ Jacques Lacan, *Le Séminaire livre III: Les psychoses*, Paris: Seuil, 1973, p. 47.

"良好信用"（bonne foi）的担保，① 担保了话在一定范围里面的可信性。而偏执狂在缺少这个担保的前提下，对"话"的怀疑会迫使他仓促地到达对他所体验到的"说"的确信。

这个体验也可以用利普斯所说的同感理论去解释，可以说主体通过一种内在的模仿冲动理解了另一个人，理解了他的情感和思想（比如想要欺骗我这件事），甚至绕过了语言的层面，但是在这个例子里，这种同感不再是暂时的、试探性的，而是自明的、不可置疑的、稳固的，这种理解可以说是偏执式的。② 但是当我们用同感理论去解释的时候，这里面只有一种直接的理解，并不包含从怀疑到确信的动力性过程——这种过程只在精神分析的理解中存在。精神分析不是从确信、体验出发，而是从怀疑出发的，接下来一部分就以弗洛伊德《转移的动力学》中的转移现象和拉康的评论为例说明这一点。

2. 阻抗-转移现象：作为精神分析奠基点的不确定性

精神分析的自由联想法甚至谈话疗法本身是在癔症的临床中发明出来的，癔症患者有部分创伤回忆不能被直接回想起，但是她们的关键问题在症状中得到表达，某些被压抑的表象所负载的兴奋量转换成躯体症状，然后自我从矛盾中解脱，谈话疗法的方法则是反向转换，将身体的兴奋重新转换成言语。③ 但是，病人在分析中会出现对回忆的阻抗——就是说自由联想停滞，兴奋转换成言语的通路阻断了——而阻抗的一种形式便是转移（Übertragung）：正是在这里转移出现了，病人开始想到医生的形象，比如分析家的风格或面孔，或他的家具，或分析家那天欢迎他的方式等等。"转移-观念在其他联想之前进入意识，因为它满足了阻抗。"④

---

① Jacques Lacan, *Écrits*, Paris: Seuil, 1966, p. 525.
② 之所以这个笑话让我们发笑，既是因为他消耗得比我们多（他设想了别人用真话欺骗他的可能性），也是因为他消耗得比我们少（他直接就理解了别人想欺骗他的想法）。
③ Sigmund Freud, The Neuro-Psychoses of Defence, *S. E.3*, London: Hogarth Press, 1962, pp. 43-61.
④ Sigmund Freud, The Dynamics of Transference, *S. E.12*, London: Hogarth Press, 1958, p. 103.

弗洛伊德的立场并不是把阻抗单纯看作回忆的障碍，他最终没有采纳可以绕开阻抗的催眠法，因为正是通过阻抗才能找到**被压抑物的踪迹**。也就是说，回想的失败并不是一个单纯要回避的东西，而是可以让人推测**"致病的观念内核"**的存在。他假设记忆的内容按照阻抗程度围绕着致病核心的同心层，每穿过一层进入更靠近核心的另一层时，阻抗也会有所增强。① 阻抗和转移对于弗洛伊德是一个动力学②的问题，它涉及力与力之间相互作用（如推动自由联想的力和阻抗的力）的关系。病人的自由联想越是接近致病性的核心，阻抗的力就越大，这种力让主体的情感从致病因的观念那里分离，转移到医生（分析家）的形象上，并出现对分析家本人的情感。弗洛伊德清楚这种情感并非是医生的个人魅力足以解释的，它的本质无法通过直观来认识，**只能够假设这里面压抑机制在运作**，让情感和表象分离并产生了新的"错误连接"。③ 正是由于这个原因，阻抗对于精神分析实践来说有着重要的地位，它的存在让主体不得不去假设一种不为主体所认识的心理过程，即无意识的心理过程。

虽然无意识的机制不能被直观，但是它并不是不可以被推测和假设，如刚才的引述，它"一点也没有脱离人们所习惯的那种普通思维方式"。拉康以一种更为现象学的方式描述阻抗的场景："在他［分析者］似乎已经准备好讲出一些比他以前能够实现的更真实、更热烈的东西的时候，在某些情况下，主体打断了自己，并发出了一个声明，可能是这样的：我突然意识到你的存在的事实。"④

当主体将要说出一些从没说出的话时，自由联想中断了，分析者开始想到关于分析家的事情。这里涉及的是一种转移现象（Übertragungsphänomene），"主体将它体验为一种不容易被定义的'在

---

① Sigmund Freud, Studies on Hysteria, *S. E.2*, London: Hogarth Press, 1955, p. 289.
② 弗洛伊德早年是生物学和解剖学学者，而当年德国的生理学还奠基在物理学的模型上，既是医生又是物理学家的亥姆霍兹对弗洛伊德早期心理模型的建立有着很深的影响。参见 Jessica Tran The, Pierre J Magistretti & Francois Ansermet, The epistemological foundations of Freud's Energetics model, *Frontiers in Psychology*, 2018, Vol. 9, Issue OCT.。
③ Sigmund Freud, Studies on Hysteria, *S. E.2*, London: Hogarth Press, 1955, p. 302.
④ Jacques Lacan, *Le Séminaire Livre I: Les écrits techniques de Freud*, Paris: Seuil, 1975, p. 52.

场'（présences）的突然感知……这不是我们常有的感觉。可以肯定的是，我们都被所有这些在场所影响，因为我们考虑到这些在场，但是没有实现它们本身，世界才有了它的连续性，它的密度，它活生生的稳定性……我们不能长时间地栖居于这种状态之中。"[1] 拉康将转移现象理解为对某种平时难以察觉、难以忍受的在场的突然感知。这种感知中断了分析者的言说，让他想到了分析家的形象。也就是说，在一些在这之前无法言说的东西即将结晶成言语的时候，另一种更加确定的感知中断了这个过程。

这种无法言说的东西伴随着一种不确定性的体验，如果不被突然的感知所中断，它最终会结晶成词语。我们可以在拉康随后关于梦中的不确定性的讨论中说明这一点：拉康认为主体提供的梦越具有不确定性，就越有意义。比如说在《诙谐及其与无意识的关系》中，病人只记得梦中的一个词：海峡，这个单一的碎片"围绕着不确定的光晕"。[2] 后一天，病人回想起关于这个词的一个笑话：一个英国人说"崇高和荒谬只有一步之遥"，法国人回答："是的，加莱海峡"。加莱海峡就是今天的英吉利海峡，法国人以这种方式讽刺他们地缘上的邻居英国人的"荒谬"。这个梦也是为弗洛伊德而准备的，这位持怀疑态度的病人以前赞扬过弗洛伊德的诙谐理论的优点，然后在她的话语犹豫不决、没有方向的时刻，她想起了这个梦——转移现象出现了，转移让她说出了她从没有说出过的话，这句话传递了对弗洛伊德的嘲笑。[3] 但是这其中的关键，并不是梦的转移性"意义"，而是"海峡"这个能指的结晶。我们并不能肯定关于弗洛伊德的联想与"海峡"这个词有一种决定性的关系，不能说病人的这个梦就只是要表达对弗洛伊德的嘲笑。这个词语和联想的意义，依然只是一个不确定的假设，而正是这个假设带来了重构无意识思想的可

---

[1] Jacques Lacan, *Le Séminaire Livre I: Les écrits techniques de Freud*, Paris: Seuil, 1975, p. 53.
[2] 同上书，第 56 页。
[3] 梦以一种简练的方式呈现了在清醒生活中需要抑制的思想，套用弗洛伊德的理论，正是这样的"节约"让我们发笑。

能。所以我们可以说，**与将自身奠基在确定的、明见的体验行为上的现象学不同，精神分析将自身奠基于不确定性的假设之上。**

整理一下，在转移现象中涉及了两方面：1. 世界的连续性、稠密度、活生生的稳定性的呈现，会具现化为分析家的形象。可以说分析者对分析家的同感就发生在这个层面上，因为在这个时候分析者也尝试通过同感（对分析家的表情、动作等的内在模仿）去理解分析家的想法和体验（比如对自己的看法）；2. 围绕着不确定的光晕的能指碎片的出现，伴随着一些建构解释的可能性。正是在这个意义上，拉康区分了想象界和象征界。同感仅仅在想象中发生，它并不总是让人舒适的，如利普斯所说，同感的结果有可能是体验到与我的性格不一致的结果。而精神分析需要超越想象的层面，在不确定的层面，以能指的碎片去构建无意识的思想。

欲望不是实体性的，它也只能被假设。拉康指出，弗洛伊德所说的梦思不只是思想，还包含着欲望。① 在上面的梦中，可以解读出它包含的欲望有揭示病人对弗洛伊德的嘲笑（通过联想的方式揭示），以及隐藏他的嘲笑（将这个信息凝缩在梦中的一个碎片上，遗忘了其他内容，信息变得极其不确定）。这就是拉康所说的怀疑功能的两面性：被怀疑的思想"一方面是应该被隐藏的东西，同时也是应该被揭示的东西"。② 梦中的欲望同时包含这两个层次，既希望向他者揭示，也希望向他者隐藏。对于精神分析家来说，他预设的不再是一个具有双重意图（说真话和说假话）的主体，不是另一个意识的存在，而是设想一种在主体的意识之外，不能被他所理解的无意识。无意识对于主体来说是大写的他者，主体无法确定大他者话语所包含的欲望——到底是希望向他揭示，还是希望向他隐藏呢？至少，弗洛伊德在这样的欲望之谜中确定了作为大他者的无意识的存在。这个过程包含了从怀疑到确定的飞跃。

---

① Jacques Lacan, *Le Séminaire Livre I: Les écrits techniques de Freud*, Paris: Seuil, 1975, p. 56.
② Jacques Lacan, *Le Séminaire Livre XI: Les quatre concepts fondamentaux de la psychanalyse*, Paris: Seull, 1973, p. 36.

3. 从怀疑到确定

拉康在 1964 年的第十一期研讨班——这是他在巴黎高师面对众多哲学系学生开设的第一个研讨班——中声明了无意识与本体论的关系："无意识的裂缝（béance），我们可以说它是'前本体论'的。我坚持这种被遗忘的特性——它以一种并非没有意义的方式被遗忘——无意识的第一次出现，并不属于本体论。事实上，最初向弗洛伊德，向发现者们，向那些迈出第一步的人展示的东西，或者向依然在分析中注目于无意识的固有层次的人所展现的东西，它既不是存在，也不是非存在，而是没有被实现的东西。"① 拉康这个宣言表明，无意识并不是哲学（或者说形而上学）意义上的存在，也不是诸如"心""精神"之类的形而上学实体。无意识本身是不可抵达的，无意识要实现自身，就必须被说出，也就是在语言中构建关于它的假设。只有在语言中我们才能假设梦、口误、症状等现象背后的意义。但是，一旦无意识在语言中作为固定的概念被谈论，它又马上被遗忘，于是无意识的功能只能通过"裂缝"出现。

在怀疑的问题上，拉康认为这是笛卡尔和弗洛伊德的交汇点，我们也可以说，这是精神分析和现象学的交汇点："笛卡尔告诉我们：因为我在怀疑的事实，我确定我在思考……以一种非常相似的方式，弗洛伊德当他在怀疑的时候——因为他们在他的梦里，他一开始是那个怀疑的人——怀疑确保了一个思想就在那里，那就是无意识的思想，它通过自身的缺席得到揭示。"②

笛卡尔在《第一哲学沉思录》里怀疑我的所有知识可能都是上帝对我的欺骗，他说："甚至，正如我不时地判断其他人在他们认为自己非常肯定地知道的事情上犯了错误，我应该同样会被欺骗，每当我把二和三相加，或数一个正方形的边，或对更简单的东西做出判断时，如果能想

---

① Jacques Lacan, *Le Séminaire Livre XI: Les quatre concepts fondamentaux de la psychanalyse*, Paris: Seuil, 1973, p. 31-32.
② 同上书，第 36 页。

象出任何更简单的东西的话，我也会被类似地欺骗？"① 而笛卡尔最终找到的一个确定的支点是"我思"这个事实："但是，有一些欺骗者或其他什么，极其强大和狡猾，一直在故意欺骗我。毫无疑问的是，我也是存在的，即使他在欺骗我；他可以尽情地欺骗我，但只要我在思考我是什么，我就永远不会什么都不是。"②

在笛卡尔那里，即使上帝真的在欺骗我，我在思考这个事实也是确实无疑的，对一切思想的怀疑让他投身到一个确定性的事实。这开启了胡塞尔现象学的道路。而弗洛伊德同样抱有这个怀疑，到底那些不确定的梦和症状在说些什么呢？我对他们的理解是否也受到了某些个人情结所导致的偏见的影响？弗洛伊德找到的确定的支点并不是"我在思考"，而是"无意识思想"：不是我，而是无意识在思。即使我不确定梦和症状在说什么，即使我的推断是错误的，无意识思想存在这件事依然确实无疑，否则这些现象无法解释。这样一种无意识的假设支撑了精神分析的实践，弗洛伊德和追随他的精神分析家们都以无意识存在作为确定性的支点：在一切扑朔迷离、难以名状、无法确定的临床现象背后，有着意识无法触及的无意识的运作。

无论是笛卡尔还是弗洛伊德，他们都经历了从怀疑到确定的飞跃。这里面涉及一个逻辑推理的过程，涉及拉康所说的时间的仓促性，③ 他们必须在不充足的"理解的时间"过渡到"结论的时刻"。因为在思考"我有没有被欺骗？"或"梦和症状等无法理解的事情是怎么回事？"的时候，不能确定任何事情，这种巨大的不确定性将笛卡尔推向"我思"这个无可置疑的事实，它在一切既定的知识之前，无论有没有被欺骗也不能改变这个事实；而将弗洛伊德推向"无意识"存在，"无意识"命名了在我身上运作而不为我所理解的领域。这与同感-模仿的直接理解有本

---

① René Descartes, *Œuvres de Descartes, Vol. 7: Meditationes de Prima Philosophia*, Paris: Vrin, 1904, p. 21.
② 同上书，第25页。
③ 关于逻辑时间，参见 Jacques Lacan, Le temps logique et l'assertion de certitude anticipée, *Écrits*, Paris: Seuil, 1966, p. 197-213。

质的不同，因为同感不需要预设从怀疑到确信的逻辑时间过程。

结论与讨论

本文梳理了从利普斯到拉康无意识概念的变迁：

利普斯开创了将无意识作为假设的先河，将无意识看作一个动力性的过程，与将心理看作静态实体的布伦塔诺描述性心理学派拉开了距离；但另一方面，利普斯在著名的同感概念上，继承的还是费肖尔的模仿理论，即通过模仿的本能驱力去理解他人。他的无意识概念是假设性的，而同感理论更多是直接模仿。

弗洛伊德将利普斯视为无意识概念的先驱，多次表达了对他的敬意。弗洛伊德吸收了利普斯"假设"的方法论来建立无意识的概念，也吸取了同感概念作为理解他人的手段，但是他将它局限在前意识的范畴里，并在临床使用上抱有谨慎的态度。弗洛伊德引入的是一种怀疑的方法，即使我通过同感得到的对他人的理解仿佛是自明的、确定的，但在更高的层次上，我的感受依然有欺骗我的可能性。**于是弗洛伊德选择了从"不确定"的地方建构无意识思想，而不是像现象学那样从确定的体验行为开始。**

拉康在第一个研讨班中进一步明确了弗洛伊德的分析技法的关键，以想象和象征的维度区分了转移现象中的在场和笼罩着不确定性的能指碎片，前者是一种直接的知觉，而后者需要分析的建构。在第十一个研讨班上，拉康将从怀疑到确定作为笛卡尔和弗洛伊德的交汇点，弗洛伊德正是在一种逻辑的匆忙中确定了"无意识存在"，但一旦从假设过渡到实体概念，无意识又面临着被遗忘的可能。只有不断返回无意识的"现场"，在那些难以解释的特异的症状中，才能避免将无意识的概念形而上学化。

拉康将弗洛伊德的方法巧妙地嫁接于笛卡尔的方法，很好地说明了无意识的前本体论性质。但在实际的历史上，很多证据表明弗洛伊德的思想受惠于利普斯。回到利普斯不只是要重新回到无意识动力性的、非实体性的起源，更有机会去重新思考和对比从同感中直接得到的自明性的体验，以及从怀疑中到达的确定性这两条路径。

精神分析从同感理论那里吸取了很多重要的临床启发，现在"共情"已经成为心理治疗的重要课题。哪怕是对此持强烈异议的拉康派分析家（至少是参照拉康的分析家），也不无重视一种直接的无意识的交流，比如皮埃尔·马蒂（Pierre Marty）和玛丽利亚·爱森斯坦（Marilia Aisenstein）察觉到"边缘人格的病人的无意识并不是发送的无意识，而是接收的无意识"，[①]边缘性的病人会从一些细微的表情和表现中直接感知到他者没有说出来甚至没有意识到的想法。利普斯的同感视角似乎能够特别好地说明这样的临床现象。当今现象学的精神病理学也在各种特异的临床现象中生机勃勃地发展，通过沟通特异的临床现象和被遗忘的理论，非常有助于重新激活无意识的假设。

---

① Marilia Aisenstein, À propos du contre-transfert chez Lacan. Quelques questions ouvertes, *Lacan et le contre-transfert*, Paris: PUF, 2011. p. 89.

精神分析的现代启示录：从弗洛伊德经由拉康到斯蒂格勒的精神分析末世"幸存者计划"①

马克·费瑟斯通② / 著
李新雨③ / 译

【摘要】本文的目的在于通过参照弗洛伊德和拉康以及斯蒂格勒关于"计算性疯狂"的著作，探究精神分析在 21 世纪初期的价值。在本文的第一部分，我将首先通过参照我所谓的弗洛伊德的"正常化计划"来思考精神分析的那些原本目标，继而通过讨论由德勒兹与加塔利等人提出的后现代"个体化计划"来探讨针对为俄狄浦斯法则进行辩护的这一精神分析话语的批评。经由追溯"个体化计划"在历史上的发展轨迹，我在1990 年代兴起的"精神赛博乌托邦主义"中思考了其与维纳和香农的控制论思想的关联。其后，在本文的第二部分，我通过探讨拉康对弗洛伊德《超越快乐原则》的重新解读，转而思考了精神分析与控制论之间交互作用的另一面向。我根据对死亡的"控制论压抑"来阅读拉康关于"弗洛伊德式冲动"的研讨班，从而得出了本文的结论，这一结论在第三

---

① 原文标题为 Apocalypse Now!: From Freud, Through Lacan, to Stiegler's Psychoanalytic 'Survival Project'，载于 *International Journal for the Semiotics of Law*, 2020, 33, pp. 409-431。译文已得到作者本人授权。
② 马克·费瑟斯通（Mark Featherstone），目前任教于英国斯塔福德郡的基尔大学社会学系。
③ 李新雨，精神分析的爱好者与实践者，拉康派执业分析家，精神分析行知学派（EPS）创始成员，译有《导读拉康》《导读弗洛伊德》《拉康精神分析介绍性辞典》等。

部分涉及对贝尔纳·斯蒂格勒的末世"幸存者计划"的讨论,该计划有赖于认识到死亡的界限,以便产生人类的意义并反对我们当代的"计算性现实"的疯狂。

【关键词】弗洛伊德;拉康;斯蒂格勒;冲动;死亡;运算;幸存

一、弗洛伊德式系统及其超越

精神分析在 21 世纪初期的目标是什么呢? 19 世纪末期至 20 世纪初期,弗洛伊德的创造皆聚焦于以支持社会性自体(social self)的名义强化自我(ego),同时找到一些办法来治理那些源于其原始性他者的病理性症状,弗洛伊德曾经认为后者并不太适合于生活在正常型社会的压抑性结构之下。因此,弗洛伊德式精神分析的问题涉及:(a)如何确保自体服从于各种文明化的法则;以及(b)如何经由治疗心理疾病的各种症状化的后果来管控社会化的脱落或失败。因而,我们可以得出结论说:弗洛伊德式的精神分析自开端就是一种"正常化计划"(normalisation project),该计划聚焦于确保人类的"幸存",并修通从"前人类"的"原始人"向"社会人"转变而导致的种种影响。然而到了 20 世纪中后期,弗洛伊德思想的批评家们,包括马尔库塞[①]、福柯[②]、德勒兹和加塔利[③]等人却开始辩称:弗洛伊德式的文明化并不仅仅关涉"幸存",而是相反代表了那种破旧的"阳具父权秩序"的精神政治,因而必须将其一扫而空,以便让年轻人能够对其接管。就此而言,弗洛伊德式法则的合法性遭受到质疑,同时也遭受到一项全新的"规制性原则"的挑战,亦即"自身欲望的法则"。如此一来,面对上述在目前看来已不再具合法性的高度保守系统,这一全新的"反文化性法则"变得关涉"自我实现"

---

① Herbert Marcuse, *Eros and Civilization: A Philosophical Inquiry into Freud*, London: Ark, 1987.
② Michel Foucault, *History of Madness*, London: Routledge, 2005.
③ Gilles Deleuze and Felix Guattari, *Anti-oedipus: Capitalism and Schizophrenia: Volume I*, Minneapolis: University of Minnesota Press, 1983.

与"个体生成"的议题。至此,俄狄浦斯式父亲的法则便被其子嗣以"生成过程"(process of becoming)的法则所取代。到了20世纪中期,此两种规制性原则之间的斗争成为精神分析政治的中心。这是权威式父亲的古老法则与其叛逆子嗣的全新法则之间的冲突,前者奠定了社会的根基,后者则想要逃离前者的压抑性系统,以便成为自身的"人民"。于是,弗洛伊德的"正常化计划"现在遭受到来自这些叛逆者的"个体化计划"(individualisation project)的严重威胁——在后者看来,唯一的法则就是"成为你自己"的法则。

尽管克里斯托弗·拉什针对"自恋主义文化"的批判[1]早已表明:这一朝向"自我实现"的全新转向并非是没有问题的,到1960年代末期,弗洛伊德式的保守主义已然明显跟不上当时正在兴起的基于"欲望实现"而建立个体的精神政治。在弗洛伊德的模型中,社会系统的基本目标在于支撑自体的幸存,因为倘若听凭其放任自流,自体必将自我毁灭。因而,面对此种黑暗的悲观主义,"个人主义"的新兴精神政治——就其拒绝限制并反对正常化的过程而言——开始寻找某种"乌托邦"的药方。在此种情境下,社会的角色变得微乎其微,因为个体现在是至高无上的,限制则被看作是不合法的。在新的世界里,没有人想要再听"老爹"的话,因为法则关乎"生成",而非出于他者的利益去接受限制。然而,有关"生成"的这一新式乌托邦是非常短命且昙花一现的,因为其经由"市场"的表达致使个体的自由服从于令人生厌的"工业生产－消费－再生产"的经济学法则,同时也使"自由化自体"(freed self)陷入无限重复且看似没有任何出口的资本主义系统的困境。当然,阿多诺与霍克海默[2]在他们对20世纪中叶由工业化催生的"伪个人主义"问题的批判中也恰好解释了这一点。然而,"个体化计划"超越了阿多诺与

---

[1] Christopher Lasch, *The Culture of Narcissism: American Life in An Age of Diminishing Expectations*, New York: W. W. Norton and Co, 1991.
[2] Theodor Adorno and Max Horkheimer, *Dialectic of Enlightenment*, London: Verso, 1997.

霍克海默的批判，在1990年代随着互联网民主化出现的"赛博乌托邦主义"（cyber-utopianism）中重获了新生。在这一时期，虚拟空间被理解为某种处于法则之外的电子疆域，网客在其中可以超越物质性身体的边界，探索自己的身份同一性。正如德勒兹与加塔利① 的精神分裂患者经由欲望的根茎状联系进行逃逸从而打破了父亲的法则，网客以几乎同样的方式在虚拟网络里发现了自由的可能性，毕竟在网络世界的虚拟空间里，处处是中心而无处是边界。在这一新的世界里，身体则开始显得像是某种我们能够脱离其而生活下去的东西。实际上，这一乌托邦式的互联网概念本来是有可能继续维持下去的，直至千禧年的"互联网泡沫"导致硅谷的一些科创企业纷纷开始寻找新的途径来"资本化"此种新型的"网络化自体"（networked self）。此时，这种虚拟的"控制论自体"（cybernetic self）的完全自由开始朝向"技术性伪个体"（techno-pseudo-individual）的悖论折返，后者尽管感觉完全自由，实际上却是一个"伺服机构"（servo-mechanism），存在于技术监控、行为修改并通过把人类经验转化为价值数据而进行牟利的一个庞大系统之中。② 于是，"计算机身份"的全新法则介入了"自由化自体"的此种境遇，在这一新式的行为乌托邦里，算法的确定性比人类的自由更加重要，稍后我将在本文中通过讨论斯蒂格勒③ 的"高技术噩梦"（high-tech nightmare）回到这一问题上来。

然而，在我们思考斯蒂格勒之前，让我们首先思考一下肖珊娜·祖博夫④ 著作中同样的高技术噩梦。除了阿多诺与霍克海默⑤ 对"消费资本

---

① Gilles Deleuze and Felix Guattari, *Anti-oedipus: Capitalism and Schizophrenia: Volume I*, Minneapolis: University of Minnesota Press, 1983.
② Shoshana Zuboff, *The Age of Surveillance Capitalism: The Fight for a Human Future at the New Frontier of Powe*r, London: Profile, 2019.
③ Bernard Stiegler, *The Age of Disruption: Technology and Madness in Computational Capitalism*, Cambridge: Polity, 2019.
④ Shoshana Zuboff, *The Age of Surveillance Capitalism: The Fight for a Human Future at the New Frontier of Powe*r, London: Profile, 2019.
⑤ Theodor Adorno and Max Horkheimer, *Dialectic of Enlightenment*, London: Verso, 1997.

主义"的批判之外，以及另一方面在 1990 年代早期的"赛博乌托邦主义"——在新型的虚拟世界里，个体可以完全自由地变成任何他们想要成为的人——祖博夫在有关"监控资本主义"的著作中解释了此种全新的计算法则和数据商品化的问题。在祖博夫针对全面网络化系统的批判中，计算机身份的问题是围绕着这样一种观念运转的：自体不断处在被上传至高科技全球化网络的过程之中，并且在那里被转化成有价值的数据，以供想要知道其市场营销是否击中消费者眼球的广告商制作行为建模并创造确定性。就此而言，网络的效应现在便（a）开启了自体与线上世界之间的通讯渠道，同时又（b）将控制论自体的可能性封进了技术监控、行为修改与组织盈利的闭环，来确保晚期资本主义的确定性生产。因而，从后弗洛伊德式的自体拥护者到赛博乌托邦主义者发展而来的个体自由的观念，现在便服从于一种计算确定性的全新法则。自体现在是一种"计算"。在这些条件下，我们做出的每一步行动都是可以预测的。在我看来，这便是精神分析在 21 世纪初期必须着手应对的挑战。除了弗洛伊德的"正常化计划"，以及叛逆者的"个体化计划"以外——该计划最终在 1990 年代的赛博乌托邦主义中找到了全新的形式——我想要提出：计算系统拥有对自体进行运算的潜能，甚至有可能灭绝一切其他形式的有机生命，而精神分析在 21 世纪初期的问题便是要发展出一种"幸存者计划"，以便拯救自体免于在计算系统内部遭到毁灭。为了解释这一"幸存者计划"的可能样貌，我将转向斯蒂格勒[①]的"末世论"思想。

尽管弗洛伊德式精神分析的问题是要对原始人及其由于在文明化中受到压抑而导致的种种症状进行社会控制，而针对弗洛伊德的后结构主义批评家的目标则是逃离俄狄浦斯的悲惨命运，然而我的论点是：在 21 世纪初期，精神分析的问题应当围绕着如何回应由于个体被上传至网络而导致的"正常病理性"情境来展开，因为此种网络完全是以技术监控、

---

① Bernard Stiegler, *The Age of Disruption: Technology and Madness in Computational Capitalism*, Cambridge: Polity, 2019.

行为修改乃至数据化和工具化的技术过程为特征的,^① 故而它不再能够支撑有意义的生活(甚至有可能无法支撑生命本身)。在这些条件下,精神分析面临的问题便不再是需要用压抑来控制"原始性自体"(primitive self)的"正常化计划",也不再是以想象力的名义逃离心理控制的"个体化计划",而更多是"超个人主义"的悖论,也即:在自由过剩或自由贫乏的宰制之下,超个人主义中的自体不可避免地会陷入崩溃。这一点可以根据技术系统对有意义的社会结构的取代来理解:这些技术系统不再言说人类对"意义"的需要,因而也不可能理解将"过去"、"现在"与可能适宜居住的"未来"联系起来的种种叙事。在这里,"超个体"(hyper-individual)或"超度个体"(more-than-individual)的问题便涉及拥有"绝对自由"与遭受"完全决定"之间的致命张力:(a)一方面,"绝对自由"是指个体不受消费意识形态普及与由此导致的社会结构坍塌而产生的约束——这样的社会结构在先前曾是围绕着需要限制自体的法则而建立起来的;(b)另一方面,"完全决定"起因于技术型或算法型的组织形态的出现——这些组织通过将个体接入技术监控与行为修改的回路来促进消费。因而,个体有绝对的自由去消费并追求内心深处那些最黑暗且最倒错的欲望,但同时又由于"社会象征系统"撤回到不再携带任何人类意义的高度技术抽象层面而注定了生命的无意义。在此种情境下,个体虽然在一方面具有全然的自由,但在另一方面又被接入了将其行为转译成代码的一种"控制论系统",从而在不会发生任何改变的一种无限的"机器化未来"中使个体的运动变成完全可以预期的行为。

从历史的角度来说——借用温尼科特^②的语言——先前曾对个体进行"抱持"并为其注入"人性"的象征性意义系统遭到了驱逐,从而导致自体无法在时间上定位自身,或者说无法理解过去、现在与潜在未来

---

① Shoshana Zuboff, *The Age of Surveillance Capitalism: The Fight for a Human Future at the New Frontier of Power*, London: Profile, 2019.
② Donald Woods Winnicott, *Home is Where We Start from: Essays by a Psychoanalyst*, London: Penguin, 1990.

之间的联系，然而正是这些时间性的联系结构了"自由意志"的可能性。此种"意义回撤"的结果便导致个体经由时间而对自身发展的体验开始萎缩，变成了由更高层次的技术抽象和算法逻辑来定义的某种"永远的现在"（permanent present），位于虚拟网络背后的这些工具化的环路看似能够使个体享有绝对的自由，实际上却将当前的"控制论自体"或多或少地化约成某种由技术监控、行为控制和数据化决定的"人类伺服机构"。这便是当代全球化经济的计算法则。由于被捕获在（a）绝对自由的出现与（b）完全决定的无意识感觉之间的计算性联结之中，而缺乏（c）社会系统的中介在时间性结构中对自体进行定位，个体便朝向冲动的"迷瘾生成性逻辑"（addictogenic logic）而发生崩溃，这一冲动的逻辑并不允许个体逃离最终的境遇，而仅仅确认了对网络化系统的致命机器化的服从，而此种网络化系统除了无限复制自身之外没有任何目的。面对此种情境，一种全新的精神分析"幸存者计划"（survival project）的目标便是经由对抗"迷瘾生成性系统"来拯救"控制论自体"，使之免于致命的机器化。在"迷瘾生成性系统"中，"无脑消费主义"的行为反射代替了自由意志与思想自由，而在象征性系统中基于意义重构而建立的"动机化社会行为"则是按照人类的尺度运转的。在接下来的讨论中，我将试图通过参照斯蒂格勒的著作，尤其是他近期关于"崩坏"与"疯狂"的讨论[1]来勾勒这一计划的纲要。不过，在抵达这一点之前，我想要首先探究精神分析跟技术论与控制论的共谋。这一意义重构之所以非常重要，是因为承认刘禾[2]所谓的"弗洛伊德式机器人"的历史将阐明斯蒂格勒在其著作中探究的挑战，我将此种挑战看作理解精神分析在21世纪初期的政治角色的关键所在。

尽管刘禾将她的研究集中在维纳、香农与拉康之间的关系上面，然

---

[1] Bernard Stiegler, *The Age of Disruption: Technology and Madness in Computational Capitalism*, Cambridge: Polity, 2019.
[2] Lydia Liu, *The Freudian Robot: Digital Media and the Future of the Unconscious*, Chicago: University of Chicago Press, 2011.

精神分析的现代启示录：从弗洛伊德经由拉康到斯蒂格勒的精神分析末世"幸存者计划"

而她有可能回溯性地投射了自己的讨论，以便进一步思考"弗洛伊德式机器人"的起源。在刘禾的著作中，"弗洛伊德式机器人"明显是拉康的发明，不过在某种意义上，弗洛伊德的精神分析式自体总是已经在变成某种"技术生命体"，包括（a）一种原始性返祖，亦即"它我"（id）；（b）一种向前发展的社会性自体，亦即"自我"；以及（c）一种能够确保原始性冲动永远不会接管人类而是相反设法遵循"俄狄浦斯式法则"的社会化他者，亦即"超我"。就此种有关人类心理的见解而言，自体显得像是一种"通讯与控制系统"，这便导致我们有可能根据探索原始人服从于社会化法则的不同方式来理解精神分析的历史：（a）历史性的通讯系统（亦即心理性欲发展与经由家庭的社会化）使（b）社会控制（亦即乱伦禁忌及其在父亲法则中的延伸）能够或多或少成功地运转。当然，倘若这架机器运转良好，起初也就没有任何进行精神分析的必要，而且精神分析的历史也总是围绕着对那些发生功能故障的案例进行工作而展开，在这些案例中，"技术性自体"遭遇了失败，通讯与控制也不再起作用。就此而言，弗洛伊德是一位试图解决"通讯"（俄狄浦斯情结的失败）与"控制"（缺乏整合或正常化）问题的"精神工程师"，他试图以心理社会性的"控制论机器"的功能性为名，修复有缺陷的心理机制。就目前而言，这一点并未逃脱一些关键的精神分析历史学家的注意——包括弗雷德里希·基特勒[1]与埃里克·桑特钠[2]——亦即在精神分析的大部分著名案例中，"精神机器"或"精神装置"的隐喻都是经过充分揭示而无需太多解释的。让我们暂时来思考一下其中最著名的几则案例。

首先，让我们考虑一下弗洛伊德[3]著名的施瑞伯大法官，他是与"书写机器"进行搏斗的一位偏执狂患者，在其妄想系统中，对其进行折磨的上帝控制着这架"书写机器"，而整个宇宙的运转都如同一套基于其

---

[1] Friedrich A. Kittler, *Discourse Networks, 1800/1900*, *Stanford*, CA: Stanford University Press, 1992.
[2] Eric Santner, *My Own Private Germany: Daniel Paul Schreber's Secret History of Modernity*, Princeton, NJ: Princeton University Press, 1997.
[3] Sigmund Freud, *The Schreber Case*, London: Penguin, 2002.

遭受的折磨而建立起来的庞大技术系统。维克多·托斯克[1]对恶魔般的"影响机器"（influencing machine）的研究同样揭示了此种机器的隐喻，这架"影响机器"看上去就像是一副棺材，并且代表着托斯克的病人娜塔莉亚·A的自动化和最终死亡。布鲁诺·贝特尔海姆[2]后来在20世纪又发展了弗洛伊德与托斯克的思想，其著名的"机器男孩乔伊"案例清楚地表明：当人类的生命本身变得令人无法忍受的时候，机器的概念便会对其进行接管。在小乔伊的个案中，由于缺乏父爱和母爱，这位少年在硬板纸箱与锡箔装置里寻求慰藉，这些装置皆代表着他从痛苦感受中的"机器性逃逸"。在所有这些个案里，机器的出现都揭示了自体在通讯与控制系统方面的问题，而自体的作用本来应当是确保弗洛伊德式"技术性人类"的正常运转。以几乎同样的方式，海德格尔[3]的机器仅仅在功能故障之中才得以开显出自身——例如，只有当F键脱落的时候，我才能够意识到我的电脑键盘，因此我便在不再顺畅的打字行动中遭到了装置的异化——而弗洛伊德式机器的运转失灵也以杰弗瑞·斯康斯[4]所谓的"技术妄想"的形式揭示了自身的机器化，在这样的技术妄想中，疯狂采取了一种幻想受到机器控制的形式（包括当代社会的电视机与互联网）。尽管斯康斯也意识到了今日技术妄想的悖论，亦即我们当然不再需要必须变成偏执狂患者才能想象我们的活动正受到某种远程力量的密切注视，然而他并未对"机器化妄想"做出更进一步的理解，亦即意识到自体的基本技术性本质是经由其与社会的联结而造成的。

在书写"技术妄想史"的脉络下得出这一观点的价值，意味着"机器疯癫史"真正揭示出来的是弗洛伊德式"技术性自体"在面对不断抵制技术的有机体时发生崩溃的"正在进行史"，而且在"超链接世界"

---

[1] Victor Tausk, On the Origin of the Influencing Machine in Schizophrenia, *Psychoanalytic Quarterly*, 1933 (2), pp. 519-556.
[2] Bruno Bettelheim, *The Empty Fortress: Infantile Autism and the Birth of the Self*, New York: Free Press, 1972.
[3] Martin Heidegger, *Being and Time*, Albany, NY: SUNY Press, 2010.
[4] Jeffrey Sconce, *The Technical Delusion: Electronics, Power, Insanity*, Durham, NC: Duke University Press, 2019.

中,"现实检验"与"理智/疯狂"的不可判定性问题也表明了这样一种可能性,即:施瑞伯、娜塔莉亚·A和小乔伊的疯狂可能不再是病理性的,相反在因"技术异化"而遭受创伤的情境中,他们的疯狂都是生命的正常精神现实。换句话说,在新型的超链接世界里,我们全都像施瑞伯一样,因为我们的"高技术社会系统"在企图将有机体化约至机器的层面,我们的病理性则是面对此种疯狂的完全正常的反应。我认为,在某种意义上,当弗洛伊德[①]讨论"现实检验"问题并讨论施瑞伯在《回忆录》中是否得出什么"重大发现"的时候,他已然意识到这一点或许会在未来发生的可能性(亦即:机器有可能在未来接管人类)。实际上,这也可能导致弗洛伊德的读者将施瑞伯案例看作精神分析早期思想中的一个关键时刻。在这一时刻,控制论式"人机交互界面"的失败从聚焦于整合"原始性自体"的重要性("死欲"的问题在此处于无意识的一边)转向了关涉"控制型机器"本身的极端主义("死亡"在此来自施虐狂父亲的虐待性干预,只是到后来才作为"厄运性自体"而被内化了进来),这一转变也涉及从弗洛伊德早期的"正常化计划"向他自己可能从未充分认识或纳入考量的其后来批评者的"个体化计划"的飞跃。当然,这恰恰也是埃里克·桑特钠[②]在《我自己的私人德国》一书中对施瑞伯个案的解读。在桑特钠针对施瑞伯个案呈现出的现代性的隐秘历史的探究中,小施瑞伯未能经历俄狄浦斯情结并由此变得正常,因为其父亲老施瑞伯的施虐性"治疗体操"导致他为了拯救某种自体的假象而陷入了偏执狂的妄想。换句话说,其父亲建立了一套极端的通讯与控制系统,以期制造出一些能够应对全新现代性(亦即工业化、城市化与技术性通讯)的"机器人",而小施瑞伯基于父亲的极端控制论系统,设想出了以技术监控和行为修改而建立的一种完全机器化的宇宙。我们必须不能忘记,这也导致了马克思、韦伯和涂尔干等具有创见的社会学家构想出充

[①] Sigmund Freud, *The Schreber Case*, London: Penguin, 2002.
[②] Eric Santner, *My Own Private Germany: Daniel Paul Schreber's Secret History of Modernity*, Princeton, NJ: Princeton University Press, 1997.

满"异化""祛魅"与"失范"的社会，因而"控制论隐喻"的隐秘历史在社会学上也是有待书写的，帕森斯（Parsons）等社会学家便采纳了此种观点。不过，这属于另一篇专文的讨论范围。现在，我们还是必须紧跟弗洛伊德和桑特钠的施瑞伯。

在桑特钠①对施瑞伯案例的社学会分析中，儿童养育、童年创伤与偏执妄想的问题并不仅限于小丹尼尔·保罗·施瑞伯，而是摧毁了整整一代的德国儿童，由于感受到痛苦的碾压与摧残，这些孩子的标志皆是完全缺乏对他人的共情。在德国19世纪末期的背景下，"超男性文化"（hyper-masculine culture）认为人类的脆弱是不可忍受的，桑特钠的分析也表明了这些孩子会如何成长为不健全的男人，他们会在受虐狂与施虐狂的支配性欲望乃至毁灭他者的悲惨自体上进行轻易的切换，因为在他们看来，他者只不过像是某种巨大且怪怖的"非人"生物。如此一来，我们便有可能看到，我们在克劳斯·斯维莱特②与安德里亚斯·胡塞恩③的著作中发现的控制论式的"原纳粹"（proto-Nazi）问题，不再是需要文明化的弗洛伊德式"它我"问题，而更多关涉滑入"超度冲动"（over-drive）的"社会通讯与控制系统"本身。尽管我们在弗洛伊德④的著作中可以读到"冲动"的概念，然而精神分析中没有"超度冲动"的概念，我们必须想象这一概念代表着我们在"超越冲动"时所能抵达的地方。那么，超越冲动的是什么呢？当然，根据弗洛伊德⑤的《超越快乐原则》一文，这就是"死亡"本身，死亡可以解释一切，诸如恩斯特·荣格尔⑥和恩斯特·冯·索罗门⑦等硬核作家的著作与最后出现那

---

① Eric Santner, *My Own Private Germany: Daniel Paul Schreber's Secret History of Modernity*, Princeton, NJ: Princeton University Press, 1997.
② Klaus Theweleit, *Male Fantasies Volume I: Women, Floods, Bodies, History*, Cambridge: Polity, 1987; Klaus Theweleit, *Male Fantasies: Volume II: Male Bodies: Psychoanalyzing the White Terror*, Cambridge: Polity, 1989.
③ Andreas Huyssen, *Twilight Memories: Marking Time in a Culture of Amnesia*, London: Routledge, 1995.
④ Sigmund Freud, *Beyond the Pleasure Principle and Other Writings*, London: Penguin, 2003.
⑤ 同上。
⑥ Ernst Junger, *Storm of Steel*, London: Penguin, 2004.
⑦ Ernst Von Salomon, *The Outlaws*, Budapest: Arktos, 2013.

种总是冲向自身末路的"自杀性纳粹国家"之间的联系。换句话说，荣格尔、冯·索罗门与纳粹们想要的就是变成"机器"，因为相比于他们想要消灭的人类的脆弱而言，变成机器是更加可取的。尽管弗洛伊德的战后批评家们[1]都认识到有必要沿着父亲（弗洛伊德）的"正常化计划"中继续向前，并且也都理解到这一点在很多方面隐含于将他者处处视作敌人的"国家偏执狂"之中，然而问题在于，他们自己的"个体化计划"从来没有真正地逃离在二战同盟国中逐渐形成的"控制论自体"的引力场。我们可以在德勒兹与加塔利[2]那里最为清晰地看到这一点，他们在"机器主义"中批判性地转化了"机器化"（mechanisation）的概念，并试图经由精神分裂的疯狂来超越国家的偏执狂。在这里，"反俄狄浦斯计划"便依赖于贝特森[3]的机器思想而欣然采纳了控制论自体的环路，德勒兹与加塔利利用在各个方向延伸开来的"根茎"隐喻，提出了"欲望机器"（desiring machine）的概念，而且也正如他们所指出的，"欲望机器"永远不会在中心逃脱"偏执狂状态"的牵引力。

鉴于德勒兹与加塔利[4]的结论——亦即：精神分裂患者从来都不可能一劳永逸地断绝与偏执狂系统的联系，而永远只能设法揭示偏执狂系统与正常化功能之间的差异——显然他们有别于弗洛伊德的地方，便在于他们在功能故障中发现了"美德"，但是他们并未完全跳出弗洛伊德式心理学的控制论视野。换句话说，《反俄狄浦斯》从来没有挑战"技术性自体"的基本观念，而是仅仅强调了内在于"弗洛伊德式机器"不可避免的故障中的"个体化计划"的可能性，这也恰恰是为什么德勒兹与加

---

[1] Herbert Marcuse, *Eros and Civilization: A Philosophical Inquiry into Freud*, London: Ark, 1987; Michel Foucault, *History of Madness*, London: Routledge, 2005; Gilles Deleuze, Felix Guattari, *Anti-œdipus: Capitalism and Schizophrenia: Volume I*, Minneapolis: University of Minnesota Press, 1983.
[2] Gilles Deleuze and Felix Guattari, *Anti-oedipus: Capitalism and Schizophrenia: Volume I*, Minneapolis: University of Minnesota Press, 1983.
[3] Gregory Bateson, *Steps to an Ecology of Mind: Collected Essays in Anthropology, Psychiatry, Evolution, and Epistemology*, Chicago: University of Chicago Press, 2000.
[4] Gilles Deleuze and Felix Guattari, *Anti-oedipus: Capitalism and Schizophrenia: Volume I*, Minneapolis: University of Minnesota Press, 1983.

塔利的著作会在1990年代受到加州赛博乌托邦主义者如此热烈的欢迎，因为他们（a）唤起了"反文化"的精神以超越冷战分子的控制论，并且（b）在精神分裂患者与在其电脑上进行工作的新兴"技术游民"之间建立了联系。然而，在从弗洛伊德的"正常化计划"转向叛逆者的"个体化计划"的这一历史中，没有任何地方真正涉及控制论观念的延伸（亦即人类的机器化）问题，这一点正是我想要在斯蒂格勒[①]对"科技过剩"与自体完全"机器人化"的批判中抵达的问题。因而，我认为斯蒂格勒试图（a）超越德勒兹与加塔利的精神分裂，并且（b）超越网客关于"赛博乌托邦"的实验性理念，因为他认识到此两种版本的"个体化计划"皆代表着针对弗洛伊德式"机能论自体"（functionalist self）的倾覆性前沿。在维纳与香农关于通讯与控制的冷战视野的名义之下，弗洛伊德式的自体不可避免地会被上传至当代"监控资本主义"的致命系统之中，我们可以根据"极端"或"超度"的"正常化计划"对此加以思考。为什么是"超正常"（hyper-normal）或"超度正常"（more-than-normal）呢？对这一问题的回答涉及把人类与机器关联起来的"技术极端主义"。也就是说，我们在祖博夫[②]对"监控资本主义"的批判中发现的便是这样一个系统，它不再是经由人类可以理解的文化价值、象征规则与社会规训而进行正常化的弗洛伊德式系统，而是经由人类经验的数据转化，算法权力与行为修改而设计出"绝对正常性"的一架"抽象机器"。

就此而言，这一新型的控制论系统催生出某种"超度"的正常性——这是祖博夫未曾考虑到的问题——而斯蒂格勒的观点在于：此种系统的极端性本身即意味着它最终正常化的是病理性本身，倘若没有陷入"前人类"或"后人类"的疯狂，人类便不可能忍受自己变成某种"伺服机构"，而这恰恰也是因为"人性"的本质即在于人类有能力在理

[①] Bernard Stiegler, *The Age of Disruption: Technology and Madness in Computational Capitalism*, Cambridge: Polity, 2019.
[②] Shoshana Zuboff, *The Age of Surveillance Capitalism: The Fight for a Human Future at the New Frontier of Power*, London: Profile, 2019.

解环境条件（现在）与动机化行为的可能后果（曾经在过去发生的事情，乃至经由现在而上演的行动影响未来的方式）的基础上运用自由意志。因而，这一"超度正常化"的全新体制制造出一种同样"匮乏"、"缺失"或是相对于"正常性"而言的"病理性"情境，这也是为什么斯蒂格勒①会将这一系统联系于某种"日常的疯狂"，从而暗示要应对此种情境所必需的不再是"个体化计划"的所谓"个人主义"（我们今天全都是"伪个体"，被捕获在或多或少的正常性之间），而更多是一种能够对人类进行重构的"幸存者计划"，亦即从人类作为有机生命体的基础出发，继而将其在地球上的"生存/存在"（existence）转化作一个有意义的世界。然而，这一计划将要怎样运作呢？这一"幸存者计划"又将是一副什么模样呢？我们（人类）又如何能够拯救这一乌托邦式的可能性，使之免于当前看似毫无尽头的"虚无主义系统"呢？在我们来到斯蒂格勒②并充实其关于"高科技末世"的理论之前，非常重要的是我们必须首先理解精神分析是如何经由拉康讨论弗洛伊德的"强制性重复"理论的研讨班③与"一封信总是抵达其目的地"的宿命论而变得完全机器化的。

二、拉康的控制论转向

我认为，我们有可能在《文明及其不满》④中找到弗洛伊德式"正常化计划"的经典表述，因为正是在这里，弗洛伊德最为清晰地说明了对原始人进行"社会控制"的必要性。在这篇文章中，弗洛伊德的基本论点是：人性太过具有毁灭性，以至不能听凭其放任自流，因而某种"社会"对保存人类的生命而言是必不可少的。就此而言，社会是一架控制

---

① Bernard Stiegler, *The Age of Disruption: Technology and Madness in Computational Capitalism*, Cambridge: Polity, 2019.
② 同上。
③ Jacques Lacan, *The Seminar of Jacques Lacan: Book II: The Ego in Freud's Theory and in the Technique of Psychoanalysis: 1954–1955*, New York: W. W. Norton & Co, 1991.
④ Sigmund Freud, *Civilization and Its Discontents*, London: Penguin, 2002.

论式的"生命支持机器"（life support machine），其建立乃旨在避免"人性"直接走向自我毁灭的"短路"。然而，建立社会的问题在于"社会性保障"也引发了自身的诸多问题，而且弗洛伊德也注意到这些规则、管制与禁止皆导致了巨大的挫折。故而，"文明化人类"的基本情绪便是"痛苦"。我们总是想要的更多，总是欲望着别的东西，而且总是不断地想要得到。凭借我们的聪明才智与发明创造，弗洛伊德说我们是把自己变成了某种"义体性上帝"（Prosthetic Gods），但是这丝毫没有影响到我们的满足水平。就其命运而言，人类始终是不幸的。然而，我们又在真正欲望着什么呢？在《文明及其不满》①中，弗洛伊德参照"海洋感觉"（oceanic feeling）来形容"自体消解"的体验，而且他根据死亡来理解此种与"存在"同一的深刻感觉。从本质上说，我们想要让自己逃离于某种"和平"，此即我们的"分离"。在这一点上，弗洛伊德明显依赖于他自己在十年前的那些思辨，也即在《超越快乐原则》②中，他首度提出了人类的"自杀性"本质的问题。正是在这篇文章中，弗洛伊德以观察孩子的"Fort/Da"（不见了/在这里）游戏作为出发点，指出此种游戏揭示了人类如何经由"象征意义"而试图掌控创伤性的缺失体验。"Fort/Da"游戏是对母亲"离开/回来"的创伤体验的一种象征化表征。孩子会通过游戏来掌控他在现实中无法控制的事情，从而在象征层面上处理"创伤"的问题。不幸的是，弗洛伊德也注意到象征意义从来不曾真正地令人满意，因为我们不可能解决已然发生的创伤性情境，所以象征性的"固着"必然会无限重复，以便不断延宕创伤性的"回忆"。在弗洛伊德看来，这便是存在"超越快乐原则"的"强制性重复"。也就是说，如果人类会因为"快乐"使其感到满足而欲望"快乐"，那么强制性重复则会因为对"快乐"的寻求，必然遭到人类与创伤之间本质性关系的不断挫败而突然闯入进来。我们即是我们的创伤，而且我们也不可能拿掉创伤。弗洛伊德式精神分析的角色就是要将人类导向对这一心理事实的接受。

---

① Sigmund Freud, *Civilization and Its Discontents*, London: Penguin, 2002.
② Sigmund Freud, *Beyond the Pleasure Principle and Other Writings*, London: Penguin, 2003.

从此种解释扩展开来，弗洛伊德的下一步便是说：强制性重复并不仅仅是涉及试图对创伤进行压抑的一种心理条件，它同样反映了他称之为"存在的惰性"（inertia of being）的一种生存状态。那么，何谓"存在的惰性"？存在的惰性其实形容的就是生存自身的"循环性"本质，在此种循环里，有机体出生、活着并死去，以便让其他人可以占据他们的位置并取而代之，弗洛伊德认为此种存在的惰性是被"硬性接入"到人类心理中的一种固有倾向。毕竟，自体是存在的一部分。至此，文明化人类便开始反思自身的命运，追问存在的意义，并寻求办法来解决缺失的体验。然而，在弗洛伊德看来，文明化人类的问题则在于他们很快便会受到"死欲"（Thanatos）或是他所谓的"死亡冲动"的支配，除非有某种形式的"管控"被安置下来，避免让这一切发生。这即意味着当我们冒险去追溯我们用来延宕创伤体验的无限象征链条之时，我们会发现我们真正想要的是逃离在"创伤性分离"之中诞生出来的"自体"。在我们用来隐匿于我们自身的各种象征性符号的背后，我们会发现我们的"构成性创伤"。这便是我们想要逃离的东西。换句话说，当我们望向象征面向的"彼岸"并面对构成我们创伤性核心的"实在"之时，我们便会进入"冲动"的辖域。这就是为什么弗洛伊德[1]会根据"涅槃原则"而写到人类被"死亡欲望"占据的情况，并提到佛教"自我寂灭"的概念来解释"死亡冲动"的作用，只不过这里有一点重要的差异，即弗洛伊德想要以拯救"自我"的名义牵制朝向死亡的冲动。不像佛教徒宁愿要自体的终结也不要欲望的痛苦（佛教的"轮回"概念），弗洛伊德则认为痛苦是比死亡的欲望与毁灭的狂欢更加可取的东西。因而，为了幸存下来，人类必须服从于控制论式的支撑与限制。人类无法凭借自身而幸存下来。因而，人类需要自身的机器。

至此，拉康[2]在1954—1955年关于《超越快乐原则》与"自我出现"

---

[1] Sigmund Freud, *Beyond the Pleasure Principle and Other Writings*, London: Penguin, 2003.
[2] Jacques Lacan, *The Seminar of Jacques Lacan: Book II: The Ego in Freud's Theory and in the Technique of Psychoanalysis: 1954–1955*, New York: W. W. Norton & Co, 1991.

问题的研讨班上借鉴的正是这一从根本上说是"机械论"的人性观。根据拉康的说法,弗洛伊德最伟大的成就便在于揭示了人类的"去中心化本质",并且说明了我们其实从来都不曾真正是我们自己。正如拉康所言:"我"总是一个他者。在解读弗洛伊德这篇文章的时候,拉康一开始便解释说对快乐的欲望即代表着人类朝向"善好"(the good)的定向。虽然对快乐的寻求也代表着"前行"或"进展",亦即我们不断地向前发展,但是拉康指出,强制性重复是"退行性"的。在他看来,在其自动反应与不加思考的意义上说,强制性重复就是一种"无限"的行动。我们在这里遭受到在"意识思维"之外的某种其他东西的影响,因为除了自身的复制之外,强制性重复并没有任何其他目的。强制性重复无非就是纯粹的"机器化"。拉康提醒我们注意海德格尔[①]关于人类、动物与岩石之间差异的理论,并由此解释道:如果说动物是无法想出办法摆脱环境的一部机器,那么人类也只不过是更胜一筹而已。这是因为我们同样会遭到冲动的"封堵"[②],尽管我们至少有可能逃离我们的"动物性自体"而遁入"自我",自我是我们的第一个对象。从本质上说,这也是我们相对于我们自身都是"离心化"(也即"外在化"或"外心化")的原因所在。不像动物有着自身的同一性,拉康指出人类是与自身相分离的,而且只是在其"镜像"中才能获得自身的同一性。因而,对镜像的再认是一部"根本性机器",因为它创造出了想象界(身体形象)与实在界(机体肉身)之间的"反馈回路",从而使自我的出现得以可能。对于拉康而言,这架根本性机器即代表着弗洛伊德[③]的"恒常原则",亦即"快乐原则",因为它提供了某种自体稳定的感觉("这即是我"),然而此种稳定的自体感随后又会不断地遭到挑战,因为它不得不在创伤性分离之中重复性地寻找其"失落的对象"。由于这一失落的对象本身是在压抑过程中

---

① Martin Heidegger, *The Fundamental Concepts of Metaphysics: World, Finitude, Solitude*, Bloomington, IN: Indiana University Press, 1995.
② 在"信息拥堵"的控制论意义上。——译者
③ Sigmund Freud, *Beyond the Pleasure Principle and Other Writings*, London: Penguin, 2003.

丧失掉的，而这意味着我们不可能回忆起我们真正欲望的"原物"，所以拉康又提到了"象征符号"与"象征秩序"的概念，这是人类的第二部"机器"。这意味着象征性符号替代了失落的对象。然而我们知道，仅仅是因为失落的对象是由于压抑而丧失掉的，所以"失落对象"与"象征符号"之间的此种联系永远不可能是某种意识决定的结果，这也就意味着"象征性建构"的过程必须发生在别的地方，[①] 这也是拉康将第二部机器称作"无意识"的原因所在。

然而，拉康的象征系统作为"无意识"并不隐藏在主体心灵"内部"的某个地方；恰恰相反，它是完全"外在"于自体的。换句话说，它不再处于主体内部的某个地方，而是相反处在位于自体外部的"通讯与控制系统"之中，正是这一点将拉康导向了一种带有技术科学性的结论，也即：精神分析并非一种"人类主义"形式的知识或学问。在拉康看来，这便是为什么弗洛伊德会深入生物学而不是更进一步深入哲学来解释自体运作的原因所在。对此，拉康解释道：黑格尔[②] 永远无法跳脱出"主奴辩证"的"人类学叙事"，弗洛伊德则超越了黑格尔，将"能量学"的原则引入了对人类心理的理解。从本质上说，弗洛伊德将人类变成了一架寻求"稳态平衡"的机器。然而，为什么这样的"稳态"又是不可能抵达的呢？我们永远不可能抵达稳态的原因，是因为"梦的机器"会持续性地提供象征性的信息，我们需要此种信息来抵达"系统平衡"的状态，而正是这一点驱动了机械性的"强制性重复"。这基本上便是拉康[③] 对于弗洛伊德的控制论重读，他通过参照贝尔电话公司对通讯进行编码的转译来解释自己的"象征性法则"的概念，从而巩固了自己的这一思想。拉康注意到贝尔电话公司需要节省线路开支，因而他们便必须减少

---

① 亦即弗洛伊德意义上的"另一场景"。——译者
② Georg Wilhelm Friedrich Hegel, *Phenomenology of Spirit*, Oxford: Oxford University Press, 1976.
③ Jacques Lacan, *The Seminar of Jacques Lacan: Book II: The Ego in Freud's Theory and in the Technique of Psychounalysis. 1954-1955*, New York: W. W. Norton & Co, 1991.

通过电话线路而传递的"信息量"，①由此他便解释说贝尔电话公司是在试图通过剥离意义而简化通讯。②这一举措的影响是要将复杂的"交流"转化作简单的"编码"，这些编码就其本身而言便不再是意义自明的。在这一点上，拉康解释说语言变成了某种"物质性"材料，也即某种类似于"原物"的对象性质料，并且需要通过"解释/解码"来理解其意义。当然，这里的重点在于：精神分析在某种意义上也依赖于一种类似"编码/解码"的操作，因为分析家需要解读无意识的种种"象征化表象"，以便将这些表象之间的联系或"错误联结"回溯性地暴露给失落的对象，而这里正是"意义"的所在。然而，精神分析技术与控制论对通讯的理解之间的此种联系也具有这更加广泛的意义，亦即：除了对失落对象进行表征之外，象征秩序的基本编码的运作也是有其基础的，它取决于（a）主体是否以象征性的形式拥有对象，而后才意识到（b）这一另外的对象版本并不是对象本身，从而导致主体进一步努力寻找以便获得失落的对象，而这就把主体带回到下述的情境：（a）主体相信自己最终找到了失落的对象，而其实（b）这一找回的对象同样是对"原物"的象征化表征而非"原物"本身，如此无限往复循环下去……这就是在拉康式无意识③中运作的弗洛伊德式冲动④的控制论式"反馈回路"。

不过，除了反映出弗洛伊德式冲动的循环性特征之外，拉康对无意识具有控制论性质的见解也表明人类语言的"无限复杂性"会如何缩减至一套非常简单的"二进制编码"，亦即："满足/不满""存在/虚无""在场/缺位"和"正号/负号"，如此等等——这便导致他提出主体是在"有没有"或"是不是"的状态之间不断进行切换的一架"控制论机器"，因为自体即诞生于这样一种"缺失""缺陷"或"缺在"的状态（亦即创

---

① 通讯与控制系统中的"信息熵"。——译者
② 正是这一点导致拉康颠倒了索绪尔的"符号"算法并转而强调了"能指"的至上性。——译者
③ Jacques Lacan, *The Seminar of Jacques Lacan: Book II: The Ego in Freud's Theory and in the Technique of Psychoanalysis: 1954–1955*, New York: W. W. Norton & Co, 1991.
④ Sigmund Freud, *Beyond the Pleasure Principle and Other Writings*, London: Penguin, 2003.

伤性分离）。沿着这一讨论，拉康经由埃德加·爱伦·坡①的著名短篇小说《失窃的信》来解释自己关于精神分析的控制论观点。在这篇小说中，失落的对象变成了在王后、大臣与迪潘之间往返流通的"信件"或"字符"本身：首先是王后丢失了信件，接着是大臣偷走了信件继而将其隐藏在显而易见的地方，结果是迪潘最终取回了信件并将其返还给王后（我们必须假定这一点），以便完成"回路"并确保信件回到"原点"（亦即"抵达其目的地"）。拉康解读的关键点即在于：不管这封信件的动向如何，也不管是谁拥有或遗失了这一珍贵的（失落的）对象，信件都能够最终返回到原本的失主那里。尽管在"持有信件/丢失信件"的博弈中涉及某种"偶然性"，拉康将其联系于儿童"猜单双数"的游戏，然而这一游戏的"无意识规则"意味着事情总是以同样的方式告终。在"猜单双数"的游戏中，"概率或然性"的铁律可以确保无数次的博弈总是会直接回到起点。一切在终点都会又循环到起点。

鉴于这样的结论，还有爱伦坡②对"终点"的痴迷，以及弗洛伊德文本③中的"死亡"主题，令人惊讶的是，拉康从未完全揭示或讲清楚《失窃的信》背后的弗洛伊德式"死亡学"（thanatology），亦即：不管我们经由怎样的途径来延续生命，我们都不可能逃离那只喊出"永世不再"（nevermore）的"极其阴森且古老的乌鸦"。④事实上，拉康自己也倾向于证实此种解读，他后来在研讨班上又解释道：真正隐藏在"象征符号"与"失落对象"的概念背后的东西，就是我们面对死亡的"无限"而感到的缺失与基本焦虑。在这一点上，拉康⑤告诉我们：这便是象征

---

① Edgar Allan Poe, The Purloined Letter, *The Complete Tales and Poems of Edgar Allan Poe*, New York: Barnes & Noble, 2015, pp. 598-613.
② Arthur Hobson Quinn, *Edgar Allan Poe: A Critical Biography*, Baltimore, MD: Johns Hopkins University Press, 1998.
③ Sigmund Freud, *Beyond the Pleasure Principle and Other Writings*, London: Penguin, 2003.
④ Edgar Allan Poe, The Raven, *The Complete Tales and Poems of Edgar Allan Poe*, New York: Barnes & Noble, 2015, pp. 68-72.
⑤ Jacques Lacan, *The Seminar of Jacques Lacan: Book II: The Ego in Freud's Theory and in the Technique of Psychoanalysis: 1954-1955*, New York: W. W. Norton & Co, 1991.

符号最终隐藏的东西，也即海德格尔式的"此在"本身所固有的缺失。然而，拉康未能提到这恰恰是让爱伦坡着迷的洞见，尽管他在后来讨论《瓦尔德马先生的病例之真相》①的时候又回到了爱伦坡的作品上来——故事的主角瓦尔德马先生在催眠状态下死去，却以某种方式保留了继续活着以确认自身死亡（亦即说出"我死了"）的能力——以便重审这一观点，即：象征符号（亦即"语词"）代表着"生命"与"死亡"之间的最小差异。这即意味着，直至象征符号出现并创造象征宇宙之前，是没有任何东西也没有任何差错存在的，有的只是无尽的黑暗。当然，这也是莱布尼兹在17世纪末期的洞见，他在当时曾写道"**无中生有，有一足矣**"（omnibus ex nihilo decendis sifficit uncum），并且运用"二进制编码"从本质上将"存在"与"虚无"分离开来，即："0"代表"虚无"，"1"则是"存在的创造"②。然而，不管"存在"怎样从"虚无"中进行创造，拉康③通过参照爱伦坡来阐明的都是我们最终根本没有任何逃离"终结"的可能。无论具有怎样的复杂性，象征符号归根结底都是一块"墓碑"。尽管象征符号也可能很好地代表"坟墓"，但我认为"复杂性程度"的问题是一个需要"拆解"的非常重要的问题，因为它密切关系到拉康理解人类与机器之间关系的方式。在第二期研讨班临近结束的时候，拉康又注意到最初的象征符号是源出于身体的，这即意味着象征符号明显首先回溯性地指涉"肉身性"与"具身化"的体验，而后"抽象性"的增加才会导致象征符号与身体之间的联系被切断。最终，象征符号会脱离开身体而独立地存在。在这一点上，象征符号是完全凭借自身而"绽出"的，而身体则是"喑哑"且"沉默"的。有趣的是，拉康忽略了这一点，他并没有阐述这一点对人类造成的影响，人类变得越来越受到其象征性

---

① Edgar Allan Poe, The Facts in the Case of M. Valdemar, *The Complete Tales and Poems of Edgar Allan Poe*, New York: Barnes & Noble, 2015, pp. 721-729.
② Martin Burckhardt and Dirk Höfer, *All and Nothing: A Digital Apocalypse*, Cambridge, Mass: MIT Press, 2017.
③ Jacques Lacan, *The Seminar of Jacques Lacan: Book II: The Ego in Freud's Theory and in the Technique of Psychoanalysis: 1954–1955*, New York: W. W. Norton & Co, 1991.

发明的异化，因为"增加抽象"与"简化通讯"的最重要影响便是回溯性地剥离了很可能是必要性的"人类主义"幻象（亦即：我们并不只是在"存在"与"非存在"之间不断进行切换的"肉身机器"），从而将控制论意义上的人类径直投入了"冲动的深渊"，面对着机器性的重复与自动，文明化的编码开始在冲动的涡流中发生崩溃。重要的是，这便是我想要在下文中着手思考的斯蒂格勒[1]的关键论点。在他看来，我们并不只是"肉身机器"，而是与技术"共生"的造物。因而，从这一观点来看，拉康式"主体"概念的关键问题便是它太过于简单化，主体的此在形象被不断捕获于一种"开启/关闭"的"机器性边缘状态"——类似于克劳德·香农著名的"自杀机器"，除了通过关闭自身来无情地反对其使用者之外，它没有任何其他目的[2]——而且它也无法逃脱尼采式"永恒轮回"的"机器化"恶性循环。

因此，拉康式主体观[3]的问题在于：从一种人类主义的视角来看，自体是完全机器化的，而且根除了我们能够转变自己的思想并摆脱无限重复之噩梦的可能性。然而，尽管我们得出了这样的结论，此种自体概念化在某种意义上仍然反映了 21 世纪初期的个体化状态，且尤其是涉及诸如祖博夫[4]这样针对"超链接社会"的"计算性暴力"进行反思的作者。因此，如果我们将香农在当代高科技社会的"前历史"中的核心地位谨记在心，我们可能会支持马丁·伯克哈特与德克·霍弗[5]的结论，他们将人类在新型"控制论社会"中的生活与"边缘型人格障碍"进行了联系——在这样的控制论社会里，人们只能在两种状态之间不断地来

---

[1] Bernard Stiegler, *The Age of Disruption: Technology and Madness in Computational Capitalism*, Cambridge: Polity, 2019.
[2] Lydia Liu, *The Freudian Robot: Digital Media and the Future of the Unconscious*, Chicago: University of Chicago Press, 2011.
[3] Jacques Lacan, *The Seminar of Jacques Lacan: Book II: The Ego in Freud's Theory and in the Technique of Psychoanalysis: 1954–1955*, New York: W. W. Norton & Co, 1991.
[4] Shoshana Zuboff, *The Age of Surveillance Capitalism: The Fight for a Human Future at the New Frontier of Power*, London: Profile, 2019.
[5] Martin Burckhardt and Dirk Höfer, *All and Nothing: A Digital Apocalypse*, Cambridge, Mass: MIT Press, 2017.

回切换：（a）要么陷入进完全的空洞和虚无，（b）要么超链接于世界和万物——他们同时还暗示出由于敌托邦式的网络世界被捕获在"全或无"的布尔式选替之间，故而在"边缘"上生活的我们也会或多或少变得"正常化"。同样，在"双相情感障碍"的体验中，"抑郁-躁狂"与"躁狂-抑郁"的混合状态也会无限循环往复，而这即意味着双相个体永远不可能根据某种经由现在而将过去投入未来的"叙事"来稳定聚焦或思考生活。换句话说，双相个体即生活在一股"涡流"之中，这是在"高空"与"低谷"之间被撕裂开来的一种漩涡状的"永远的现在"，而且他们也不可能经由长期的"投射性思维"来理解世界的意义。鉴于爱伦坡本人便非常谙熟于此种"躁郁的漩涡"①，因此或许并不十分令人惊讶的是，拉康②自己也参照爱伦坡来阐明其在"存在"状态与"非存在"状态之间无限切换的"控制论自体"的心理，然而或许更加令人惊讶的是，他最终正常化了此种有关自体的见解，尤其是因为弗洛伊德③曾将冲动明确地视作一种"病理性状态"，并深深地担忧冲动的"毁灭性潜能"。那么，是什么导致拉康④得出结论说冲动是正常的呢？又是什么导致他将弗洛伊德原先的精神分析式的"社会控制系统"化约为一种后人类式的"控制论交换机"呢？通过阅读刘禾有关"弗洛伊德式机器人"兴起的著作，⑤我们可以在此基础上支持如下主张：导致拉康在冲动的正常性问题上与弗洛伊德发生决裂的，正是这些独具创见的控制论理论家的影响，尤其是维纳与香农，他们普及了人类的心灵可以根据一套复杂的"计算机程序"加以思考的观念，而且看到了我们所谓的"布尔式人类"的兴

---

① Emily Martin, *Bipolar Expeditions: Mania and Depression in American Culture*, Princeton, NJ: Princeton University Press, 2009; Kay Redfield Jamison, *Touched with Fire: Manic-depressive Illness and the Artistic Temperament*, New York: Free Press, 1996.
② Jacques Lacan, *The Seminar of Jacques Lacan: Book II: The Ego in Freud's Theory and in the Technique of Psychoanalysis: 1954–1955*, New York: W. W. Norton & Co, 1991.
③ Sigmund Freud, *Beyond the Pleasure Principle and Other Writings*, London: Penguin, 2003.
④ Jacques Lacan, *The Seminar of Jacques Lacan: Book II: The Ego in Freud's Theory and in the Technique of Psychoanalysis: 1954–1955*, New York: W. W. Norton & Co, 1991.
⑤ Lydia Liu, *The Freudian Robot: Digital Media and the Future of the Unconscious*, Chicago: University of Chicago Press, 2011.

起的可能性。拉康经由维纳与香农来阅读弗洛伊德，从而抵达了这样的结论：冲动在某种意义上是正常性的。尽管此种解读的病理性结果应当源自他对《超越快乐原则》[①]的解读，然而非常奇怪的是，拉康鲜少在该期研讨班上提及"死欲"或"死亡"的冲动，甚至在他针对爱伦坡的解读中也或多或少地设法规避"死亡"的主题，但爱伦坡却尤其痴迷于死亡的终结！然而，拉康对死亡的"控制论压抑"又为什么会在这期特殊研讨班的背景下显得格外重要呢？

我认为，拉康[②]对"不死冲动"进行概念化的原因是非常重要的，因为它开启了一种全新的可能性，有助于我们思考20世纪末至21世纪初发生的一场显著的"文化性转向"，亦即：在对"控制论人类"的理解中转向了一种"去人性化死亡"的视角。我想要指出，这便是斯蒂格勒[③]在著作中揭示的东西。实际上，我想要更进一步指出的是，我们可以将拉康对"弗洛伊德式冲动"的正常化解读作朝向"控制论式暴力"的正常化的一种更加宽泛的文化性举措的症状，这一控制论式的暴力即涉及将人类化约为一种朝向"熵增"而发生系统崩溃的"反应性伺服机构"的层面，但从未真正思考自身的最终结局。尽管也存在着一种贯穿20世纪历史的"赛博乌托邦主义"的线索，这是弗莱德·特纳[④]在有关"反文化"与"赛博文化"之间联系的著作中揭示的问题，然而我的主张在于：在把精神分析结合于维纳和香农的计算机思想的名义下，拉康与弗洛伊德发生了决裂，而此种分野可以被看作代表着对高科技社会中的人类心理进行思考的一个关键的历时性时刻，从而也解释了祖博夫[⑤]在有

---

① Sigmund Freud, *Beyond the Pleasure Principle and Other Writings*, London: Penguin, 2003.
② Jacques Lacan, *The Seminar of Jacques Lacan: Book II: The Ego in Freud's Theory and in the Technique of Psychoanalysis: 1954–1955*, New York: W. W. Norton & Co, 1991.
③ Bernard Stiegler, *The Age of Disruption: Technology and Madness in Computational Capitalism*, Cambridge: Polity, 2019.
④ Fred Turner, *From Counterculture to Cyberculture: Stewart Brand, the Whole Earth Network, and the Rise of Digital Utopianism*, Chicago: University of Chicago Press, 2008.
⑤ Shoshana Zuboff, *The Age of Surveillance Capitalism: The Fight for a Human Future at the New Frontier of Power*, London: Profile, 2019.

关"监控资本主义"的里程碑式著作中所写到的那种"算法性暴力"的正常化。

在这些条件下，法则不再是弗洛伊德式的"文明及其不满"[①]的俄狄浦斯法则（亦即"正常化计划"），也不再是德勒兹与加塔利式的"反俄狄浦斯"[②]的精神分裂法则（亦即"个体化计划"），而是最终导致病理性变得"超度"正常化的拉康式"前人类/后人类"的控制论法则（亦即"控制论计划"）。这里值得指出的是，关于这一涉及"电线""回路""开关"与"电流"的全新法则的出现，在祖博夫[③]的著作中也存在着那么几个时刻，她在其中考虑到了"人类经验的数据化和商品化"导致的正常化问题。令她感到疑惑的问题在于——我们是如何陷入某种控制论式的"敌托邦"（dystopia）并开始认为此种生活方式在某种意义上是正常的呢？经由我解读的拉康[④]对弗洛伊德[⑤]的重读，我想要对这一问题给出某种回答。换句话说，我解读拉康关于《超越快乐原则》的研讨班的基本观点是要提出：我们有可能在当代"控制论自体"的正常化中定位一个关键的时刻，至少是在精神分析的思想中，我们可以将拉康对弗洛伊德式冲动的"正常化"联系于斯蒂格勒[⑥]在其著作中批判的"超度正常化"问题[⑦]。现在，让我们来着手讨论斯蒂格勒关于"高科技社会"的批判，以及他由此提出的"幸存者计划"。正是在这里，斯蒂格勒开始针对此种威胁要以"机器化"毁灭人类（乃至所有其他有机生命体）的新型"控制论式敌托邦"，给出了他自己的回应。

---

① Sigmund Freud, *Civilization and Its Discontents*, London: Penguin, 2002.
② Gilles Deleuze and Felix Guattari, *Anti-oedipus: Capitalism and Schizophrenia: Volume I*, Minneapolis: University of Minnesota Press, 1983.
③ Shoshana Zuboff, *The Age of Surveillance Capitalism: The Fight for a Human Future at the New Frontier of Power*, London: Profile, 2019.
④ Jacques Lacan, *The Seminar of Jacques Lacan: Book II: The Ego in Freud's Theory and in the Technique of Psychoanalysis: 1954–1955*, New York: W. W. Norton & Co, 1991.
⑤ Sigmund Freud, *Civilization and Its Discontents*, London: Penguin, 2002.
⑥ Bernard Stiegler, *The Age of Disruption: Technology and Madness in Computational Capitalism*, Cambridge: Polity, 2019.
⑦ 亦即雅克-阿兰·米勒以其"常态精神病"（psychose ordinaire）概念提出的"疯狂正常化"问题。——译者

三、斯蒂格勒的末世"幸存者计划"

在《技术与时间》第一卷①里，斯蒂格勒经由参照柏拉图在《普罗泰戈拉篇》中对"爱比米修斯"神话的重述，②提出了他自己关于人类的控制论理论。与马克思将人类的一切都归功于普罗米修斯相反，斯蒂格勒聚焦于普罗米修斯的兄弟爱比米修斯所扮演的角色。柏拉图的故事如下：

> 从前有一个时期只有诸神；凡间的生物尚不存在。而到了也要创造这些生物的约定时刻，诸神便把土与火还有一些复合的元素混合起来，将它们塑造于大地之上。待到诸神准备将这些生物带向光明的时候，他们便委派普罗米修斯与爱比米修斯给每种生物配备上其所必需的能力。爱比米修斯要求普罗米修斯让他自己来分配这些能力，他对普罗米修斯说道："一旦我分配好了这些能力，你便可以对它们进行检查"；如此，普罗米修斯便同意了，爱比米修斯便去分配了这些能力。他为一些动物赋予了力量，却没有给它们速度，而把速度配备给了那些比较弱小的动物。他为一些动物赋予了利爪或尖角，而对那些无法战斗的动物，他则设计了一些其他能力，以便让它们能够自保……现在，由于爱比米修斯不是特别聪慧，他没有注意到他竟然把所有这些能力统统用在了那些非理性的造物身上；因此，他在最后遗忘了人类，什么也没有留给人类，对此他感到不知所措。正当他绞尽脑汁的时候，普罗米修斯过来视察工作，他看到别的生物在各个方面都配备得非常合适，只有人类赤身赤脚，没有任何铺盖用来睡觉，也没有任何尖牙或利爪；此时已经快到了约

---

① Bernard Stiegler, *Technics and Time: Volume I: The Fault of Epimetheus*, Stanford, CA: Stanford University Press, 1998.
② Plato, *Protagoras*, Oxford: Oxford University Press, 2009.

定的日子，而人类也不得不在这一天出世。普罗米修斯想破了脑袋也找不到办法来保存人类，于是他便从赫菲斯托斯与雅典娜那里盗取了他们的各种技艺，连同对火的使用……他把这些统统赠予了人类……结果，人类被很好地配备了生活所需的各种资源，可是后来又据说是由于爱比米修斯的缘故，普罗米修斯因为盗窃而遭到了惩罚。①

根据斯蒂格勒对柏拉图这则神话的解读，人类总是已经是控制论的，因为倘若没有普罗米修斯教会人类创造各种机器，人类不可能幸存下来。在这一理论中，人类是诞生在缺陷之中的，且无法与拥有尖牙和利爪的动物竞争，因为爱比米修斯的"过失"导致人类在"自然状态"下只有很差的生存能力。然而，普罗米修斯挽回了其兄弟的过失，他从众神那里盗来技艺与火种，为人类赋予战斗的可能性。如此便开始了"人类文明化"的历史，人类要解决问题便必须依赖他们的天生才智与制造机器的能力。斯蒂格勒②的核心论点在于：我们从来不曾达到我们不再需要发明创造的程度——在这个"平衡点"上，任何发展都不再是必要的——因为"自然"会持续性地挫败"技术乌托邦"的可能性，而这即意味着人类对创新的需求是永无止境的。因而，人类不断地处在缺陷之中。我们制造出各种机器，机器又制造出各种问题，问题又需要各种"技术性治理"，如此等等，没完没了。尽管在人类历史的大部分时刻上，我们都处于某种"可持续发展"的情境，然而斯蒂格勒解释说，我们或许要根据某种"引爆点"来理解现代性，在这样的"临界点"上，技术变得不再关乎人类的拯救，而是已然开始毁灭它的主人。当这一切发生的时候，"推迟的逻辑"便会失效，而人类也会被抛入一种"永恒的缺

---

① Plato, *Protagoras*, Oxford: Oxford University Press, 2009, pp. 17-18.
② Bernard Stiegler, *Technics and Time: Volume I: The Fault of Epimetheus*, Stanford, CA: Stanford University Press, 1998.

陷"状态（倘若没有进行转换的话），斯蒂格勒①通过"迷失方向"的概念看待此种境遇，这一概念即意味着人类不再拥有"在家"的舒适感，也不再能够理解这个似乎已然把他们甩在后面的技术世界。在这一点上，斯蒂格勒②借鉴了海德格尔③对"技术座架"（enframing of technology）与"存在遗忘"（forgetting of being）的著名批判，来解释人类如何会遭受自身技术的"异化"，但是我认为，他所解释的这一转变，同样可以描述在拉康对"弗洛伊德式冲动"的重新解读中发生的改变，此种转变即涉及前人类式／后人类式的"机器化"突然变得"正常化"，从而导致人类被困在一个由电线、开关、回路与电流构成的世界中。通过追溯海德格尔④在"古代技艺"与"现代技术"之间做出的区分，斯蒂格勒⑤解释说现代技术暂停了必要性"合作生产"（co-production）的历史，为了幸存下来，人类曾联合机器一起去怜悯我们的地球家园，然而现代技术促成了一种全新的异化状态，在其中各种机器不停地发展，而人类不再能够理解这些"技术物"来自何处，或是它们如何运作。在这些条件下，机器便鼓励人们开始像看待我们以"发展"和"进步"为名使用并滥用的很多物品那样看待他人与动物。我们现在正走在灭绝一切"有机生命"的路途之上。

在发展自己论点的时候，斯蒂格勒⑥参照了海德格尔⑦的批判与马克

---

① Bernard Stiegler, *Technics and Time: Volume II: Disorientation*, Stanford, CA: Stanford University Press, 2009.
② Bernard Stiegler, *Technics and Time: Volume I: The Fault of Epimetheus*, Stanford, CA: Stanford University Press, 1998; Bernard Stiegler, *Technics and Time: Volume II: Disorientation*, Stanford, CA: Stanford University Press, 2009.
③ Martin Heidegger, *The Question Concerning Technology and Other Essays*, New York: Harper, 2013.
④ 同上。
⑤ Bernard Stiegler, *Technics and Time: Volume II: Disorientation*, Stanford, CA: Stanford University Press, 2009.
⑥ Bernard Stiegler, *Technics and Time: Volume I: The Fault of Epimetheus*, Stanford, CA: Stanford University Press, 1998; Bernard Stiegler, *Technics and Time: Volume II: Disorientation*, Stanford, CA: Stanford University Press, 2009.
⑦ Martin Heidegger, *The Question Concerning Technology and Other Essays*, New York: Harper, 2013.

思的①的理论:(a)海德格尔批判了使用工具就木材纹理进行工作的工匠遭遇将"自然物"碾压成型的技术与机器人所取代的情况;(b)马克思则在其理论中借由整个工业资本主义历史上工匠的"技术降低化"来描述他所谓的"无产阶级化"的经验。在斯蒂格勒②的著作中,"无产阶级化"经验的出现——或者我们可以将其称作"变得愚蠢化"——与技术的发展是成反比的,这就导致他得出结论说"控制论文明"的兴起涉及的是人类方面的深度心理退行。在海德格尔③对尼采的批判中,"超人"(übermensch)的乌托邦主义掉入了技术性"意志的意志"或"意志性迭代"的虚无主义之中,又或者在马克思④有关"工业资本主义"的理论中,其也表明了工人如何会随着机器变得愈加复杂而退化到某种"野兽"的层面,与海德格尔和马克思相呼应,斯蒂格勒⑤也以其现代技术的历史,描述了一副噩梦般的图景,在这一"高科技噩梦"中,男人和女人都遭受了某种"物化"和"去人性化",从而在新的世界里似乎也都没有任何位置。拉康⑥经由维纳和香农重新改变了弗洛伊德式"无意识"概念的思路,以便说明人类如何从属于一种巨大的计算系统,斯蒂格勒也以差不多同样的方式设想说迷失在高技术文明中的人类不再配得上"人类"之名,只不过两者之间的重要差异在于:斯蒂格勒认为我们必须找到一些办法逃离此种情境。类似于海德格尔以及在他之前的马克思,斯

---

① Karl Marx, Estranged Labour, *Economic and Philosophic Manuscripts of 1844 and Marx, K. and Engels, F. The Communist Manifesto*, New York: Prometheus Books, 1988, pp. 69-85.
② Bernard Stiegler, *Technics and Time: Volume II: Disorientation*, Stanford, CA: Stanford University Press, 2009.
③ Martin Heidegger, *Nietzsche: Volumes III: The Will to Power as Knowledge and as Metaphysics & Volume IV: Nihilism*, New York: Harper Collins, 1991.
④ Karl Marx, *Capital: Volume I*, London: Penguin, 1990.
⑤ Plato, *Protagoras*, Oxford: Oxford University Press, 2009; Bernard Stiegler, *Technics and Time: Volume II: Disorientation*, Stanford, CA: Stanford University Press, 2009.
⑥ Jacques Lacan, *The Seminar of Jacques Lacan: Book II: The Ego in Freud's Theory and in the Technique of Psychoanalysis: 1954-1955*, New York: W. W. Norton & Co, 1991.

蒂格勒^①同样指出，我们可以将这一问题的起源追溯至现代性，或许也可以追溯至尼采的"查拉图斯特拉"首次冒险走出"洞穴"的那一时刻。在《查拉图斯特拉如是说》^②中，尼采设想其先知对"上帝之死"的疯狂洞见可以将"超人"解放出来，去制作他们自己的法则，但是海德格尔^③对尼采的批判却在于说"上帝之死"仅仅产生了一种基于"盲目性生成"（blind becoming）建立的技术世界，除此之外别无其他。就此而言，现代性就变得关系到一种"意志意志的意志"（will that wills to will）的循环迭代，仅此而已。除了叔本华与尼采写到的"意志"与弗洛伊德后来所谓的"冲动"之外，别无其他。尽管尼采^④也经由其"永恒轮回"的概念来思考无限的意志，这一"永恒轮回"造成了发生在我们身上的大部分遭遇，然而我们也都知道，弗洛伊德^⑤与后来的海德格尔^⑥皆在地狱般的"死亡冲动"或"技术意志"的机器化中看到了尼采式恶性循环的终极劣势。

斯蒂格勒扩展了这一弗洛伊德式/海德格尔式的批评，他把"冲动型社会"的发展一直追溯至现在。在关于《失去信仰与失去信用》的著作中，^⑦他又借鉴了马克思·韦伯^⑧关于"资本主义精神"的尼采式理论，我们可以回想起，这一理论说明了美国的加尔文教徒是如何以"上帝的

---

① Bernard Stiegler, *Technics and Time: Volume I: The Fault of Epimetheus*, Stanford, CA: Stanford University Press, 1998; Bernard Stiegler, *Technics and Time: Volume II: Disorientation*, Stanford, CA: Stanford University Press, 2009.
② Friedrich Nietzsche, *Thus Spoke Zarathustra: A Book for Everyone and Nobody*, Oxford: Oxford University Press, 2008.
③ Martin Heidegger, *Nietzsche: Volumes III: The Will to Power as Knowledge and as Metaphysics & Volume IV: Nihilism*, New York: Harper Collins, 1991.
④ Friedrich Nietzsche, *The Gay Science*, New York: Random House, 1974.
⑤ Sigmund Freud, *Beyond the Pleasure Principle and Other Writings*, London: Penguin, 2003.
⑥ Martin Heidegger, *Nietzsche: Volumes III: The Will to Power as Knowledge and as Metaphysics & Volume IV: Nihilism*, New York: Harper Collins, 1991.
⑦ Bernard Stiegler, *The Decadence of Industrial Democracies: Disbelief and Discredit: Volume I*, Cambridge: Polity, 2011; Bernard Stiegler, *Uncontrollable Societies of Disaffected Individuals: Disbelief and Discredit: Volume II*, Cambridge: Polity, 2012; Bernard Stiegler, *The Lost Spirit of Capitalism: Disbelief and Discredit: Volume III*, Cambridge: Polity, 2014.
⑧ Max Weber, *The Protestant Ethic and the Spirit of Capitalism*, Oxford: Oxford University Press, 2010.

荣光"为名启动了资本主义。然而,我们也记得韦伯说明了这是一种致命的策略,至少是就涉及"上帝的寿命"而言。根据韦伯的说法,当资本主义出现的时候,上帝也便行将就木了。这即意味着"价值理性"要求我们不停地赚钱,以便就人们在上帝的"伟大计划"中是得到了拯救还是遭到了诅咒的问题上缓解我们的"救赎焦虑",因而"价值理性"最终开始摧毁人们对上帝本身的信仰,而这导致了建立在"工具理性"基础上的一种资本主义形式的出现。换句话说,资本家不再需要"上帝"。在资本主义这一全新系统里,赚钱的目的仅仅是赚更多的钱,于是我们开始看到"冲动型经济"的轮廓。起初,新教徒的"工作伦理"是代表上帝的,而斯蒂格勒[1]解释说这一宗教系统的残余最终还是被"消费主义"所取代,在消费主义的系统中,我们工作是为了挣钱,挣钱是为了消费,消费则是为了能够在充分满足消费者的晚期资本主义乌托邦里生活下去,或者说是在当代社会里让我们过上"名人"或"明星"一般的生活,而名人和明星则跟我们所有人一样,只不过他们要生活得"更好"一些而已。因而,斯蒂格勒[2]更新了现代技术对人类进行异化的历史,他经由马克思、尼采、海德格尔与韦伯一路披荆斩棘,直至在最后抵达了阿多诺与霍克海默对"文化产业"的批判,这一批判即涉及曾经将人们"抱持"在"意义网络"中的那些"文化意义性结构"如何会朝向制造各种无意义事物的"机器生产线"而发生崩溃,同时对更美好未来的"欲望"又如何会朝向我们现在想要一切的"冲动"而发生短路。

在20世纪中叶,阿多诺与霍克海默[3]便能够说明文化产业如何会像一种"资本主义宗教"那样运作,消费者在其中扮演着某种现代版"坦塔洛斯"的角色,他们不断寻求他们相信会使自己感到"完满"的商品,但是这一系统的问题在于:在经济的大规模扩张的压力之下,它

---

[1] Bernard Stiegler, *The Lost Spirit of Capitalism: Disbelief and Discredit: Volume III*, Cambridge: Polity, 2014.
[2] 同上。
[3] Theodor Adorno and Max Horkheimer, *Dialectic of Enlightenment*, London: Verso, 1997.

最终令人们遭受到巨大的痛苦。在这一点上，斯蒂格勒①说明了晚期资本主义——"晚期"是因为资本主义注定开启自身的"自我毁灭"——如何会开始对自身的消耗：（a）以增加利润的名义加速创新、发展及生产；（b）通过放松道德参数以便让消费者想要的任何东西都能够或多或少地进行贩卖；以及（c）通过放松信贷以便让商品是几乎任何人都可以购买的。在这些条件下，弗洛伊德的"俄狄浦斯式法则"——人们在其中被禁止抵达他们真正想要的东西——开始面对速度越来越快的"生产-消费-再生产"的循环而发生崩溃，直至消费者进入无限的"冲动空间"，在其中无穷无尽的商品不再能够劝服或捕捉人们的想象力，而人们也开始看到自己真正想要的东西。斯蒂格勒②在此表明：商品变得越是容易获得且越是可随意处置，其统帅千军万马的"相信者"的能力就会变得越差，直至最终没有人会再真正地相信。在此种意义上，斯蒂格勒所谓的"解除抑制"（disinhibition）或俄狄浦斯式法则的坍塌给神学性的"消费者乌托邦"敲响了丧钟，并由此宣告了以超度消费、随意处置、失去信仰、犬儒主义且完全无视规则和管制为前提的一种"后社会型"或"非社会型"社会的兴起。在其新近的几部著作中，包括《休克状态》③《自动社会》④与最近的《崩坏时代》⑤，斯蒂格勒都解释说：当阿多诺与霍克海默⑥书写《启蒙辩证法》并写到理性如何巧妙地经由"工具理性"的闭环而朝向"野蛮主义"发生逆转的时候，他们看到的恰恰

---

① Bernard Stiegler, *States of Shock: Stupidity and Knowledge in the 21st Century*, Cambridge: Polity, 2014.
② 同上。
③ 同上。
④ Bernard Stiegler, *Automatic Society: Volume I: The Future of Work*, Cambridge: Polity, 2016.
⑤ Bernard Stiegler, *The Age of Disruption: Technology and Madness in Computational Capitalism*, Cambridge: Polity, 2019.
⑥ Theodor Adorno and Max Horkheimer, *Dialectic of Enlightenment*, London: Verso, 1997.

就是这样的情境。正是在这些情况下，斯蒂格勒[①]指出：先前曾通过使用工具和创造机器而进化的人类，现在却开始朝向一种新型的"冲动性/自动性行为"的前人类/后人类状态而退行。然而，此种新型的"第二自然"状态已不再类似于弗洛伊德能够想象的那种霍布斯式的"野蛮人"状态，因为在这一全新的（非）世界里，冲动完全受到控制论系统的介导，也即这些系统会对在行为层面上迷失于一种"失去方向"状态的前人类或后人类施加控制。当然，这恰恰也是我们可以从拉康[②]对弗洛伊德式"冲动"概念[③]的重新解读中识别出来的那种系统，这一概念从在弗洛伊德有关"超越快乐原则"的研究中作为理解人类的"潜在性衰退"的模型转向了在拉康研讨班中作为对人类的"技术性未来"的预言。

除了"冲动的正常化"之外，我们还记得拉康[④]在关于《超越快乐原则》的研讨班上的另一项重要举措，便是要将复杂的语言还原至"二进制编码"的层面，其结果导致他最终借由一种"无限交换机"加密了死亡本身，在这里主体要么是（a）完全占有他们将其当作"原物"本身的那一失落对象的象征化表征，要么是（b）在认识到他们将其当作"原物"本身的只不过是其象征化表征之后，陷入一种绝望状态，从而导致（c）对"原物"本身的重新寻找又总是不变地返回到（a），如此循环，无限往复。在斯蒂格勒[⑤]的著作中，此种将"主体"化约至二进制编码层面的"布尔式人类"的还原反映了晚期资本主义对数字的痴迷，资本家或多或少都会从经济学上通过计算的透镜来理解世界，而这最终导致

[①] Bernard Stiegler, *The Age of Disruption: Technology and Madness in Computational Capitalism*, Cambridge: Polity, 2019; Bernard Stiegler, *States of Shock: Stupidity and Knowledge in the 21st Century*, Cambridge: Polity, 2014; Bernard Stiegler, *Automatic Society: Volume I: The Future of Work*, Cambridge: Polity, 2016.
[②] Jacques Lacan, *The Seminar of Jacques Lacan: Book II: The Ego in Freud's Theory and in the Technique of Psychoanalysis: 1954–1955*, New York: W. W. Norton & Co, 1991.
[③] Sigmund Freud, *Beyond the Pleasure Principle and Other Writings*, London: Penguin, 2003.
[④] Jacques Lacan, *The Seminar of Jacques Lacan: Book II: The Ego in Freud's Theory and in the Technique of Psychoanalysis: 1954–1955*, New York: W. W. Norton & Co, 1991.
[⑤] Bernard Stiegler, *The Age of Disruption: Technology and Madness in Computational Capitalism*, Cambridge: Polity, 2019.

鲁夫鲁瓦与伯恩斯[①]根据"算法性治理"而写到的一种新型的"计算性法律系统"的出现。对于斯蒂格勒[②]而言，此种情境的基本问题在于它将人类转化成了一部只有重复、计算与基本逻辑功能的机器，并将理解世界与投身世界的"文明化厚度"缩减至经由数据收集和行为操纵而进行的"技术超控制"。在此种"计算型超控制"的体制下，人们对于遵守规则的必要性就变得不再有任何深刻理解或道德意识。实际上，斯蒂格勒[③]说这在数字世界中是不可能的，因为永无止境的计算会看到"记忆系统"发生崩溃，而且也会看到使人类能够理解其世界的"基本时间性结构"发生崩溃。换句话说，如今"机器人化"的主体不再具有"过去"的概念来告知他们对"现在"的理解，以便帮助他们超出其现有情境来想象那些可能的"未来"，相反他们发现自己处于这样的一种情境：其中除了程序性的重复与行为切换的反应之外别无他物。故而，我们现在全都处于晚期资本主义的控制论法则的领域，在这一辖域之中，数字即一切，文化则意味着虚无。

正如斯蒂格勒[④]经由参照温尼科特所解释的那样，文化应当使主体能够在"现有状态"与"未来状态"之间进行过渡，但是此种能够使儿童过渡到成人的发展形式现在已然被降格至某种"盲目性生成"，亦即："现在""然后"与"马上"之间的差异完全是从数字上或是经由"成本""利润""好处"与"获益"等概念来表达的。贯穿其整个著作，斯蒂格勒[⑤]不是经由"系统性愚蠢"与"象征性贫困"等概念，就是通过

---

① Antoinette Rouvroy and Thomas Berns, Algorithmic Governmentality and the Prospects of Emancipation, *Reseaux*, 2013, 177, pp.163-196.
② Bernard Stiegler, *The Age of Disruption: Technology and Madness in Computational Capitalism*, Cambridge: Polity, 2019.
③ 同上。
④ 同上。
⑤ Bernard Stiegler, *States of Shock: Stupidity and Knowledge in the 21st Century*, Cambridge: Polity, 2014; Bernard Stiegler, *Automatic Society: Volume I: The Future of Work*, Cambridge: Polity, 2016; Bernard Stiegler, *Symbolic Misery: Volume I: The Hyper-Industrial Epoch*, Cambridge: Polity, 2014; Bernard Stiegler, *Symbolic Misery: Volume II: The Catastrophe of the Sensible*, Cambridge: Polity, 2015.

他在最近的《崩坏时代》①一书中提出的"缺失时代的时代"概念来书写此种情境，这一概念意味着我们当前的历史时期是一个悖论性的时期，缺乏一切涉及"时代划分""历史目的"或"共同视野"的感觉。尽管黑格尔、科耶夫与福山等人都曾或多或少地根据乌托邦来设想"历史的终结"，然而斯蒂格勒②的"末日终结"在其悖论性的"无尽"上完全是敌托邦式的，至少是就此种情况当下被反映在新型的"计算性"乌托邦/敌托邦的意义而言，斯蒂格勒的思想揭示出了拉康③的"去人性化死亡"的种种噩梦般的后果。在这一点上，斯蒂格勒在《崩坏时代》④中返回了海德格尔⑤与"向死而在"的概念，来解释"去人性化死亡"与由此应运而生的控制论式"无限反馈回路"概念对人类的生活、动机与可能未来造成的冲击性影响。因而，斯蒂格勒得出结论说，将"末日终结"转化为"无限反馈回路"的效果在于其导致了那些曾经能够对自体、他者与集体进行建构的"时间性象征结构"在他所谓的对黑格尔式"我即是我们"的"谋杀性解链"（murderous disarticulation）中发生了深度的崩塌。由于被捕获于此种"集体性去个体化"的状态导致主体陷入了某种开始怀疑其存在的"精神分裂性危机"，我们唯一的"出路"似乎便是要穿过拉康⑥在其对弗洛伊德的重新解读中勾勒出来的那种"致命环路"，这恰恰也是当我们探索"数码人"（Homo Digitalis）会如何指望通过在Instagram照片墙和微信朋友圈等网络社交平台上不断发布自拍照片，从而不断强调自身存在时发现的出路。在这里，唯一的目标便是对着世界大声呼唤："关注我，故我存在。"

---

① Bernard Stiegler, *The Age of Disruption: Technology and Madness in Computational Capitalism*, Cambridge: Polity, 2019.
② 同上。
③ Jacques Lacan, *The Seminar of Jacques Lacan: Book II: The Ego in Freud's Theory and in the Technique of Psychoanalysis: 1954–1955*, New York: W. W. Norton & Co, 1991.
④ Bernard Stiegler, *The Age of Disruption: Technology and Madness in Computational Capitalism*, Cambridge: Polity, 2019.
⑤ Martin Heidegger, *Being and Time*, Albany, NY: SUNY Press, 2010.
⑥ Jacques Lacan, *The Seminar of Jacques Lacan: Book II: The Ego in Freud's Theory and in the Technique of Psychoanalysis: 1954–1955*, New York: W. W. Norton & Co, 1991.

关于此种现象，韩炳哲①解释说，"数码人"并不完全是"无人"（nobody），而是相反，应当被设想为拼命用自拍博得关注以便确认自身存在的"某人"（somebody）。然而，不幸的是，给韩炳哲所谓的"在群中"（in the swarm）生活打上标记的那种"孤立隔绝"的状态，致命性地连根切断了极度渴望脱颖而出并作为"某人"受到认可的此种令人绝望的"绝对欲望"。在类似的脉络下，斯蒂格勒②也写到我们的"主体性"正处在一种笛卡尔式"存在焦虑"的状态之下，在将我们每个人化约为"数字命运"的这样一种社会之中，人们对某种承认感的迫切需要反映出了此种持续焦虑的状态。斯蒂格勒③反思了此种情况如何会影响到年轻人发展"自体感"的极其困难的过程，他还就此写到了一种"否定性升华"的现象，在此种现象中，遭到毁灭的个体会指望通过暴力性和破坏性的行为留下他们在这个世界上的印记。在他看来，正是"虚无主义"的深刻感觉导致了此种"否定性升华"的暴力，从而其实也证实了我们已然终结了未来。对此，一位名叫弗洛里安的15岁少年这样说道："你们真的没有考虑到发生在我们身上的事情。当我跟比我年长或年轻两三岁左右的我这一代的年轻人聊天的时候，他们全都说了同样的话：我们不再像你们年轻时那样拥有建立家庭、生儿育女的梦想，也不再拥有什么事业或理想。这一切都结束了，因为我们确定自己必将是末世前的最后一代，或是最后几代之一。"斯蒂格勒④引用了这位少年的话，并由此得出结论说：我们必须找到某种方式来逃离无限的冲动，并在未来重新发现希望。尽管韩炳哲与斯蒂格勒在他们的著作中都没有提到拉

---

① Byung-Chul Han, *In the Swarm*, Cambridge, Mass: MIT Press, 2017.
② Bernard Stiegler, *The Age of Disruption: Technology and Madness in Computational Capitalism*, Cambridge: Polity, 2019.
③ Bernard Stiegler, *Uncontrollable Societies of Disafected Individuals: Disbelief and Discredit: Volume II*, Cambridge: Polity, 2012.
④ Bernard Stiegler, *The Age of Disruption: Technology and Madness in Computational Capitalism*, Cambridge: Polity, 2019.

康①对弗洛伊德《超越快乐原则》②或是爱伦坡短篇小说的解读，然而在自拍文化的绝望、否定性升华的现象乃至面对与任何形式的承认似乎皆背道而驰的情境来坚持"我"的存在的需要上面，仍然存在着某种令人深深不安的东西，这也会令人联想到爱伦坡的"瓦尔德马先生"的恐怖，在《瓦尔德马先生病例的真相》里，主人公瓦尔德马先生对最小限定的存在的确认便在于他知道自己已然死去。在已经或多或少完全遭到数字殖民的"新世界"或"非世界"里，或是在祖博夫所谓的"监控资本主义"里，这难道不就是"数码人"至多可以去希望的东西吗？这恰恰也是斯蒂格勒③所提出的。实际上，他指出，我们必须面对此种情境的恐怖，并且也要理解数据经济现在已经完全殖民了"个体性""个体间性"乃至"超个体性"的空间，而此种空间先前采取的"可持续文化"的形式是由"过去的记忆"与"未来的憧憬"构筑的。在斯蒂格勒看来，这一新型"逻各斯"的配比意味着我们可能会忘记弗洛伊德式"道德法则"的观念。我们只剩下数字和无尽的计算，别无他物。

就此而言，或许拉康④正确地预言了控制论式计算性法则的兴起，然而它错误地估计了此种情境的正常性，除非我们再进一步将此种正常与疯狂关联起来，实质上这也是斯蒂格勒在若干部著作尤其是在《崩坏时代》⑤中所做的事情，在我们所处的"崩坏时代"里，致力于高科技创新，与撼动、扰乱并摧毁所有一致性形式的加州商业模式的"全球化"，导致了一种普遍化的精神病式疯狂的结果。根据斯蒂格勒⑥的说法，这些毁灭性行径中最严重的举措便是将文化转化为某种"计算性迷宫"（在

---

① Jacques Lacan, *The Seminar of Jacques Lacan: Book II: The Ego in Freud's Theory and in the Technique of Psychoanalysis: 1954–1955*, New York: W. W. Norton & Co, 1991.
② Sigmund Freud, *Beyond the Pleasure Principle and Other Writings*, London: Penguin, 2003.
③ Bernard Stiegler, *The Age of Disruption: Technology and Madness in Computational Capitalism*, Cambridge: Polity, 2019.
④ Jacques Lacan, *The Seminar of Jacques Lacan: Book II: The Ego in Freud's Theory and in the Technique of Psychoanalysis: 1954–1955*, New York: W. W. Norton & Co, 1991.
⑤ Bernard Stiegler, *The Age of Disruption: Technology and Madness in Computational Capitalism*, Cambridge: Polity, 2019.
⑥ 同上。

其中我们全都是迷失方向的小白鼠）或"行为乌托邦"（在其中思想被反射与反应所取代），因为这将开始摧毁人类理解现实并承认自身不同于机器的能力，这一关键性的差异即在于人类无法克服死亡的屏障。尽管这一点从机器的角度来看很像是一种劣势，然而使人类能够进行思考并制造意义的也恰恰是这一进化上的优势，这也是拉康与弗洛伊德在"死亡冲动"的问题上分道扬镳会对精神分析的政治产生如此重要影响的原因所在，因为从某种意义上说，拉康是站在了"控制论机器"与"去人性化死亡"的一边，如此他便从本质上宣判了人类处于一种"前人类"或"后人类"的状态，在这样的状态中，冲动的"自动化"或是海德格尔①所谓的"besorgen"②法则，没有给使人类能够改变其心智的思维运动留下任何空间。这种以不同方式进行思想的能力如今显得尤其重要，因为正如斯蒂格勒③所表明的那样，后人类的技术系统很可能会在对"人类世"（anthropocene）的发现中抵达自身的界限，我们通常会误以为"人类世"指的是一种"完全人类化世界"的概念，然而这一概念实际上应该根据一种"前人类/后人类星球"的出现来理解，因为我们现在知道，地球的全面人类化正处在把世界变得不适宜人类"栖居"的过程之中，而我们也必须不能忘记，人类的幸存是依赖于其生物圈的。

在回应此种情境的时候，斯蒂格勒④注意到我们无处可逃，人类不再有发展，也不再有技术性的治理，有的只是这样一种"逆人类世"（neganthropocene）的认识，亦即：我们不是能够脱离身体与维持我们生存的世界而生活下去的机器。从本质上讲，斯蒂格勒的"幸存者计划"便是围绕着有关"技术异化"这一深刻洞见和思想转变而运作的，他希望这一计划具有能够将"技术型后人类"（techno-post-human）的"人类世"转变成一种"有机型前人类"（organic-pre-human）的"逆人类世"

---

① Martin Heidegger, *Being and Time*, Albany, NY: SUNY Press, 2010.
② "此在"与"物"打交道的"烦忙"或"操劳"。——译者
③ Bernard Stiegler, *The Age of Disruption: Technology and Madness in Computational Capitalism*, Cambridge: Polity, 2019.
④ 同上。

的潜在可能性，因而由文化推动的"逆人类世"拒绝"普罗米修斯"的狂妄（普罗米修斯认为我们人类是能够脱离开终将枯萎、腐烂并死亡的身体而生活下去的神性存在），并转而支持"爱比米修斯"的精神（爱比米修斯则认识到了我们人类的基本缺陷性、脆弱性与局限性），而这一精神也从根本上联系着一切有机生命体的法则。正是这一法则宣告了我们尽管拥有一切但还是终有一死的真理。虽然此种思想转变看似是不可能的，而读者大概也会怀疑我们是否将永远放弃我们的机器，这些机器正在逐步摧毁我们的地球，也正在逐步摧毁依赖地球进行生存的人类与生物，但是斯蒂格勒①认为，我们最终还是会被迫与我们自身的局限性和必死性达成妥协，因为我们会不可避免地认识到那些自1970年代早期便堆积起来的"终结时代"的迹象：经济增长界限的实现、历史的终结、历史的终结的终结、"911"恐怖袭击、金融危机与财政崩溃、不断增长的阶级不平等性，还有各种生态灾难与气候危机，现在又是新冠病毒的大流行，如此等等。就此而言，斯蒂格勒从"计算"中看到了出现"不可计算"的可能性，他在绝望中找到了希望，亦即：在保持运算的能力上显得永无止境的控制论系统的"敌托邦式噩梦"中，同样存在着"乌托邦式逃离"的可能性。

在《崩坏时代》②里写到他自己的抑郁时，斯蒂格勒发现了一种模型，从而针对这些"末世"迹象做出了一种"药理学"的回应（我们可以联想到"末世"一词来自希腊语的apocalypsis，而该词正好意味着"启示"或"揭示"）。根据斯蒂格勒的"药理学"，有机生命的"技术支持系统"在当前全球化的死亡冲动中完成转化之后，便会回返至一种更加具有"持续发展性"和"生活适宜性"的文化形式。在思考这一新型的人类社会秩序时，斯蒂格勒解释说我们可以给生活找到一些理由，而这些理由在当代的"虚无主义系统"中皆是无法设想的，但是他也一次

---

① Bernard Stiegler, *The Age of Disruption: Technology and Madness in Computational Capitalism*, Cambridge: Polity, 2019.
② 同上。

又一次地返回到其核心论点上来，亦即：这一"潜在可能性"依赖于我们认识到不可避免的"死亡必然性"，乃至我们今天所面对的生命在地球上的灭绝。因而，斯蒂格勒的"幸存者计划"在本质上涉及人类发生思想转变的精神分析式的可能性，也即发明出一些其他的生活方式，从而逃离将死亡的"转化性潜能"（transformative potential）变成某种"沉闷性无限"（dreary endlessness）的控制论系统的闭环，而这一切都将取决于面对这一噩梦的真相：终有一天，我们将不再有"来日"。这一点之所以显得如此重要，是因为在斯蒂格勒看来，去面对我们正在睡梦中走向人类终结的"噩梦"，便会开启一些"梦境化"或"想象化"的方式，去实现我们从当前的敌托邦情境中逃离出来的"美梦"，此种方式也类似于巴塔耶[1]的原始先民通过在"拉斯科洞穴"的岩壁上作画而使他们自己超越了野兽的层面。

---

[1] Georges Bataille, *The Cradle of Humanity: Prehistoric Art and Culture*, New York: Zone Books, 2005.

精神分析与文学艺术专题

创造的瞬间

——一个对《褐色鸟群》的荣格心理学分析尝试

黄煜峰[①] / 著

【摘要】 本文尝试使用荣格心理学分析的方法对格非的《褐色鸟群》进行解读。《褐色鸟群》描绘了一个作家("我")如何在创造一篇如"圣约翰启示录"的小说过程中,一步一步与无意识中的阿尼玛形象联合,并在后者的"助产"之下发现更完整的自己,最终生产出整篇小说。借助荣格的心理学词汇和理论,隐藏在小说中的丰富多彩的形象和象征背后的意义能得到更清晰和细致的解读,如何创造(如何写作一篇小说)的秘密并非被取消了,而是能被更好地呈现。

【关键词】 格非;荣格;心理学

一、工作假设

在进入对《褐色鸟群》具体的心理学分析之前,我们必须触及三个基础性问题。第一个问题是为什么对这篇小说进行心理学的分析。这取决于一个关键问题:作者究竟是有意识地创作这篇小说,抑或他更多是无意识的工具,创作完全超过他的意识?荣格提醒我们区分这两类创

---

① 黄煜峰,澳门大学在读博士生,专业为哲学与宗教研究,研究方向为欧陆哲学。

作。[1]对于前者，据创作者本人所说，作品完全服从他的掌控，从内容到形式均受制于他的意识，是他有意识的产物。学院式的文学研究正是基于这种假设才拥有解释的基础，因为在学者看来，小说的构思、结构、语言都是作者有意为之，因而能被普遍地解读，给予一般读者一个可以接受的"阅读理解"答案。[2]然而，在第二类创作的作者眼中，前一类解读如果不是虚妄的幻想，那便是某种自负，因为事实上，作者看似在有意识地创作，实则被某种不为自己所知的、更强大的力量拖着走，被迫遭遇整个情境，由是才能生产其作品。作者充其量只是无意识的工具，作品尽管反映了他一定的意识，却也超越意识本身而为无意识所统治。对此类作品和创作活动进行任何有意识的解读都免不了进行人为的阉割。它们在根源上无法成为单一的标准，也不受限于任何一种解读，因为它们超出于某个具体意识的限制（在此意义上，就连作者本人的意识也只是某一个具体意识），并恰恰因此与所有人联系在一起。这种区分不关涉作品本身的好坏，而只具有心理学层面的分野。[3]面对第一类作品，读者似乎能更为轻松地接收作者所想表达之物，被很好地引领到意识所指向的高地，一切宛如在逻各斯的照耀下，不管是作品还是作品呈现的世界都显得温暖而动人。然而，在第二类作品里，总有一些意义超出作者本人的意图，不管是作者抑或读者都被拖进荒漠和黑夜，被迫直面种种纷至沓来、无可名状、本质上不可描述的象征。

从这种区分来看，格非的《褐色鸟群》更接近第二类作品。作为一篇描述创作过程的作品，它描述了意识的无能，记录了小说中的"我"如何努力尝试创作，却无法在无意识的缺席下完成创作。由是，水的象征反复出现。整篇小说的叙事方式从中国文学界的视角来看是新奇而与众不同的，甚至被某些学者视为"中国当代小说文学中最为玄妙的

---

[1] 荣格：《心理学与文学》，冯川、苏克译，译林出版社2014年版，第91—92页。
[2] 我们姑且不讨论一般读者作为理想读者是否真实存在，不然问题将变得更为复杂。一千个读者有一千个哈姆雷特，任何一般性的假设和论断虽不一定不正确，但至少是值得怀疑的。
[3] 荣格：《心理学与文学》，第75页。

作品"①，但其内容和框架其实源远流长，在古往今来的创作活动（不只是文学创作）中屡见不鲜：从宙斯生出雅典娜到尼采与莎乐美的关系，从荷马的海伦到索洛维约夫的索菲亚……他们告诉我们，男性的灵魂（animus）如何因一位如风般忽来忽去的女子（anima）的来访而受孕。整个过程盈溢着一种神秘的氛围，完全超出单个人的理性，从集体无意识汇聚之处生发出众多陌生而又熟悉的意象。有人会说，《褐色鸟群》很可能只是意淫，是对春梦的描写。在某种程度上确实如此。但它不只如此，因为春梦仍然是某种创造：现实的元素被"不现实"地——或者根据不同人的不同视角，以一种"超现实的"或"真正现实的"方式——重构。格非并非停留在记录春梦的内容，而是更进一步地描述产生春梦的完整过程，换句话说，他要描写的不是孩子，而是从受孕、助产到生产的全过程。女性意象的重复出现，叙事的循环结构，作品主人公以及小说作者（格非本人）对时空的混淆（小说发表于1988年，小说中的"我-格非"在讲述1992年的故事，"我"则是在1992年后遇到"棋"），都是男性灵魂受孕而生产的过程中不同的面向，是一整片无意识的巨网中偶然被光照射到的联结点。因此，解读不得不发生移位，从之前的学院派文学解读走向心理学分析，从对小说内容进行的历史分析（比如从它是先锋派作品，受博尔赫斯作品的影响等等切入）走向对其诞生过程所进行的心理分析（它不是因为是先锋派作品而与博尔赫斯相连，而是在创作小说、创造叙事、讲述故事的整个过程中与博尔赫斯的创造，也与其他所有人的创造相连）。心理学的分析将有助于揭示在无意识的层面，每个人与正在创作的人（作家）之间的联系。

  第二个问题是关于使用心理学分析的基础。具体而言，格非作为作者是否有意使用心理学分析以构建小说？如果他深入了解过荣格的思想，并在创作小说中有意使用后者的心理学分析，阿尼玛（anima）或阿尼姆斯（animus）的形象便有可能被有意地引入，那么在这里对小说再次进

---

① 丁帆：《在"变"与"不变"之间——以格非小说为蓝本剖析"先锋派"的沉浮》，《小说评论》，2021年第4期，第4—7页。

行心理学解读将导致一种似是而非，因为心理学分析的初衷本是获得对创作之心理过程的原初描述，但此时却被意识诓骗，最终停留在意识编织的骗局中，就好比心理学分析的本意是对速度进行求导得到加速度，但作者在有意的虚构之中已然先行对速度进行求导，心理学分析若不注意这一点，草率地使用其方法，则会对速度进行二阶求导，最终得到的意义便不甚明了。就《褐色鸟群》本身而言，格非虽然提到了"心理分析"一词，但只是在类比的意义上使用这个词，暗示"棋"对"我"的帮助和影响。心理学分析不是作为方法出现，而是作为"棋"帮助"我"创作、认识自身的过程的"平行物"。也就是说，心理分析不是创作的过程，也不涉及小说情节的发展，而是对过程和发展的一个象征、一种描述。因此，对《褐色鸟群》进行心理学分析是适当的。

最后还剩下一个问题：为什么是荣格的心理学分析方法，而不是其他分析方法？一方面，这取决于本文作者的基本立场：个人及个人所有的经历（尤其是个体性本身）不决定所有的情结和心理状态，更无法解释所有的创作行为。这也是荣格对弗洛伊德式解读的批评。[①] 心理学的对象是创作过程，其本身超出创作者自身，哪怕作者认为自己已经完全驾驭创作，但其作品的某些部分总是超出他本人的预料，而且它的意义很多时候都不为人所知，而是等待后人发现。若把创作完全归于个人，我们将要么把创作贬低为某种情结的结果，要么无法解释为何拥有不同情结的人会创作出具有相似意象的作品。另一方面，使用荣格派的分析方法是因为格非小说中的人物、象征和情节出乎意料地符合荣格的理论。使用荣格派的分析方法，将有助于我们更好地理解格非所描述的创作过程以及隐藏于文本背后的内涵。这将由下文的分析所展示。

---

① 具体可见弗洛伊德对达芬奇所作的著名分析以及荣格对此的反驳（荣格：《心理学与文学》，第 102—103 页；Carl Jung, *Collected Works of Jung XV*, trans by Leopold Stein et al., edited by Sir Herbert Read et al, New York: Routledge, 2014, pp. 155-156，其脚注中提及弗洛伊德对达芬奇的分析）。

二、文本分析

整篇故事发生在"水边"。那是一个无时间的地方。"我"住在其中，无法分辨时间的变化，只能通过候鸟飞过的方向来判断季节。"水是无意识最普遍的象征。"① 它超越了时间，表面看似停滞，无法被穿透，实际上却从不停息地运动着，潜藏其中的动能将在某些时刻突然爆发惊涛骇浪。荣格如是描述：当一个人挥霍完自己的意识遗产，精神便会从火焰般的高度上坠落，最终因过于沉重而变成水。② "水边"作为一个双重符号，既能指水的边缘，也能指大陆的边缘。它并非全然是无意识，而是指向意识与无意识的交界处。"我"因为要写书、要创造才会来到"水边"。这意味着"我"仅凭意识世界难以生产作品，只有前往意识的边界，伫立在意识的此岸不断注视无意识的彼岸，才能召唤灵感的到来，邀请无意识参与到创造之中。

与"水边"直接相关的是候鸟的象征。在无时间的"水边"上空，候鸟的来来回回成为"季节的符号"，点缀出时间的痕迹，给"我"带来安心的"循环"。一方面，它们就像原始人眼中的太阳，其每天有规律的出现给人带来力量和安宁。它们身上蕴含着人内心的情感，是人眼中那位使世界运动的、大写的"父亲"。③ 另一方面，候鸟也象征着一种意识，是对无意识的压抑。它高高地掠过无意识，只留下翅膀拍打空气的悠长哨声。在小说的开端，这种意识只停留在低层次上，它给"我"带来了时间的流动，却全然不关注无意识，所以对"我"而言，候鸟带来的时间使"我"分心，是一种干扰，会剥夺"我"写作的动力和快乐。后来，"棋"用身子挡住"我"望向鸟群的目光，唯有这样，"我"才能

---

① 荣格：《心理学与文学》，第37页。
② 同上书，第35页。
③ Carl Jung, *Memories, Dreams, Reflections*, recorded and edited by Aniela Jaffé, trans by Richard and Clara Winston, New York: Vintage, 1989, pp. 241-242, 250.

从意识的循环中逃脱，真正遁入黑夜，潜进梦与幻想的无时间之境，孕育新的作品。这不禁让人想起浮士德受海伦的倩影蛊惑，参加群魔登场的瓦尔普吉斯之夜。小说的开端，便聚集了鸟群和"水边"这两个对立的元素，"我"在此二者之间游移不定，不时抬头望向天际，不时朝向水的那边，朦胧地期盼着灵感的到来。

在男人眼里，"水边"与女性形象紧密联系着。诺瓦利斯在梦幻中发现自己在水池里浸泡双手，然后脱衣跳进水池，感受到流水化作一群可爱的少女簇拥着他。① "我"也在"水边"欲求着能生产的无意识的降临。如克洛岱尔所说："内心所欲的东西都能归结为水的形态。"② 水变成了"我"所渴求之物，从中将生出女子以助产"我"的作品。于是，在"我"的呼唤下，一个穿橙红色衣服的女人——"棋"——沿着"水边"的石子滩向"我"的公寓走来。"棋"，与"妻"音相似，初登场便对"我"有着"妻子般的温馨和亲昵"，是一个阿尼玛的典型形象。她是"我"的某种理想形象，承受着"我"的投射，回应"我"的期盼而从"水的那边"诞生，③ 因而对"我"具有别样的吸引力。初次见面，"我"与她仿佛早已相识，无所不谈，虽然"我"想不起来何时何处与她相遇，更不知道究竟是在现实还是在梦中与她结识。值得注意的是，在棋的眼中，"水边"不是什么美好的地方，而不过是"锯木厂旁的臭水沟"。这暗示了"水边"所固有的深度。它既是孕育生命之处（诞生作品和生产女神的地方），也是藏污纳垢之所（酝酿阴谋和造成死亡的地方——后文中女人"谋杀"丈夫的地方）。这将在由棋所助产的故事（穿栗树色靴子的女人、戴绿头巾的女人）中得到展开。对于男人来说，创造是接近其内心女性形象的行动，因为在此之中某些活生生的事物从无走向有，行动者自身也像死去又活来，仿佛他的灵魂（anima）像自然界的女性那般怀孕然后分娩。分娩的结果除了是分娩者自己精力的耗损，还会成就一

---

① 巴什拉：《水与梦》，顾嘉琛译，商务印书馆2019年版，第159页。
② 同上书，第168页。
③ 这不禁让人想起维纳斯的诞生。

件反对分娩者本人的作品,这个作品预告了分娩者的衰老和毁灭。① 于是,在阿尼玛身上,生命和死亡奇迹般地联系在一起。这便是创造的时刻。

棋刚到时给"我"带来了一个消息:现在是秋天了。"我"的内心抽搐了一下,但尽量压抑着,不去回忆往事。阿尼玛的登门意味着无意识开始冲破意识的阀门,但马上受到有意识的压抑。阿尼玛并不放弃,通过聊天逐渐瓦解意识的限制,使"我"在创作的过程中不经意地透露关于自身的真相。阿尼玛带来关于时间的讯息与候鸟的讯息在内容上似乎是一致的,在意义上则全然不同。候鸟的信息对于创作是一种阻碍,因为"我"被意识固定在光明的世界,醉心于清晰明辨的差异,自以为是地活着,悠然自得如那棵无花果树,无法生育。真正的创造需要进入黑夜,扎根地底,必须穿透那一片浑然一体、深不见底的黑暗。棋的出现为我带来的不是光明世界的具体时间,而是潜藏在黑暗中等待被唤醒的永恒时间②。她像是拨人心弦的魔鬼,胸前坠着两个诱人的暖袋,里面盛满柠檬汁般的液体,在"我"眼里、耳边、心里埋下魅惑的种子,勾引"我"进入灵魂的黑夜,走向"水边",走向河流,走向阴沟。所以,在棋出现之前,季节只是为候鸟(意识)所定格,没有与无意识中永恒的时间相连,因而也无法刺激创作,直到棋的来访推动了"我"潜藏的时间。她阻止"我"转过身去看身后的候鸟,反而让"我"关注内心,在她的陪伴下走进无意识。

棋背着一个大夹子,"我"知道里面放着画或者是镜子,只是不知道究竟是二者中的哪一个。棋大方地与"我"分享画像,还特意提及它们是李朴为她画的。"我"认为这些画像都很像棋,却不知道李朴是谁。"李朴"与"离谱"谐音,③暗示了画与镜的最大区别:前者是投射,后

---

① 不妨回忆古希腊神话中的诸多例子,比如宙斯和雅典娜。
② 魔鬼对玛格丽特如是说:在撒旦的盛大晚会里,常人的时空观都将被打破。参见布尔加科夫:《大师和玛格丽特》,钱诚译,人民文学出版社2004年版,第二十二章卡罗维夫把玛格丽特引进第50号住宅,以及第二十三章"撒旦的盛大晚会"。
③ 这种可能的谐音联系受益于北京师范大学文学院张柠老师的启发,特此感谢。

者是反射。换句话说，镜子能如实地反映对象，画则更多地反映画家内心，因为它需要画家描绘，不得不带有创造者主体的投射，与事物本身相距甚远，所以在被画者眼中很可能是"离谱的"。"李朴的"，即属于"李朴的"，是为"离谱"所生并由"离谱"所构成，其自身与事物本身再如何相像都逃不出"离谱"的范畴。

从后文我们可以知道，李朴是棋的恋人，是她珍贵的伴侣。若如上文所言，棋是"我"的阿尼玛形象，那么李朴便是阿尼玛的阿尼姆斯，是阿尼玛心中理想的男性形象。这里存在一种错综复杂的关系。"我"的理想形象是阿尼玛，但阿尼玛又有自己理想的形象（李朴），但李朴对"我"来说不过是离谱的。与此同时，李朴也折射出阿尼玛对自身的幻想，也就是李朴给棋所作的画，棋本人非常珍惜这些画作，它们不一定如实地描绘了她，却是她的某种理想形态。棋与画中形象的区别，就是真实与幻想的距离。这个时候，"我"作为一个单纯依赖意识的自我（ego），与李朴分属截然不同甚至相互对立的层面。一方面，对于"我"来说，"阿尼玛-棋"是"我"真正的伴侣，但"我"却不知道她究竟是怎样的以及她究竟想要什么，于是只能通过她的幻想（即她的阿尼姆斯形象以及阿尼姆斯为她所作的画）来了解她，必然发现诸种不合适，距离"我"所设想的过于不同。而且，她所想象的阿尼姆斯形象与"我"也截然不同，"我"将带着一种"醋意"把李朴视为大敌。另一方面，"阿尼玛-棋"和李朴属于"我"自身（self）的一部分，[①]是"我"不得不面对和联合的部分。棋彻夜留在"我"家里，作为一个"倾听诉说的心理分析医生"，助产"我"回忆往事和创造小说，实际是在帮助"我"重新建立与无意识的关系。这个过程是自性化的过程。[②] 在棋那塞壬般的

[①] 自我与自身不能完全等同。前者是意识的中心，后者是自我、阴影、众多原型形象（archetype images）的整体，包含所有认识了的、没有认识到的、不能认识的人格的整体（荣格：《伊雍：自性现象学研究》，杨韶刚译，译林出版社 2019 年版，第 9—10 页）。在荣格的语境下，self 也可翻译为"自性"。

[②] 关于"自性化"（individuation），可参见 Carl Jung, *Collected Works of Jung XVI*, trans by Leopold Stein et al., edited by Sir Herbert Read et al., New York: Routledge, 2014, p. 448。

声音伴随下,"我"开始走进黑夜,深入梦境,开始了"我"的婚姻故事。这个故事最初为"我"的意识所压抑,现在逐渐恢复其原貌。

随着故事情节的展开,"我"和棋所处的时间也发生着明显变化。"阿尼玛-棋"的力量在深夜时是最强的,故事内容也最为贴近死亡,等到翌日正午,棋几乎已用尽全力,快要消失,此时的故事内容虽然以死亡告终,却孕育着新生。这个过程在童话和神话中多有出现,前者可参照一些只在夜晚出没、据说会带来噩梦的精灵,后者则可参考在晚上飞到普赛克床上而不得曝光于光明中的丘比特。它们都随着夜深而逐步增强力量,随着清晨的第一缕阳光而消失。同样地,棋作为它们中的一员,既是梦的象征,也是无意识的人格化体现,在黑夜中最是活跃,到了正午便会离去。

"我"所"经历"——或者说"创作"——的故事可分为三个部分。

第一部分,入夜至深夜。

棋向"我"追问那个"穿着栗树色靴子的女人"的故事。故事发生在四月,春天还未到,"我"被一个陌生女人的美丽吸引,一直尾随她穿过喧嚣的城市。"我"陶醉于她的走姿。原文中对走姿的描述没有一个标点符号的阻隔,"我"似乎是一气呵成地捕捉这动态的美。这个姿势不是"我"有意识的描写,而是像一幅画,像壮丽的自然美景那般,直接呈现在"我"面前。是"我"遭遇到美,而非"我"有意识地创造美。"我"一边跟着她无目的地往前走,一边幻想她的裸体。突然,女人毫无缘由地停下,转身向我走来,在我脚边拾起一枚亮晶晶的鞋钉。"我"本想就此终结故事,或者说,"我"还没有想到下文究竟该如何发展。棋帮我补充了,那个女人上了一辆驶向郊区的电车,而"我"则叫了一辆出租车继续尾随。"我"很惊讶棋竟然知道后续故事,但纠正了她的错误:"我"是骑着自行车独自尾随。这里需要注意棋的补充,因为城市的夜晚是有灯的,"我"能清楚地看到女人的美,一路上也是因为这种灯光下的美才会尾随她,所以"我"是需要光的,但棋却把故事往黑暗的世界延伸,不但让女人乘上远离城市的车,还剥夺了"我"远看她背影的"特权"。

在女人上车，并且是上了一辆离开城市的光、开往充满原始危险的黑暗世界的车之后，天空飘起大雪，"我"不再能清楚地看到她的美，只能跟随自己的冲动和直觉，在迷茫中追随着她，没入黑暗。这是离开意识，进入无意识深处的过程。

得益于大雪，电车开得很慢，"我"竟能用自行车跟上。"我"感受到通往郊区的路变得越来越窄，发现路上不但有车轮的印辙，还有马蹄踏成的圆洞。这条路具有某种超越时间的元素，因为现代和古老的交通工具都在同一时空中出现了。同时，路隐藏着说不清道不明的危险。[①]虽然马蹄意味着野性的动物被驯服了，"我"却像"一只盲马"般疾奔，因为"我"不曾驯服野生的动物，也不知道越来越窄的路还会有何种突如其来的危险。此时，"我"遇到了一个极其危险的时刻："我"撞到了另一个骑自行车的人。"撞"具有双重意义，既是"碰到"，也是"撞倒"。[②]在"我"眼里，他伏在自行车上，显得十分渺小，却也有一种亲切之感，像一只翩翩起舞的蝴蝶。"我"与他交错之时，右胳膊的袖子与他左边袖子相碰，直接把他撞翻在路边的沟渠里，他因之殒命。这个情节十分重要，因为这个死去的人正朝着城市骑去，象征着有意识之自我，是"我"本来的意识核心。一方面，这个自我在通向无意识的道路上必须沉默，甚至必须死去，"我"才能抵达阿尼玛所指向的更广阔的"自身"。另一方面，自我也是"我"一直以来以之为生的存在，构成了"我"所能意识到的"我"之所在，"我"对他充满了不舍与眷恋，所以"我"没有蓄意谋杀，但也不得不把他杀掉。同样的情节发生在尼采的查拉图斯特拉身上。我们还记得，查拉图斯特拉下山后，在广场上看到了如下惊险一幕：一个丑角跳过走钢丝的人，直接导致后者从钢丝上摔下

[①] 儿子与母亲的分离意味着人告别了动物性无意识（荣格：《英雄与母亲》，范红霞译，译林出版社 2019 年版，第 415 页）。此时的"我"跟随"母亲"（阿尼玛）离开人工的城市、意识的宫殿，复归大自然以及无意识的王国，不可避免地会遇到动物性无意识。但"我"对动物性几乎一无所知，因而陷入恐惧与不安。
[②] 在粤语中，"我遇到某人"可表述为"我撞到某人"。

而死,刚好在查拉图斯特拉旁边跌得皮开肉绽。[1] 荣格深刻地把走钢丝的人视为查拉图斯特拉本人,而跨过他的小丑便是更完整的"自身",代表着查拉图斯特拉心中超人的一面。[2] "我"也一样,在超越意识、走进无意识的时候,不得不"撞到(倒)"旧我。意识的自我追求着无意识,但也限制着自身的追求。这种运动时常是创作活动的侧面。比如说,一个作家试图去写小说,写作的欲望和追求是有意识的,此时意识在前,引领着作家深入无意识。但如果仅仅被"要去写作"的意识所限制,那么他的创作将永远行走在印有车辙的路上,无法超出藩篱,直到某一刻,他超出于"要去写作"的意识,甚至超出了他对"自己正在写作"的意识,把在前的意识撞飞,越过阀门,直到这一刻,他才会忘记要去写作的自我和正在写作的自我,而会淹没在写作之中,分不清写作的自我、诞生的自我以及写作的行动。换一个比喻说,河流将汇流于大海,在忘记自我的同时感受到浑然一体的自我(自身)。这个自身超出自我,却也因此而使"我"更深切地感受到"我"就是"我"。

但不能忘记,这里面隐藏着极大的危险。一个人突破自我的限制,必然经历某种死亡,如若再继续往前,很可能会完全陷入无意识,被深渊吞没。荣格曾经记录了一个人的梦,这个人朝着目标要翻过一座山,当他爬到山顶自以为抵达目标时,却发现距离目标还横亘一道深渊。[3] 在这里也是同样的,"我"在超过意识的限制后,终于再次见到女人的身影,但远方依稀的灯光和时而传来的狗吠声带给"我"一种不祥的预感。此时,"我"来到河边(即"水边")的木桥旁。女人"走过"——或者说是"飘过"——木桥,因为她的靴印在此岸的河边消失,而"我"分明看到她过了桥。木桥之下是流淌着的河水,木桥只有一边有扶手的铁

---

[1] 尼采:《查拉图斯特拉如是说》,钱春绮译,生活·读书·新知三联书店2012年版,第14—15页。
[2] Carl Jung, *Nietzsche's Zarathustra: Notes of the Seminar Given in 1934–1939*, edited by James L. Jarrett, Princeton: Princeton University Press, 1988, pp. 129-145. 尤其见第130页的表格。
[3] 荣格:《心理学与文学》,第38页。

链,另一边已然与黑暗完全相融,稍有不慎"我"将落入河里。河流象征着无意识,桥则是道路,是沟通意识与无意识的通道。"道"是首与足之间,是目光所至、灵魂所渴望抵达的地方与脚步所及、身体所能抵达的地方之间。这座桥只有一边的扶手,显得异常不稳定,既表明了"我"没有很好地建立与无意识的联系,也表明与无意识进行沟通之时可能遇到的危险,意识无法完全保障"我"的安全。

"我"终究还是决定上桥渡河,摸索着铁链蹒跚向前,但在距离彼岸几步之遥的地方,"我"却发现铁链也消失了,猛然感受到一阵晕眩和下坠感,在恍惚间回过头来看到一个提着灯笼的老人。他对于"我"来说就像是救星,他的马灯像是一只刚孵化的黄色小鸡,带来希望的亮光。老人阻止我继续往前过桥,因为桥在二十年前已被冲垮。"我"半信半疑,但在老人的叮嘱下还是回过头来,原路返回。老人是"智慧老人"的形象。原因有三。第一,他在最危险的时候登场,在"我"将要完全落入无意识深渊的前一刻阻止"我",告诫"我"并不存在一个人格化的女人形象(这个形象只是"我"的某种幻想),根本没有女人跨过桥,无意识所构造的形象和魅力不是绝对真实的,如果继续听任无意识,"我"将因之而死。第二,他给予"我"光(马灯),并引领"我"回到光明的世界(往城市方向走去),为"我"照亮一段归途的路。这里的马灯是来自黑暗的光(lux ex tenebris),源于意识最深处的解放的光,只有在最危险的时刻才可能出现。用炼金术的语言表述,这是从黑暗中诞生的金色鸽子。① 第三,老人的工作就是阻止任何被魅惑而过桥的人。或许,他不否定过桥的可能性和必要性,但是坚决否定可以仅凭一边的扶手便匆匆过桥,也就是说,在一个人还没有准备好的时候,是无法渡河的。一个人只有完全准备好,站在坚实的基础(ground)上,才可以过河,所

---

① Carl Jung, *Collected Works of Jung IX*, trans by Leopold Stein et al., edited by Sir Herbert Read et al., New York: Routledge, 2014, p. 215. 在这里,拯救者不是来自天上,而是来自意识之下的深处,"精神"——"一只白色的鸽子"——被囚禁在里面(Carl Jung, *Collected Works of Jung XI*, trans by Leopold Stein et al., edited by Sir Herbert Read et al., New York: Routledge, 2014, p. 150)。

以老人指向远方的一座水泥桥：只有再经历一段刻骨铭心的黑暗才能抵达拯救之所。很明显，"我"还没做好准备，无法再走那么远的路抵达水泥桥，于是老人善意地让"我"折返回家。在离开前，"我"问老人，既然可能有人落水，那么为什么不把木桥拆掉。老人回答说，还会有更大的洪水。或许可以把它理解为，将来会有洪水把它冲垮，无需人有意识地将其拆掉。这也暗示了，如若不是与无意识建立真正的联系，任何虚假的关联就像这座只有一边扶手的木桥，终会毁于无意识的泛滥。老人给"我"指出了无意识的危险，同时也指明要更深刻地与无意识建立联系（走上水泥桥）。

"我"在往回走的时候，想起那个骑自行车的人，心情变轻松了，因为"我"虽然分不清楚女人和老人究竟是真实还是虚幻，但坚信着骑自行车的男人是真实的，"我"能通过他与"现实连接起来"。有意识的自我是"我"与现实世界的联系，既是限制的阀门，也是联系的通道和桥梁。然而，"我"在路上发现一辆倒下的自行车，棋补充完整剩下的情节："我"发现那个骑自行车的男人死在阴沟里（意识死于无意识）。棋的补充是第一部分的结尾，是一段没有标点符号的、一气呵成的描述，正如"我"对穿栗树色靴子的女人的描述那般，仿佛直接被抛在眼前，强迫"我"和读者接受（此时的"我"与读者的位置得以互换）。故事便停留在"我"发现尸体的情节上，似乎画上一个休止符。从心理的层面而言，"我"突破意识的阀门前往无意识的深渊，在返回之时发现已然死去的旧意识。"我"已经是新生的"我"。棋和穿栗树色靴子的女人都是阿尼玛的形象，具有双重的含义，是男人的双重母亲（dual mother）：既是指引者，又是助产者，既是带来死亡的人，又是给予新生的人。"我"不愿意触及死去的自我，仍幻想着能在回去的路上找到自我，回到以往的生活，所以只想看到一辆倒在路边的自行车。阿尼玛则更严厉地宣布死讯，强迫"我"看到死去的旧我：不只是承载自我的工具要被抛弃，而且当初那个骑车的自我以及这个自我所意味的过去之生活方式都必须被一并舍弃，过去的自我已然死去，这个"我"不得不改变。

第二部分，深夜至破晓前。

一阵困意袭来，"我"故作清醒，再次问到李朴，得知他是李劫的儿子，不禁想起曾在李劫的别墅见过一个小男孩，或许他就是李朴。然后，"我"察觉到棋陷入对恋人的回忆和想象中。这其实也在暗示，"我"的回忆或许也与想象紧紧地捆绑在一起。棋第一次提及李劫时，"我"回忆（想象）到自己与李劫相识于1987年，但没有想起——这里的"想起"同样也是"创作"——彼此是如何认识的。在第二次提到的时候，"我"补充了1987年与李劫相识的某些细节，但仍没有涉及关键的相识过程，好像只是某一天"我"便突然出现在李劫的别墅，在棋的提醒下以为自己当时也碰到了李劫的儿子。这种自我补充本身便是一种"离谱"，在本质上是属于"李朴"的，由"离谱"所编织。伴着夜晚的微风，"我"坠入梦乡，进入完全的无意识状态，一如故事中的"我"停留在尸体之前，四周是无法穿透的黑暗。直到快要破晓，但天仍未亮，棋把"我"轻轻推醒。棋的呼吸声很重，意味着她的力量随着光明世界的来临而开始减弱。她急忙推动"我"继续创造，使故事情节继续发展。

第二部分是关于"我"与穿栗树色靴子的女人的重逢。重逢发生在1992年的春天，"我"住进郊外湖畔旁的白色小楼，准备修改和写作一部长篇小说。似乎在"我"眼里，"水边"也即指这里的湖畔。随着小说的发展，湖畔与"水边"一步一步地重合。这一点在小说开端已被棋指出。如果说故事的第一部分，"我"是受到阿尼玛的诱惑，前往无意识的境域，那么第二部分开始便是"我"对无意识的有意识追寻。为了创造，"我"再次寻访无意识，但大多数情况下，人只能遭遇无意识，而无法主动勾起无意识，所以"我"在最初一无所获，直到某一天，"我"在湖边散步，遭遇一对吵架的男女。"我"奋不顾身地冲到男人面前，却被他狠狠地踢了一脚，只能趴倒在地。女人拾起茶绿色的头巾，对"我"莞尔一笑，就在这时，"我"发现她便是那个穿栗树色靴子的女人。从她口中，"我"得知刚刚踢"我"的男人是她丈夫。如果把这个女人视为另一个阿尼玛形象，她的丈夫便是阿尼玛的阿尼姆斯形象。令人惊讶的是，这个阿尼姆斯是一个瘸子，在"我"眼中是一个有明显缺陷的男人。这个形象之于穿栗树色靴子的女人，犹如李朴之于棋，充满着阿尼玛的想象，很少与男性的真实形象相符合，于是想象中的理想男性形象的所作所为对于阿尼玛而言通常是暴力（瘸子丈夫对其女人十分粗暴），但即便如此，阿尼玛仍然视其为伴侣，守在他身边。"我"无法理解阿尼玛为何选择这个瘸腿的阿尼姆斯，内心充满不解、嫉妒和愤怒，但也无力改变现状，只能心里默默受伤。这体现在即便是一个瘸腿的男人，也能给"我"以沉重的脚踢。

之后几天，"我"沉浸在对女人的思念中，不管如何寻找都找不到她和其丈夫的影踪。直到某一天，"我"进入一家仿佛超越时间的酒店（里面的人除了"我"、女人及其丈夫外，似乎都静止着），才遇到已经喝醉的瘸子丈夫，再次目睹他对妻子的粗暴行径。"我"虽看不惯他的行为，但在女人目光的哀求下，只能硬着头皮，背着男人送他回家。"我"在女人的卧室发现一双栗树色靴子，更加坚定心中信念，脑海中回荡着女人在雪下漫步的背影。阿尼玛的形象又再被抛于眼前。然而，女人否认她曾经发生过"我"所说的那些事，甚至她已多年没离开过村子。整段对话都像是"我"单方面的构造，女人只是消极的聆听者。她和"我"达成的唯一共识是，通往城里的方向有一座断桥，但不是因为洪水冲垮，而是因为人为地偷拆木料。女人补充说，前几年，她的丈夫曾在一个雪天路过木桥，发现自行车车印，第二天在河里发现了自行车的残骸和一个年轻人的尸体。"我"不置可否。

第二部分便就此告终。这里暗含一个疑问：这个戴绿色头巾的女人和之前那个穿栗树色靴子的女人是否是同一个人？在"我"看来，她们是一样的，或者说，至少她们呈现在我面前是同一个人，接受"我"的投射而都是阿尼玛的形象。此时戴绿色头巾的女人一方面是对穿栗树色靴子女人的重复，另一方面是对后者的发展。于是，整体而言，"我"在棋的督促下，发展了故事的情节，而故事的内容本身借助两个女人的相互指涉而得以重复和更新，构成一个不断增殖的圆圈。这是在阿尼玛的促进下的创作历程，同时，也是正在创作的"我"的心路历程，犹如小说中某个人物时隔数章之后再度在作家的笔下"出现"，宛如被抛在作家面前。这里便出现两条相互交错但共同发展的脉络：一边是"'我'（叙述者）-置身于故事中的'我'（主人公，与戴绿色头巾的女人和穿栗树色靴子的女人发生关系的'我'）-作为作家的'我'（作者，创作整篇文章的'我'）"，另一边是"棋（人格化的无意识）-穿栗树色靴子的女人（无意识的开启者）-戴绿色头巾的女人（无意识凭借无意识和意识的交互作用而发展者）"。

第三部分，夜幕消去直至正午。

天亮之后，阿尼玛以及梦的力量逐渐减弱，棋的面容因而显得有些憔悴，似乎使不上劲。"我"匆匆给故事的第二部分一个结尾，那便是女人像水一般从"我"的指缝中流走，她没有和"我"发生关系。棋显然不满意，因为"我"又再次从自己的责任中逃逸。与无意识建立联系，创作这部小说，是仅仅属于"我"这单个个人的责任，但正因如此，承担责任的过程异常沉重，以至每次"我"都想赶紧结束，好比在写小说的过程中因不堪创造的重负而想在开端处辍笔。棋指出"我"的故事始终是一个圆圈，虽然不可否认地是在展开情节，但是一直在重复，只要"我"喜欢便可以永远讲下去。正如上文所展现的，故事的开始总是"我"和女人的相遇，然后"我"受她们的指引而行动，却因为害怕承担责任，最终只能无疾而终，或者说，以女人的逃逸作为结尾。阿尼玛始终只是向导，而非终点或目的，即便"我"或许有某些时刻会以为她是目标，但"我"所创作的小说以及那因此成为写这篇小说的"我"才是"我"真正的归宿。棋深深知道这一点，不停地督促"我"继续说下去。

"我"继续讲述故事的第三部分，这个部分以"我"与女人的"共谋"为主线，以女人的死告终。一天，湖边下起大雨，女人来敲"我"的家门，告诉"我"她丈夫的死讯：昨晚他又去喝酒，在回家路上跌倒在粪池旁淹死了。一个清理阴沟排水的老人发现了他的尸体。"我"跟着女人前往她家，帮忙准备丧礼。此时，"我"看见一个巫婆模样的女人走到尸体旁，正准备哭丧，却发现钉子不够，命"我"去拿。待"我"取来钉子，她又说绳子不够，却在"我"转身离开的瞬息开始哭泣，好像因为发现了什么而迫不及待开始丧礼。戴绿头巾的女人紧跟着我，不停哆嗦着。尸体入殓，女人放声哭泣，"我"却突然发现她的悲伤或许是装出来的，而且尸体似乎没有死，因为"我"真真切切地看见，棺材里的男人抬起手解开了衣领上的扣子。但是，"我"没有吱声。

这段情节存在着多个角色的合谋，其象征意义让这篇小说与古老的童话、神话紧紧相连。首先，女人为什么没有像之前一样去酒店接她的丈夫？而且这是一个滂沱大雨的夜晚。这点疑问也被"我"提出，却被女人搪塞过去了。这似乎暗示这极有可能是一起蓄意谋杀，而非单纯的意外。其次，清理阴沟排水的老人是谁？这里再次出现了"阴沟"的形象，与前面棋所说的阴沟遥相呼应，暗示"水边"本是孕育死亡的地方。老人是这条阴沟的主人，负责守护和清理这条阴沟，把入侵者驱逐或杀死。同时，这个老人与女人应当存在某种共谋的关系。作为尸体的第一发现人，老人不可能没有准确判断瘸子丈夫的生死。要么老人是作为救人者，把瘸子从阴沟里救出，却决定与女人一起撒谎，制造瘸子已死的假象，要么老人从一开始便有意要让瘸子死在阴沟里。两种情况都表明老人和阴沟的危险性，它们代表了守护宝藏的力量，但同时通过这种危险，宝藏才得以被发现，并被重新给予通过挑战的英雄。所以，这里的老人其实象征着阿尼玛的父亲，他负责守护女儿，把不合格的追求者杀死。一方面，作为守护者的他冷酷无情，乐于和女儿一同玩弄阴谋诡计，给追求者带去死亡；另一方面，一旦追求者通过挑战，他又会毫不吝啬地把宝藏赠与胜利者。我们不禁回想起施洗者约翰、莎乐美和希律王的暧昧关系，以及玻耳修斯与安德罗墨达、刻甫斯的关系，在前一种情况中阿尼玛的父亲孕育死亡，在后一种情况中他成就婚姻。他可能会造就瘸子的死亡，但通过这次死亡，"我"才得以与戴绿头巾的女人结婚。老人将不再阻碍"我"和女人的结合。再次，是巫婆的角色。她象征着女性的黑暗一面，其任务便是将男人放进棺材，置其于大地的怀抱，永享安眠。她唯恐尸体醒来会推开棺材，便要求更多的钉子和绳子，彻底封住棺材。她的哭声反倒更像是工作间里欢乐的曲子。正是在哭声中，"我"察觉到女人们背后的阴谋。最后，是"我"在其中的共谋。"我"哪怕看到瘌子仍是活人，也不会提醒大家，因为"我"嫉妒甚至憎恨瘌子。一个男人在面对他理想女性心中的理想男性的时候，恐怕不可能没有想杀死后者的情绪吧。"我"不会吱声，也不可能吱声。但同时，"我"猜想女人的悲伤也许是伪装的，自己或许是另一只落入蜘蛛网的蝴蝶，无法逃脱，最后或许会成为另一个被谋杀的"瘌子"。此时的"瘌子"，曾是阿尼玛的理想形象，但在"我"的介入之下，变成了一种魔鬼的存在。在古老的故事里，这样的例子并不少，比如多俾亚与撒辣的故事，两人的新婚之夜必须一同杀死撒辣的魔鬼丈夫阿斯摩太，不然多俾亚便会落得如之前的丈夫们同样的结局：入殓。① 聪明的山鲁佐德和国王的故事亦然，两人必须一同战胜阴暗的一面，才能迎来婚姻的结合。在这里的"我"既是谋杀瘌子的共犯，也是挑战死亡、重新赢得阿尼玛的英雄。

　　丧礼后，女人让"我"至少陪她三天。在这三天里，"我"经历了死亡和新生。前两天晚上"我"和女人只是在聊天，第三天晚上"我"才与她发生了关系。窗外的风雨越来越大，"我"也越发感到怅然和恐惧，好像听到屋外有女人哭泣的声音。女人反驳说，那只是风滑过树梢的声响。但"我"还是不放心，便起身与她一同前往院子。当初的"我"正是通过这个院子走向瘌子的棺材。"我"在院里看到了在风中摇曳的木槿花树，之前有个木匠在木槿花丛中弯腰砍树。"我"还看到泛着黑水的墙根阴沟，与前面瘌子死的地点和场景相呼应。女人强迫"我"相信刚刚只是猫的声音，又把我拉进屋子里。但是，"我"仍然能听到哭声，宛如从死神的病榻上传来，似乎是从遥远的河面传来，从无意识的最深处传来。"我"也许在害怕今晚便是自己的死期，对女人的阴谋倍感恐惧，于是决定下床，独自一人前往院子。突然，一抹闪电在远方出现，照亮了

---

① 见《旧约·多俾亚传》。

田野和湖面。眼前，一个赤裸的少女站在院子里，如婴儿般的脸上缀满泪珠。这一幕使"我"的回忆打破一切束缚和压抑，超越时空地在同一瞬间喷涌出来，脑海中晃过妹妹洗澡的画面、遇到女人的那场夜雪中撞倒自我的微弱声响……"我"晕倒了，消失在意识的死亡中，梦见女人的尸体在断桥下的河面上漂浮，桥头有人唱着动人的情歌。"我"醒来的时候，发现女人如母亲般守在床前正一边抽烟一边对"我"嫣然一笑。"我"马上决定和她结婚。

这一段的情节暗示，今晚是瘸子男人死去那天晚上的重复。猫与女巫互相对照，木槿花与用木槿花树做成的棺材互相对照，阴沟与丈夫的死互相对照。"我"害怕自己的死亡，却在独自前往黑暗的院子时，发现了从黑暗中诞生的光明——一道划破天际的闪电——并在光明中看到新生的赤裸少女。这位少女在哭泣，因为她知道新生必然来自旧的死亡。她已经能看到"我"的某种死亡。"我"也因为看到新生的启示（还必须记得，如"我"在遇到棋之前所设想的，要创作一篇"类似于圣约翰的预言"的小说）而晕厥，就像陀思妥耶夫斯基可能会说的，他的一生与这个启示的瞬间相比是多么微不足道。在意识消去之后，"我"经历了幻想、回忆和梦，于其中阿尼玛变换着形态，从初生的少女变成可爱的妹妹，再变成"我"心爱的苦苦追寻而不得的女人，然后变成一具安静的尸体，最后在"我"醒来的当下，她已经不再是带来死亡的阿尼玛形象，而是恢复了她的光明形象，成为带来生命、守护着男人的母亲。阿尼玛形象在此真正成为她自身的形象："母亲－妻子－姐妹－女儿"的四位一体（quaternity）。"我"知道了，正如阿尼玛的理想形象（阿尼姆斯－她的瘸子丈夫）必须因为与她结合而死去，"我"的理想形象——阿尼玛、这个戴绿色头巾的女人、那个穿栗树色靴子的女人、飘过木桥的女幽灵、落入河中的女人——也不得不因为与"我"的结合而死去。所有想象、幻想和投射都因为真实的接触而烟消云散，荡然无存，只剩下最完整和最真实的"我"的自身和她的自身。所以，整个故事的结局已昭然若揭：女人注定在三十岁结婚当天死去，注定在与"我"的真实结合（coniunctio）中消失。

随着"我"和故事中女人的结合（结婚），"水边"的时间已经来到正午，烈日当空，正是梦醒时分。棋也是阿尼玛的一个形象，既然"我"已经与无意识中的阿尼玛紧密结合，阿尼玛被整合到更完整的自身中，那么棋的工作已经完成，"我"的故事已不再扩展，于是她匆匆离开，不曾说再见。后来不知道过了多少寒暑，"我"终于看到一个长得像棋的人背着大夹子从水的那边向"我"走来。她是来借水的。无意识甚至需要"我"重新给予它活生生的水，它在追求着"我"的参与。令"我"惊讶的是，她否认自己是棋，而且不认识李朴或是李劼，背着的也不是画，而是一面镜子。她在向我展示镜子之后，便转身离开，毫无眷恋。整篇小说至此结束。阿尼玛的再次出场给"我"带来了某种熟悉感，但她背负的已不再是"我"的想象所描绘的、离谱（李朴）的画作，而是单纯属于她的镜子，从阿尼玛的镜子中，反射出"我"真实的模样。阿尼玛不是自我的一部分，而是我自身中必不可少的部分。

三、总结与延伸

就小说的整体而言，想要创作的"我"，来到"水边"，受到阿尼玛的指引，越发深入无意识，直到自我的死亡、阿尼玛的死亡，终至找到更广阔的自身，重新遇到真实的阿尼玛，最后成就了一篇小说以及一个创作了这篇小说的自己。创作的过程，既是丢失自我的过程，也是重新找到自身的旅程；既是死亡，也是新生；既是一种重复，也是一种前进。这正是创造的真相，是在同一个瞬间展现出的截然不同的两面。小说中的两个故事，即"我"与棋的故事，以及"我"和女人（穿栗树色靴子的女人、戴绿色头巾的女人）的故事，分别代表了新生与死亡。整个过程甚至与《哲学玫瑰园》的插图遥相呼应。[①] 炼金术十分强调衔尾蛇的

---

① 参见 Carl Jung, *The Psychology of the Transference: Interpretation in Conjunction with a set of Alchemical Pictures*, *Collected Works of Jung XVI*, trans by Leopold Stein et al., edited by Sir Herbert Read et al., New York: Routledge, 2014。

意象绝非偶然，因为炼金术师制造哲人石的过程，是提炼和净化的过程，于其中元素依靠自身的死亡而浴火重生，达至新生。整个死而复生的过程必须经过无数次重复，一如衔尾蛇在吞没自己的时候，延伸自己，扩展自己，成长为真正的自身。两个故事互为补充，借助对方而不断展开，人物不断进场，相遇然后退场，成长，死亡然后新生，一切虽然是重复的，但也在不断更新。

《褐色鸟群》中的重复叙事生动地描绘了这个死而复生的创作过程。学者们为这种叙述而着迷，因为他们在其中发现故事的真实性被解构了，一切都在虚构中不断重复。可问题是，存在着学者所认为的"真实"吗？创作，任何创造的过程，即便有DNA的编码，其真实的模样还是会在每个瞬间，在出生和成长的整个过程中不断变化，换句话说，它们没有单一的本质，也没有单一的原因。所以，创作的过程本身就是不断调整的过程，从腹稿到写出来需要经历无数次回炉重造，反复打磨。故事将随时调整，有时候会戛然而止，有时候又会突然续上，好像几个月后突然做梦把之前的梦给续上一般，不一定需要逻辑的参与，更多的只能是期盼灵感来临而无法强迫它到来（就像"我"无法要求棋什么时候再来）。它们的真实性在于它们从来都不需要真实，而只是也只愿意成为对于某个人而言的现实。学者如果没能发现《褐色鸟群》本身所尝试描绘的是创作过程，如果还是停留在对古典小说的刻板阅读思维之中，必定会误读这种创造的重复，视其为有意而为之，强行用逻各斯把本然断裂的事物狗尾续貂式地拼接起来。创作过程需要作者的参与，但也超越了作者本身。这也正是《褐色鸟群》的超越之处。它告诉我们，真正的创造需要意识，但不只是意识。其中有超越作者自我的东西参与着，正因此，作者通过创作能遇见更真实、更广阔的自身。

最后，需要提醒和注意的是，《褐色鸟群》描写的是男人创造的过程。可以说，这是它的优点和深刻之所在，同时也是它的缺点和限制。它所运用的阿尼玛形象在上述文本中已得到详细的分析，其他人物所代表的心理意象也有所探讨，请参考下表，此处不再赘述。这里的分析仅试图表明男人创作过程中的心理状态，并没有必然推论出女人的心理状态，虽然荣格的理论对此会有所推测。在男人"母亲－妻子－姐妹－女儿"的序列旁边，是否有"父亲－丈夫－兄弟－儿子"的序列，这不但可疑，而且不能一概而论。但至少，它是值得思考的问题。

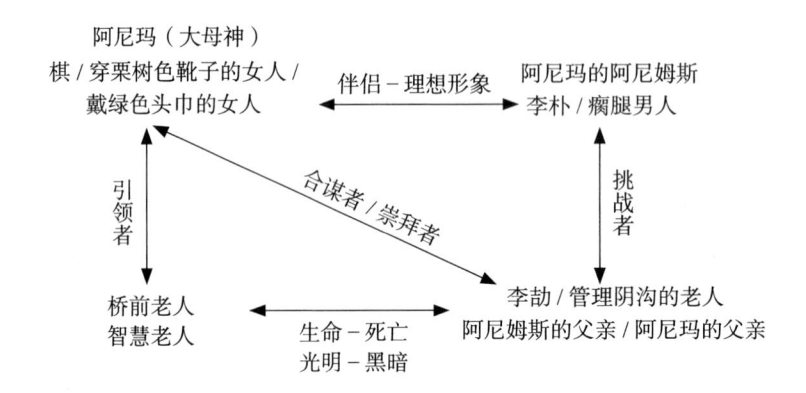

```
阿尼玛（大母神）
棋 / 穿栗树色靴子的女人 /      伴侣－理想形象      阿尼玛的阿尼姆斯
戴绿色头巾的女人         ◄─────────────►    李朴 / 瘸腿男人

    ▲                                              ▲
    │                 合谋者 / 崇拜者                │
  引                 ─────────────►              挑
  领                                              战
  者                                              者
    │                                              │
    ▼                                              ▼

桥前老人                                    李劼 / 管理阴沟的老人
智慧老人      ◄─────────────►              阿尼姆斯的父亲 / 阿尼玛的父亲
                 生命－死亡
                 光明－黑暗
```

252

艾伦茨威格的艺术创造心理模型及其艺术教育启示[①]

黄敏[②]/著

【摘要】 奥地利精神分析美学家安东·艾伦茨威格通过改造弗洛伊德与梅兰妮·克莱茵的相关理论，提出了艺术创造力"投射、去分化和再融合"的三阶段心理模型，将客体关系理论中的人际关系转化为艺术家与作品的关系，并在其实验性艺术教学课程中，将教师培养学生类比为艺术家创作作品，从而将艺术家与作品的关系再度转化为教师与学生的人际关系。与传统的文艺创作论相比，艾氏的精神分析美学对艺术创造过程的回应侧重内在人格和心理事件，由此发展而来的艺术课程，调和了对技能技艺的习得与对创造性人格的塑造两种取向之间的冲突，实现艺术创造与人格发展的深度结合，凸显出精神分析对我国新人文社会科学建设中的美学与美育探索的启发和应用价值。

【关键词】 艾伦茨威格；精神分析；客体关系；艺术创造；艺术教育

对于国内学界而言，安东·艾伦茨威格（Anton Ehrenzweig，1908—1966）是一位相对陌生的理论家，他的名字主要通过20世纪80年代的

[①] 本文系中央高校基本科研业务费专项资金资助"文化转向与艺术文化史范式研究"（CUC230B057）的阶段性成果。
[②] 黄敏（1993—），女，江苏南京人，中国传媒大学师资博士后，南京大学艺术学博士，美国得克萨斯大学达拉斯分校访问学者，主要从事西方艺术史论与美学研究。

翻译热潮进入国内艺术心理学的视野，在讨论贡布里希、阿恩海姆等人对视觉形式问题的处理上被片面述及；① 而西方学界，往往是在与临床精神分析联系更紧密的英国"客体关系"②学派的整体语境中，述及他对艺术创造力的研究；③ 直到2005年沃尔夫冈·伊瑟尔在《怎样做理论》中选择以艾伦茨威格为代表人物介绍精神分析艺术理论的典型方法，才代表了一种更高的认可和独立的关注。④ 造成这种分裂评价的原因之一在于，他的研究介于精神分析的临床领域、艺术史的知识领域以及艺术创作与教学的实践领域之间，因而处于一种边缘化的状态；但另一方面，这种复合性也恰恰产生了一条值得深入挖掘的理论创新路径，尤其是对艺术创造力与创造性人格二者之间的理解，贯通了艺术创作美学与艺术教育理论，从而达成一种建立在心理学基础之上的深度结合，对当下国内学界所探讨的美学与美育议题也能够有所启示。

一、艺术创作的三个阶段

艾伦茨威格对艺术创造心理过程的理论化探索一方面以弗洛伊德的

---

① 国内最早在马修·李普曼编著的《当代美学》中译本中，收录了艾伦茨威格的期刊文章《艺术的潜在次序》（选自《当代美学》，李普曼编，邓鹏译，光明日报出版社，1986年），随后又翻译出版了艾伦茨威格的早期著作《艺术视听觉心理分析：无意识知觉理论引论》（尚聿、凌君、蕲萤译，中国人民大学出版社，1989年）。
② 客体关系（Object Relations）按照字面意思，是指主体subject（自我ego）与客体object（他者other）的关系。Object既可以翻译为客体，也可以翻译为对象、物体。在克莱茵等人的理论中，客体主要是指人，以及与人相关的事物、情感，客体关系，因而主要是一种人际间的理论。在拉康等其他精神分析学派的译著中，客体关系学派常常被翻译为"对象关系"，而在当代艺术理论和批评的译著中，对克莱茵等人理论的使用，因为将客体对应为艺术品，又常常被翻译为"物体关系"，这里考虑到汉语里"客体"与"主体"的对应关系更明显，因此采用"客体关系"的译法。
③ 比如1980年彼得·福勒的《艺术与精神分析》，参见Peter Fuller, *Art and Psychoanalysis*, London: Writers and Readers, 1980；又如2009年尼基·格洛弗的《精神分析美学：英国学派介绍》，参见Nicky Glover, *Psychoanalytic Aesthetics: An Introduction to the British School*, London: Karnac Books, 2009。
④ 伊瑟尔认为："我们很难找到一个精神分析理论可与艾伦茨威格提出的理论相提并论。虽然它曾一度不被看好，但现在正重新浮出水面，即使在专业精神分析界也是如此。"参见伊瑟尔：《怎样做理论》，朱刚等译，南京大学出版社2008年版，第2—3页。

经典精神分析理论为基础，另一方面充分融合了英国客体关系学派的相关主张与心理模型。这与他本人的经历密不可分，他出生于弗洛伊德的大本营维也纳，早年学习心理学和艺术，20世纪40年代以后流亡至英国伦敦，开始与同时代的客体关系学派成员进行密切交往和对话，其中包括梅兰妮·克莱茵、马里恩·米尔纳、阿德里安·斯托克斯、D. W. 温尼科特、W. R. 比昂等人。客体关系理论为他提供了这样一种基础，在精神分析的操作和结构程序与艺术的相应过程和结构之间确立了有别于弗洛伊德式或拉康式的关联。尽管后两者具备更广泛的影响力，但对于视觉艺术的处理，尤其在过程描述方面，客体关系理论尤其具有独到的解释力，正如彼得·福勒所言："英国的'客体关系'学派理论对视觉美学所作出的贡献，远甚于拉康及其追随者的巴黎精神分析学派的结构语言学模式所作出的贡献，尽管后者在当今艺术世界的某些方面颇有影响。"[1]哈尔·福斯特指出，弗洛伊德式的艺术阐释层次可以大致归纳为："象征解读""过程描述"和"修辞类比"[2]三个层次，如果说弗洛伊德本人最具代表性的"象征解读"过分局限于艺术家本人的创作动机与心理传记；"修辞类比"是拉康从结构主义语言学和符号学对精神分析的改造方向，而它本质上是为文化冲突寻求一种"叙事"的出路，无法真正回答它如何在绘画、雕塑等视觉艺术形式中运作；那么"过程描述"则是客体关系理论所选择的方向，它将创作过程解释为一种"移情"与"反移情"的交流过程，对审美过程的"居间性"（in-betweenness）有着独到的解读。

在此基础上，艾伦茨威格形成了关于"创造力三阶段"（the three phases of creativity）的图式，为艺术创造过程提供了一个具有解释力的结构性框架。这个框架的核心认识可以简要地概括为"投射、去分化和

---

[1] 福勒：《艺术与精神分析》，段炼译，四川美术出版社1988年版，第4页。
[2] Hal Foster, *Art Since 1900: Modernism, Antimodernism, Postmodernism*, London: Thames & Hudson, 2004, p. 19. 中译参考福斯特：《现代主义艺术中的精神分析法》，诸葛沂译，选自《20世纪西方艺术批评文选》，沈语冰、张晓剑主编，河北美术出版社2018年版，第372页。

再融合"的三重节奏。在创作过程的第一阶段,原始的、碎片化的、模糊断裂的元素被投射到艺术作品中,这些元素实际上代表了艺术家自身人格的分裂部分,它们在启动第二阶段的相互反应中激发了一种辩证的创造性张力。第二阶段在艺术作品的图像空间中创造了一个"狂躁"(manic)的"子宫"来容纳和整合这些碎片化的投射。第三阶段是将艺术作品当作独立于自身的存在,甚至当作是别人的作品一样,进行有意识的重新审视和二次化修正,用艾伦茨威格自己的话来说:

> 创作过程因此可以分为三个阶段:将自我的碎片部分投射到作品中的初始阶段("分裂");不受注意的分裂元素将很容易呈现为偶然的、碎片化的、多余的和迫害性的。第二阶段("狂躁")启动无意识扫描,整合艺术的底层结构,但并不一定会弥合表面格式塔的分裂。例如,在许多现代艺术中,表面官能的系统性破坏在最终结果中仍未全部解决。但是无意识的交叉仍然将单一的元素结合在一起,一个完整的图像空间作为无意识整合的意识信号出现。在重新融合的第三阶段,作品中一部分隐藏的底层结构在更高的精神层面被带回到艺术家的自我中。因为未分化的底层结构对有意识的分析必然显得混乱,第三阶段也常常被严重的焦虑所困扰。但是如果一切顺利,焦虑不再像在碎片投射的第一阶段那样是迫害性的(偏执-分裂)。它往往是抑郁的,混合着对不完美的清醒接受和对未来融合的希望。①

其中,艾伦茨威格将第一阶段的"投射"和第三阶段的"内投"的双重节奏想象为梅兰妮·克莱茵的"偏执-分裂"心位和"抑郁"心位之间的交替,第二阶段的"狂躁"则处于一个弗洛伊德在描述宗教体验时提出的"海洋状态"。他对每个阶段所采用的概念来源都进行了一定的改造并化为己用。

---

① Anton Ehrenzweig, *The Hidden Order of Art*, Berkeley: University of California Press, 1967, pp. 102-103.

二、"克莱茵模型"与"对话"模式的教育期许

首先我们来看艾伦茨威格对"克莱茵模型"的挪用。克莱茵是英国客体关系理论的奠基者，也是继弗洛伊德之后对当代精神分析影响最大的著述者之一。她的主要研究领域在儿童心理学，这是弗洛伊德从未正式涉及的领域，成人与儿童心理的差异也造成了克莱茵与弗洛伊德理论特点的根本区别。在弗洛伊德那里，力量的冲突是在个体的心理结构之内的，在他的理论中，个体经过俄狄浦斯时期（3—5 岁）已经形成了连续、稳定且相对静态的心理结构，而克莱茵将精神分析的范围拓展到了一个更早、更原始的心理阶段，相应地，早期自我是不连续、不完整、变幻不定的，"客体"在自我的发展中起到了决定性的作用，本能的冲突与发展都离不开"关系"的范畴。[①]

克莱茵认为，初生婴儿的知觉能力还未能发育完整，这意味着早期主体只能与其所接触的外在客体（即母亲）的一部分而非全部发生关系，这生成了克莱茵的"部分客体"概念。部分客体因为婴儿的即时满足特性而注定是分裂的，要么被理想化为完全好的，要么被视为过度迫害的、完全坏的。比如最开始的部分客体就是母亲的乳房，婴儿的幻想会把母亲分为"好乳房"和"坏乳房"两个部分，亲近前者而攻击后者，并且会在两种角色之间变化，克莱茵把这个心理过程称为在"偏执-分裂"心位和"抑郁"心位[②]之间的交替。"偏执-分裂"心位大约发生在婴儿期的前三至四个月，此时广泛的"分裂"已经发生，婴儿会表现出高度焦虑，这些焦虑来自婴儿内在的死本能、出生时蒙受的创伤以及饥饿、受挫的经验等等，婴儿会通过分裂、投射、内投幻想来处理这些焦虑经验，

---

① 参见史蒂芬·A. 米切尔、玛格丽特·J. 布莱克：《弗洛伊德及其后继者：现代精神分析思想史》，陈祉妍、黄峥、沈东郁译，商务印书馆 2007 年版，第 105—108 页。
② 下文对这两个术语的阐述部分参考自 Elizabeth Bott Spillius, Jane Milton, Penelope Garvey, Cyril Couve & Deborah Steiner, *The New Dictionary of Kleinian Thought*, New York: Routledge, 2011, pp. 63-102。

把自我的爱意（爱本能）和恨意（死本能）分别投射到母亲的不同部分上，使之分裂为好母亲和坏母亲，婴儿本能地认为坏母亲是一个将会报复的迫害者，因此被分离和否定，好母亲则是令人满足和爱慕的。好母亲和坏母亲的形象又会内投为婴儿的"内在客体"，导致婴儿人格内部的新的紧张，于是又会相应地重新被分裂、投射、内投，形成"恶性循环"。大约在一岁中期左右，"抑郁"心位的到来缓解了这种情况，婴儿意识到好母亲和坏母亲其实是同一个人，这种认识相当于一种不断增长的力量，可以整合外部世界和内心世界的经验。但是这种新理解的结果是对"破坏"的沮丧失落或者说"罪疚感"，这种破坏是曾经想施加在坏母亲形象上的，现在被认为伤害了好母亲。对于所爱但是受损的外在客体和内在客体，婴儿会产生"修复"的冲动，尤其，对个人心理发展而言，内在修复更加重要。

克莱茵及其追随者认为，所有人类交往都涉及将一个人的一部分自我投射到另一个人身上。在良好的人际关系中，对方愿意接受投射，并把它们变成自己的一部分。根据 W. R. 比昂的说法，好母亲能够进行一种类似白日梦的幻想，在这种状态下，她实际上"哺育"了孩子的投射。孩子已经感觉到自身分裂的元素是危险的和迫害性的，但好母亲能够以更加成熟的人格吸收包容它们。然后，分裂的碎片会以更丰富、更完整的形式重新纳入孩子的自我。投射不会导致自我的耗尽，而是带来自我的成长和更大的力量。

有意思的是，艾伦茨威格将这种良好的人际关系对应于艺术家与作品的关系——在创作过程中，艺术家以一种非常类似克莱茵模型的方式将自我心灵分裂的碎片投射在艺术作品中，在作品中被整合，然后又返回到艺术家的心灵结构。作为"客体"的作品，以一个非常核心的地位参与了内在心理过程与外在现实感知之间的持续对话。客体既包含在"内部世界"的形成与变化中，也包含在"外部世界"的投射和构建中。从这个意义上说，作品成为心灵过程的"对话场所"：它是如何被感知的，它是如何构造的，它如何被内化、攻击和修复，等等。作品在第三阶段被最为强烈地感受为一个完全独立的存在，就像一个活生生的"人"一样与艺术家进行"对话"。在这个过程中，不仅作品得益于与艺术家之间的对话，艺术家自身内部的心灵结构也得益于与作品之间的对话："以这种方式，作品的有意识和无意识成分之间，以及艺术家的有意识和无意识感知水平之间发生了充分的交流。他自己的无意识也作为一个'子宫'来接收他意识自我的分裂和被压抑的部分。整合的外部和内部过程是同一个不可分割的创造过程的不同方面。"①

法国哲学家利奥塔对艾伦茨威格的创造力图式提出了批评意见。利奥塔认为，这个模型对于理解艺术作品来说，太具有临床分析模式的限制性了，使得艾伦茨威格在某种程度上成为"克莱茵模式的囚徒"，克莱茵的概念框架——投射和内投的基本操作——必须围绕构成客体的中心问题：好客体还是坏客体？它假设任何能量的转移都必然会（主动地或被动地）围绕着与客体的关系自行组织起来。这个以客体为绝对中心的三段式概念框架，一方面不可避免地有着黑格尔辩证法的色彩，另一方面，它将艺术家与作品的关系理解为一种"对话"，赋予了第三阶段的作品一种"他性"（otherness），艾伦茨威格是在阿德里安·斯托克斯②的意义上使用这个概念的，不过放在拉康的概念框架下看的话，这种人际间的"对话"暗含了将作品视为"大他者"的规介意味。而利奥塔认为，对艺术家来说，他与作品的关系不是与象征界大写的他者的对话，而应该是一种"相遇"（encounter），在拉康之谓"机遇"③的意义上，包含一

---

① Anton Ehrenzweig, *The Hidden Order of Art*, Berkeley: University of California Press, 1967, pp. 104-105.
② 斯托克斯的相关理论参见 Adrian Stokes, Form in Art, *New Directions in Psychoanalysis,* London: Tavistock Publication, 1955。
③ 拉康根据亚里士多德对"自发"（automaton）和"机遇"（tuché）的区分和讨论，以"自发"来指涉能指网络的"重复自动性"，以"机遇"来指涉与实在界的"创伤性相遇"。参见霍默：《导读拉康》，李新雨译，重庆大学出版社2014年版，第127页。在此提供一个相浅的埋解：与实在界相遇是一个未预料的注定错过的相遇，"机遇"给无意识欲望让出位置，让事没想到的事情得以实现，因此超出了象征秩序的决定。拉康曾依据弗洛伊德一个梦的文本作为与实在相遇的经典案例，参见 Jacques Lacan, *The Four Concepts of Psychoanalysis*, ed. Jacques-Alain Miller, trans. Alan Sheridan, New York: Norton, 1978, pp. 68-71.

种纯粹的偶然性。[①] 单从艺术的纯粹性而言，这也许是一种更好地想象我们与艺术品自由碰撞的方式，从象征界的符号秩序中解放出来，艺术品以未预料的自在之物的姿态侵入自我的梦。

不过我们也要看到，艾伦茨威格的"对话"模式其实是建立在一名艺术教师对学生或者说对未来艺术家在实际工作中的观察之上的，它包含了一种实际的教育期许。自20世纪40年代定居伦敦以来，艾伦茨威格先后供职于中央工艺美术学院、伦敦大学金匠学院，承担技术性的美术教学工作为主，而只把心理学和艺术史研究作为独立于学术体制之外的思想爱好。在他的职业生涯中，他先后帮助过爱德华多·包洛齐、布里奇特·赖利、艾伦·戴维等多位艺术家，在他们还藉藉无名的时候，就能够发现他们的才能并给出有效的建议。他作为一名艺术教师的责任感，不仅在艺术创作本身，还在于对艺术家的人格发展和社会适应能力的期许，这也解释了艾伦茨威格为何如此青睐一种健康的人际关系理论："艺术家对自己作品的创作态度只是一个更普遍的社会适应的特殊例子……人们有时错误地认为，艺术的社会性在于它的交流能力。这一要求是针对封闭在象牙塔里的自恋艺术家，他拒绝用传统语言交流。但他真的拒绝了吗？如果他能够自由地与自己的作品交流，他就学会了与自己人格中被淹没的部分交流。如果他允许自己的作品以独立存在的身份和他对话，那么他的作品也将能够以同样的口才与他人对话。但是艺术家和他的作品之间的交流是第一位的。"[②] 创作即交流，脱胎于客体关系学派的人际理论的这一认识，提醒我们个体创造力和审美感知力是无法从其社会基础中分离出来的，健全的创造性人格正是建立在对话与交流的基础上的，这种交流既包含了艺术家最初的自我交流——外化在艺术家与作品的关系之中，也包含与一个更大的整合的自我——由无数他者

[①] Jean-François Lyotard, Beyond Representation, trans. Jonathan Culler, in Andrew Benjamin (ed.), *The Lyotard Reader*, Oxford: Basil Blackwell, 1989, p. 163.
[②] Anton Ehrenzweig, *The Hidden Order of Art*, Berkeley: University of California Press, 1967, p. 109.

组成的社会之间的交流。

三、海洋阶段与"回到子宫"的创作体验

我们再回过头来看,艾伦茨威格对克莱茵模型的应用也伴随着重要的修改,那就是在克莱茵的两个心位交替的模式中插入了中间阶段:"狂躁"海洋阶段。而它的重要性甚至超过了另外两个阶段,因为艺术最关键的底层结构正是在这个阶段得以整合,艾伦茨威格指出,创造性自我在这个阶段处于一种海洋状态,它最初来源于弗洛伊德所分析的"海洋感觉"(oceanic feeling)。

实际上,海洋感觉也并非弗洛伊德首创,而是通过他与罗曼·罗兰之间的通信进入了学术讨论。罗曼·罗兰是20世纪法国著名的作家和批评家,同时还自我宣称是一位神秘主义者,他将早期经历的短暂的神秘事件整合为一种以"永恒"体验为核心的存在模式,并认为这种感觉很可能不是永恒的,而只是没有可感知的界限,就像"海洋"一样。罗兰认为,海洋感觉不仅提供了一种有价值的活力感和道德品质,而且揭示了心灵与超个人的、无限的形而上学物质的内在联系。为了支持自己信念的心理学合法性,罗兰求助于弗洛伊德,寻求对此事的精神分析解释。[1]

弗洛伊德在其著作《文明及其不满》第一章中,对海洋感觉进行了尝试性的分析。在将海洋感觉的概念内容重新表述为"无限性和与宇宙的联系"以及"与整个外部世界结为一体的感觉"之后,弗洛伊德从个体发展的角度对其进行了解释。也就是说,他推断,这种感觉来自婴儿"还不会将他的自我同外部世界区分开来",一种原始的"包罗万象的"感觉,这种原始的自我感觉仍然存在于许多人成年后的心理生活中,可以与"更狭窄、有更明显界限的成熟的自我感觉并存于他们的生活中"。

---

[1] Cf. William B. Parsons, *The Enigma of the Oceanic Feeling: Revisioning the Psychoanalytic Theory of Mysticism*, New York: Oxford University Press, 1999, p. 173.

弗洛伊德在原始自恋的良性维持中找到了海洋感的根源，并认为它是自我早期阶段的残余，仅能在思想中保存，后来才与宗教产生联系，而且与心理生活的一些模糊变化有所关联，比如"入迷"或"狂喜"。①

弗洛伊德和罗兰从未就海洋感觉的本质或价值达成一致。此外，在许多后弗洛伊德精神分析的讨论中，这个概念开始被用作替代神秘体验的委婉语，被认为主要是防御性的、幼稚的甚至是病态的，与罗兰最初的褒义词立场更加分离。② 然而，在20世纪50年代末和60年代初，越来越多的观点开始将海洋感觉作为个人心理发展的衍生物而不局限于宗教神秘的背景，"现在人们普遍认识到，任何——不仅仅是宗教——创造性的经历都可以产生海洋状态"。③

艾伦茨威格对"海洋感觉"的挪用，将它从宗教体验中脱离出来，不仅仅作为一种"感觉"，而且作为一种创造性的"状态""过程"或"阶段"，应用到对艺术创造和审美鉴赏的解读中。他认为，这种状态不一定是"倒退"回婴儿状态，而可能是在创造性工作中自我发生的极端去分化的产物："去分化中止了许多种类的界限和区别；在极端情况下，它可能会消除个体存在的界限，从而产生一种神秘的海洋感觉，这种感觉在本质上是特别狂躁的。病理意义上的狂躁危及意识层面上正常的理性区分，因此损害了我们的现实感。通过否认好与坏、伤害与健康之间的区别，它可以作为对抗抑郁情绪的防御手段。但是在更深的通常是无意识的层面上，自我去分化并不否认现实，而是根据在那些更深的层面上有效的结构原则来改变现实。神秘主义者的现实可能是狂躁的海洋，但它不是对现实的病态否认。如果艺术家试图创作真正的原创作品，他就不能依赖传统的'好'与'坏'的区分。相反，他必须依靠较低的未

---

① 参见西格蒙德·弗洛伊德：《一种幻想的未来 文明及其不满》，严志军、张沫译，上海人民出版社2007年版，第105—118页。
② 参见Jussi Antti Saarinen, The Concept of the Oceanic Feeling in Artistic Creativity and in the Analysis of Visual Artworks, *The Journal of Aesthetic Education*, 2015, Vol. 49, No. 3, pp. 16-17。
③ Anton Ehrenzweig, *The Hidden Order of Art*, Berkeley: University of California Press, 1967, p. 294.

分化类型的感知，这种感知允许他抓住艺术作品的不可分割的整体结构。这种抓住可以具有一种狂躁的品质，超越作品中包含的好与坏的细节之间的区别。对整体结构的扫描使他能够重新评估最初看起来好或坏的细节。他可能不得不放弃一个过早实现的快乐细节，这会阻碍他想象力的流动；相反，他可能会把一个明显不好的功能作为他新的起点。对整个结构的扫描经常发生在短暂的心不在焉时。可以说，在意识流的这个间隙中，好与坏之间的普通区别被'狂躁地'暂停了。"①

进一步说，海洋去分化的状态给我们提供的是一种"回到子宫"的体验，它有效地拯救了创造力第一阶段将自我的碎片投射在作品中产生的表面破碎感、攻击性乃至死本能的自我毁灭所带来的灾难性后果："当自我沉入去分化的海洋，一个新的心灵领域包围了我们；我们没有被死亡吞没，而是从我们独立的个体存在中释放出来。我们进入了重生的狂躁子宫，一个超越时空的海洋存在。"② 值得强调的是，艾伦茨威格对"子宫"隐喻的使用是格外重要的，如何理解这个概念的多重含义？首先，无限扩张的海洋感觉从精神分析的角度来说与子宫幻象密切相关，子宫本身是遏制幽闭恐怖症的最有说服力的象征。另一方面，它也将弗洛伊德所说婴儿出生后尚不能区分自我与世界的原始状态，推进到更早的未出生的阶段。再则，作为母体孕育生命的器官，子宫本身就是创造过程最好的隐喻，"在创造性的想象中，回到子宫的幻觉几乎无处不在"，在孕育阶段，婴儿从子宫中感受到全然安全的、与母亲完全融为一体的"包围感"，与创造的第二阶段海洋整合相吻合；而到了出生的时刻，亦即作品完成的时刻，子宫开始收缩排斥婴儿，婴儿与母体分离得以真正诞生，一个完整的图像空间也得以被意识信号所捕捉。因此在艾伦茨威格这里，子宫可以说是一个完美的象征创造的仪式性的空间隐喻。

子宫的"包围感"是艾伦茨威格判断艺术品之为艺术品的"最低限

---

① Anton Ehrenzweig, *The Hidden Order of Art*, Berkeley: University of California Press, 1967, p. 294.
② 同上书，第121—122页。

度的内容"①,也就是说,它应该总是反映在艺术作品中,是创作过程中不可简化的一部分,不过对于完整完成三个阶段的"成熟的"作品来说,它通常是隐藏的,从这个意义上说,美学理论中种种关于"审美距离"的说法都是针对第三阶段"成熟的"作品而言,因为它们已经具备阿德里安·斯托克斯所说的独立于艺术家的"他性"。但是这一点对于现代艺术来说又有所不同,由于现代艺术常常公然展示非理性对理性的攻击,使得被隐藏的、未分化的底层结构相对暴露出来,表面上看起来破碎、混乱,但正是底层结构在海洋阶段的整合,使得许多看起来极端分裂的现代艺术区别于真正的精神分裂患者的作品。如果没有海洋包围所保证的深度一致性,表面破碎就会变成病态,只有表面的分裂和死亡体验,而没有被深层的连贯性所救赎。艾伦茨威格以立体派艺术为例,说明了它与精神分裂艺术的区别:"立体派绘画与精神分裂症艺术非常相似。有同样的玻璃状的太僵硬的碎片,拒绝合并入更大的实体,就像恐惧和甜蜜、笑声和悲剧一样难以合并。但相似之处仅此而已。在精神分裂的艺术中,没有海洋的包围治愈表面的分裂。海洋去分化就像死亡一样被感觉为恐惧。"② 这是因为精神病患者无法像有理智的创造性思维那样,在无意识中创造一个容纳重生的"子宫",在这个子宫里,"被压抑和去分化的图像被安全地包含、融化和重塑,以便重新进入意识"。③ 但另一方面,艾伦茨威格又说:"即使是精神病患者,如果他能忍受原发过程的明显混乱,也能成为艺术家。"那么在这个意义上,"创造力几乎可以被定义为将未分化的混乱的一面转化为一种隐藏秩序的能力,这种秩序可以被一个全面的(融合的)视觉所容纳。然后,分裂的焦虑就会转变为未分化海洋状态的狂躁欣悦。"④ 这种融合的视觉,是艾伦茨威格对创造性思维处理无意识的原始材料的能力的肯定,它的现实意义远不止于艺

---

① Anton Ehrenzweig, *The Hidden Order of Art*, Berkeley: University of California Press, 1967, p. 171.
② 同上书,第122页。
③ 同上书,第124页。
④ 同上书,第127页。

家与其创作材料之间的互动,更包含了个人与社会文化系统之间的互动。

四、"艺术家教师"的实践与争议

1964 年,艾伦茨威格的创造力理论获得了实际投入实践并进一步在艺术教育领域发展的契机,他与同事托尼·科林格一起,在伦敦大学金匠学院开设了一门艺术教师证书课程。研究者威廉姆森介绍指出,当时这种类型的课程处于中央机构的统一管理和认证之下,是英国艺术教育界培养年轻的艺术教师、发放从业资格的标准途径,而当时大部分的艺术学校都遵循着传统的课程设置和教学方法,具象的临摹写生课程仍然属于这个教育体系中的基础必修部分。[①] 而在艾伦茨威格看来,这种统一制定的僵化训练无助于培养真正的艺术创造力,他将他对艺术创造的理解和思考延伸放入到教学工作中,在他的创造力理论基础上发展出了就当时而言十分激进前卫的教育教学理念,也给这门艺术教师证书课程带来了真正的实验性的变革。这种做法在当时的艺术教育领域无疑招致了十分严厉的争议和攻击,但另一方面,也使他获得了同事和学生的真心爱戴。

艾伦茨威格本人对其课程理念的直接陈述见于 1965 年他向金匠学院提交的内部报告《走向艺术教育理论:艺术教师实验课程报告》,在这份报告中,一个最具争议性也最具开创性的思路是,将教师培养学生的过程类比为艺术家塑造作品的过程,也就是说,将教师的角色对位于艺术家,学生的角色对位于作品或创作作品的媒介,把学生视作教师自身创造力的"媒介",认为一个好的老师的教学工作本质上是在通过学生进行自我发现、自我创作,他的原话是:"好老师就像艺术家一样,能够利用他人作为他们的'媒介'";"一个好老师通过他的学生绘画,把他们当

---

① 参见 Beth Williamson, Paint and Pedagogy: Anton Ehrenzweig and the Aesthetics of Art Education, *International Journal of Art & Design Education*, 2009, Vol. 28, No. 3, p. 238。

作他的'画笔'"。①

表面看来，这个思路最大的争议性在于，似乎在身份伦理层面把学生放在了一个不平等的、非独立的、次级的地位。学生的自我创造性难道只是受老师支配、实现他者价值的材料或工具吗？但实际上，"对话"的核心概念自始至终都存在于这个教学模式的关键位置，它意味着不是将学生降格为被动的被规训的对象，而是将艺术作品视为一个必然反抗和回应的独立存在。前文提到，艾伦茨威格以客体关系理论为基础所搭建的心理模型，是将一种人际关系的理论转化为一种艺术创造的理论，而此处在他的教学实践中，实际上又将这种艺术创造的理论再度转化为人际关系的理论，这就使艺术创造与人格发展更深度、更密不可分地结合在一起。以此为根基发展而来的艺术教育课程，就不再只是简单的对艺术技巧、程序的习得，而是对健全的创造性人格的培养和塑造，真正把艺术教育与审美教育合二为一。反观我国当下通行的艺术创作、设计类教材中对艺术创作过程的指导与教学，往往只是对创作的外在行为、一般程序进行经验式的归纳和概括，比如许多教材中将艺术构思与表达的过程大而化之地归纳为"生活积累、创作构思、艺术表达"三个阶段，②缺乏系统的理论支撑。或者只是机械、粗浅地套用一些诸如认知心理学的模型，比如挪用沃拉斯的创造过程模型，将艺术创作分为"准备期、酝酿期、灵感期、验证期"四个阶段。③这些模式总结当然没有错，甚至更加具备通用性和可操作性，但在实际的艺术教学中，却很难真正激发艺术学习者的个性和创造性，反而容易落入僵化的创作程序和创作思维，难以发挥更全面的审美教育的功能。

此外，艾伦茨威格以客体关系学派的人际理论为基础，也将临床精神分析治疗的某些特征放入教学过程，打开了艺术教育与艺术治疗合二

---

① Anton Ehrenzweig, *Towards a Theory of Art Education: Report on an Experimental Course for Art Teachers*, London: Goldsmiths College University of London, 1965, p. 3.
② 张海彬主编，《艺术概论》，河北美术出版社 2015 年版，第 110 页。
③ 罗伯特·索尔所、奥托·麦克林、金伯利·麦克林：《认知心理学（第 8 版）》，邵志芳译，上海人民出版社 2019 年版，第 368 页。

为一的可能性。与传统的师生关系中通常仅提倡尊重、信任、友善等正面的情感特征不同，在他的工作室中，师生之间要围绕焦虑、破坏性、分裂、狂躁、抑郁、内疚等负面的情感强度展开艺术创造力的内在探索。从研究者和采访者整理转述的间接反馈来看，其学生与同事一个共同的感受就是工作室仿佛变成了一个"分析的空间"。比如其学生大卫·巴顿指出："他给了你他自己非常个人化的回应——如此个人化的回应，以至一些学生确实认为他们可能正在接受精神分析——但更聪明或诚实的学生意识到，正是他在经历一个自我分析的过程，作为对他们创作的个人回应，以便找出新兴的意象，并帮助他们自己认识到这一点。"[①] 而其同事托尼·科林格也认为："在某种程度上，我自己好像也经历过某种精神分析，我逐渐感觉好了一些。这是一次成熟和发展的经历。"[②]

金匠学院的后辈研究者尼尔·沃尔顿在2019年的一篇文章中将艾伦茨威格的创造力和艺术教育理论与当代新近的相关理论进行比较，指出他对艺术身份、创作表达和教育方法的某些思考是走在时代前列的，预见到了后来几十年内陆续发展的一些观念和实践，尤其是"艺术家教师"（the artist teacher）模式与当代艺术的越界和开放特征之间的亲和关系，超越了当时流行的现代主义范式。沃尔顿也通过列举分析当代"艺术家教师"话题下的一些最新观点，指出艾伦茨威格的"对话"精神在当代并没有被遗忘，而是朝向进一步可转换的、非等级的、友好的、创造性的研究者与合作者的方向得到了改进与发展。[③] 本文的补充总结则是，艾伦茨威格在其特殊的、复合的知识背景下的教学实践，实际上赋予了教师更复杂的角色身份——"艺术家-教师-分析师"。艺术美学、艺术教育与临床精神分析的共振，无疑为我国当下的艺术教育实践探索带来

---

① 转引自 Beth Williamson, *Anton Ehrenzweig: Between Psychoanalysis and Art Practice*. Ph.D., University of Essex (United Kingdom), 2009, p. 156。
② 同上。
③ 参见 Neil Walton, Anton Ehrenzweig, the Artist Teacher and a Psychoanalytic Approach to School Art Education, *International Journal of Art & Design Education*, 2019, Vol. 38, No.4, pp. 832-839。

了富有新意的视野，其存在的问题与争议性也留下了同样的反思与挑战。

结论

　　以本土立场的比较视野来看，艾伦茨威格的艺术创造心理模型实际上与我们所熟知且接受的创作过程正好相反。中国传统的文艺创作论对创作的理解往往是以外在物象为锚点，强调创作主体对外在物象的观察、转化和表达。①例如，清代郑板桥的"眼中之竹""胸中之竹"和"手中之竹"就比较典型地勾勒了文艺创作的三个阶段性过程。画家把眼睛看到的客观形象，经过内心的审美意象处理，最终返回到外部世界，物化为艺术形象，这是一个"外-内-外"的过程。相类通的过程在西方的理论中也可以得到验证，比如用格式塔心理学的心物场与同型论同样可以解释这个物象转化的过程。②然而，在艾伦茨威格这里，"创造力"完全是"自我"（ego）的事件，创作的过程是以内在人格的分裂为起点，将自我的碎片投射到外部世界，再重新融合返回内心世界，大体上是一个"内-外-内"的循环。这显示出，精神分析美学迥异于传统的文艺创作论的出发点。对艺术创造过程的回应侧重内在人格和心理事件，使它不仅仅是一种关乎艺术创作的美学理论，也为艺术教育实现美育、艺术治疗的功能提供了心理学基础，从而发展为一种融合了美育与艺术治疗功能的艺术教育理论。当前在探讨一般艺术教育与美育的问题上，我国学者正在越来越深入地达成共识，要在人文教育的综合视野下，发掘艺术

---

① 我国学者王廷信认为，"观物取象"是中国传统文艺创作思维的逻辑起点，由此通过"感通万物"的思维机制，形成"情-意-象-言"的表达结构，集中反映了中国传统的文艺创作思维特征。参见王廷信：《中国传统文艺创作思维探析》，《中国文艺评论》，2023年第1期，第4—15页。
② 我国学者刘悦笛在对郑板桥之"竹"与格式塔心理学之联系的分析中指出，由"手中之竹"的外化所展现的图式，形成了一种"物理之力"，画中竹子的方向、力度、角度、浓淡等等都在客观的"物理场"中形成了张力结构。"眼中之竹"相当于在大脑的"生理场"中投入了意象的刺激，一种意向性促使"胸中之竹"逐渐成形，相当于"生理力的心理对应物"。参见刘悦笛：《视觉美学史：从前现代、现代到后现代》，山东文艺出版社2008年版，第124—125页。

教育的美育潜能,而不止步于简单区分重艺术技能的实践类课程与重审美素养的通识类课程。①而本文借由探讨艾伦茨威格的心理模型与课程实践所要指出的是,精神分析美学通过对"创造力"与"创造性人格"的研究与理解,恰恰在两种取向之间建立了一种深度结合的可能性,在我国当前新人文社会科学背景下的美学与美育探索中值得重视。

---

① 例如,我国学者王德胜认为艺术、艺术史与美育关系建构的基本落脚点是在实践路径及手段层面体现美育育人的"化人"成效,参见王德胜:《作为美育的艺术、艺术史如何可能?》,《中国文艺评论》,2022年第12期,第4—13页;又如,我国学者殷曼楟通过梳理西方现代艺术教育的三大思潮与两大脉络,认为应当以人文教育为框架,以艺术教育为主线推动美育建设,参见殷曼楟:《从西方现代艺术教育看中国美育之路》,《美育学刊》,2020年第4期,第1—10页。

精神分析与心理治疗专题

荣格的梦理论及其解梦策略

张涛[①] / 著

梦在荣格式心理治疗中担负着很重要的角色,我希望通过这篇文章简要介绍荣格对梦的思考以及他的解梦方法。

一、补偿与统整

荣格和弗洛伊德一样,都认为梦是接近无意识的皇家大道。但是,两者在梦的理解与分析上有着迥然不同的观点,这是他们理论的一个重要分歧点。

对于荣格来说,弗洛伊德对梦中性欲望的强调显得过于狭隘,他开始将梦视为在无意识运作方式中指向一种智能,也就是说,我们的梦告诉我们一些关于自性化过程中保持正轨的事物。这是因为,荣格将心灵看作一个自我调节系统,是产生于意识与无意识之间的补偿性环节,类似于机体的自我平衡机制。心灵最基本的心理法则是对立面的冲突与调和,动力学的过程就是转化。因此,梦也是心灵的补偿原则的结果。

荣格还将他的原型和集体无意识存在于心灵的观念扩展到梦,这进一步区分了他和弗洛伊德的梦理论。简单来讲,从荣格的角度来看,梦

---

① 张涛,四川大学应用心理学产业导师,法国巴黎第八大学精神分析专业博士。

有以下五个主要功能：

1. 梦作为快照

梦通过我们的意象或梦的自我（当我们白天的自我沉睡时，这些意象和梦的自我就在晚间醒来）提供了我们正在发生的事情的画面，这意味着我们的任务是将其视为一种"礼物"。如果我们可以给它时间和空间，这个礼物可以帮助我们看到这个"梦的图片"的意义。

这个部分是与荣格关于意象以及积极想象的理论和实践紧密联系在一起的。

2. 梦的综合观念

荣格对梦的解读将考虑梦的综合能力，即有意识的记忆元素，无论是刚刚结束的那一天，还是早年产生的影响，都与无意识的个人和原型意象混合在一起。这种综合方法具有前瞻性，并认识到梦就像一个情结，其中包含许多关键元素。这与弗洛伊德对心理因果关系的追踪中发现的还原方法形成了对比。为了更好地理解综合方法，我们需要研究符号形成的过程，在荣格的思想中，符号形成的过程是使我们能够通过梦意识到无意识影响的关键因素。因此，梦在这个维度上是具有自性化的作用的。

3. 梦作为补偿

我们必须记住我们用来解释梦的工作假设：梦中的图像和自发的幻想是符号，也就是说，对于仍然未知或无意识的事实，它通常是补偿意识内容或意识的态度。

我们已经触及了荣格的补偿原则：无意识补偿我们有意识的态度，所有这些都是为了保持心理平衡或体内平衡。例如，当我们的自我被自己的重要性冲昏了头脑，这些埋藏在无意识中的自性方面就会找到一种方法让我们知道需要解决这个问题，否则我们将遇到麻烦。或者说，如果我们的类型的装扮（尤其是人格面具）导致我们过度依赖客观事实以支撑我们的外向思维,那么我们的内向思维就会使我们受到牵绊,我们会对批判我们当前方法的那些批评给出过于情绪化的反应,这种反应是希望保持警觉来解决问题。

4. 梦的含义

如果可以确定梦境,保持个人联想,它们具有的含义可以在整体上得到破译。个人联想与自由联想不同,后者意味着从一个观念联想到另一个观念,而荣格主张保持与意象的接近,也就是对其进行"环绕"。不远离梦中的图片和意象,由此获得的梦的含义不会被简单还原,而治疗中这样的工作牵涉梦的补偿和综合功能,也与自性化的作用相联系。

5. 梦表达了个人与原型过程

梦表达的无意识的结构和过程不仅包含个人的过程,还包含原型的过程。因此,荣格发展出扩充技术,这是一种通过使用神话、历史和文化类比将梦或幻想的内容与普遍意象联系起来的方式。

例如一个人生活中熟悉的场景突然被著名宗教人物或历史人物占据,或者出现龙、熊等原始图腾,也可能是被外星人"入侵"。

在分析中,荣格将梦工作的这一方面称为"扩充"。治疗师的角色是在病人提出联想时为他们提供便利,但在这种情况下,治疗师可能会提供一些与原型主题的链接,这些链接反过来可以帮助病人与她或他自己的经验和理解建立联系。

例如,一个案主在17岁时梦到自己夜晚在一片空地,五颗行星金木水火土降临地球,天空一片昏暗。这个梦里面,一方面是家或母星,另一方面则是与五行对应的行星(代表天以及世界的变换)。然后,一只狗从火星上跳下来,着陆后带着他往前飞奔,远离坠落碰撞地点,朝向金星的方向逃奔离去。行星逐渐减速,然后他在奔跑中醒来。Dog在英文中反过来就是god,而狗又是他家里最爱的宠物;世界是母星,而代表维护秩序的五颗行星坠落,代表构成自性或家庭的秩序紊乱;另外,火星代表战神，god-dog 的关联以及狗带着其逃离的转化，意味着秩序的崩塌到重建（神颠转为带领自己远离崩塌的伙伴式宠物狗）；金星是启明星，代表早晨。

这个梦暗示了梦者严重的价值观冲突（地与五行-天，被动与入侵，神与伙伴，夜晚与早晨，甚至涉及女性与男性）。然而，行星的减速表明可能会发生其他的事情。如果无意识被倾听，也许可以找到一种新的方式来取代显然迫在眉睫的冲突。就其本质而言，梦分析的这一方面具有投机维度，但如果始终遵循心理内容和做梦者的联想，梦提供原型方面进行放大的方式就可以丰富和启发梦的工作。透过这些原型的放大，冲突更容易被觉察，并且找到转化的可能。

这样看来，在荣格的心灵理论基础上，对梦的工作围绕着对意象的"环绕"、对原型的扩充技术以及针对补偿观念的综合。

在这样的发展基础上，尽管可以说荣格实际上发掘了梦的潜在内容，但他更愿意将理解梦的困难归咎于无法得到翻译。所以他不赞同弗洛伊德的观点，即梦是睡眠的守护者，梦的表象是由梦的工作为掩饰被压抑和禁止的愿望而构建的。荣格并不认为这是不可能的，而是认为梦远不止于此。

这点是和荣格更喜欢将梦作为一个整体来看待，而不是致力于完整剖析它的组成部分的做法相联系的。因此，在梦的场景那里，就像房子的门面一样，它的一个重要部分是那个门面，它表明里面的事物是什么以及它是如何建造的，这些就是梦场景展现的背后的精神动态整体的结构及其内容。

在荣格看来，强调房子是由砖、灰泥、金属、木头等构成的事实并没有什么意义。粗略地说，荣格声称弗洛伊德在对整个房子及其内容感兴趣时检查了砖头和砂浆。

在这个比喻的基础上，他举例说明，如果一个人做梦，他梦到在拿钥匙开锁也好，梦到在摆弄一根木棒也好，梦到用一把铁锤在敲钉门框也好，这些象征可能都会被考虑成一个性的象征，但是他认为：无意识选择这三个意象当中的一个而不是另外两个，这也有着非常重要且微妙的意图。实际的重要问题应该是理解为什么钥匙比木棒具有优先性，或者木棒比铁锤具有优先性。而这样的问题往往会引领我们去了解：这完全不是什么性的动作，它表示着另一种完全不同的心理事实。[①]

为了展示梦中的动态过程，荣格不仅对单个梦的整体感兴趣，而且对一系列的梦感兴趣，尤其是在许多梦中，他可以辨别出无意识中导致自性化的过程。他在1944年撰写的《心理学与炼金术》中证明了这一点，他如此感兴趣的自性化的过程——在这本书里被称为"晶化过程"（centralizing process）——可以得到观察。为了将注意力集中在无意识过程上，荣格建议收集一个梦的系列，他还建议患者将它们写下来并保留一本"梦书"；他可以在此记录中添加他想到的任何关联以及他可以做出的任何解释。《红书》和《黑书》就牵涉他本人记录的一系列梦的笔记。

二、梦的三种补偿功能

为了了解荣格派梦的工作，我们需要进一步理解荣格关于梦的补偿功能的观点。在开始之前，我们先引用一个例子。法国心理分析师魏维安·蒂鲍迪[②]曾提到丹尼尔个案：

> 他第一次来到一个精神分析师的工作室，在此之前，他已经在另一个治疗师那里进行了很长时间的分析。这个案主之所以决定重新开始一次心理治疗，是因为尽管之前进行了多年的分析，他还是常常感到非常不舒服，不仅在他的私人生活中是这样，在他的工作环境中也是如此。他总是被噩梦折磨，这些梦都是一些焦虑的梦，

---

① 荣格：《人类及其象征》，史济才等译，河北人民出版社1989年版，第9页。
② 魏维安·蒂鲍迪（Viviane Thibaudier），法国心理分析学会（SFPA）前任主席。作为一名荣格精神分析学家，她在巴黎工作了四十多年，并在巴黎领导荣格研究所十余年。

多少有点相似。要么是他在一架飞机里面，飞机降落时发生了灾难，他勉强毫发无伤地跳出来；要么是他从珠穆朗玛峰或者别的什么山峰上非常危险地往下落；要么是他滞留在云端，不知道怎么下来，当他探身往下看时，发现自己极有可能掉下来……①

根据这个个案，我们会追问，根据荣格的补偿说，它们到底想要补偿什么呢？丹尼尔对他的新分析师说，在前一段治疗接近尾声的时候，他在前分析师的暗示下有了这样的想法：放弃他目前在一个国际机构里的行政官员工作，成为一名在这位分析师身边的精神分析师，但他很难迈出这一步。丹尼尔花了很长时间考虑这个想法……于是，情况变得糟糕。他的不适感越来越强，以至现在撑不下去了，特别是在受到这一系列噩梦折磨之后。因此，他的新分析师问他，他在前一个治疗师那里付的费用是多少。他听到的回答让他大吃一惊，那个费用是这个新分析师平常收费的两倍以上。带着惊愕与困惑，新分析师给他确定了每次分析的费用，为了不让他有费用"被打折了"的印象，新的费用只比他每次交的税稍高一点点，但是，这远远低于给那位"大分析师"的费用。

作者指出：

> 他前分析师那里有很多来访者，他因此被视为"大分析师"，这导致丹尼尔自己也膨胀了，也就是说，他处在一个想象的位置上，这个位置过高，与他内心世界的形势并不相配。他把他自己放在一边或者放在一个高高的位置上，他既处在对他的前分析师的忠诚的冲突当中（他的前分析师曾对他说，他应该成为一个精神分析师），也处在对他认同的欲望当中（是的，可以成为分析师，并且是"像他那样的分析师"）。他需要从"高处"下来，这个高处，尽管他并不愿意去，但他还是被推到了上面；他需要回到地面，回到他自己

---

① 魏维安·蒂鲍迪：《百分百荣格》，严和来译，漓江出版社2015年版，第42页。

的现实当中。但是我们看到，梦的意象说明他要下来是多么困难，因为每个尝试都充满危险。但这是对他的自性化和走出自己的路而言必需且重要的。①

由这个个案出发，我们可以看出，荣格心理学把梦看成是自然的、具有调节性的心灵历程，类似于身体上的互补机制。意识上的觉察，是自我指导自性的回归，但是，这又难免流于片面，因为很多现象落在自我的领域之外而无法被察觉。无意识包含了被遗忘的儿童期的内容、情结以及原型意象这类材料，原则上它们无法被意识到，虽然意识上的变化指出了这些内容的存在。即便在意识的范围之内，为了维持意识焦点的集中，有些内容受到瞩目，有些内容遭到冷落，但被冷落的内容其实是自性化过程中不可或缺的。

因此，我们可以总结说，梦的补偿功能首先有如下两种：

第一，梦可以补偿自我的暂时性扭曲，让人对自己的态度与行为举止有更全面的理解。举例来说，某人在睡前看到朋友发的朋友圈内容，很生气，但当时克制自己，气很快就消了，他可能会在梦中给那个朋友的微信留言，甚至打电话过去大发雷霆。醒来时他想起这个梦，发现也许是出于神经症的缘故被压抑下来的怒气冒上来了。很重要的是，做梦者可借此了解到，在这种情况下是哪个情结被激发出来：例如嫉妒对方的朋友圈展示的内容背后的兄弟情结。

第二，梦作为心灵呈现自身的方式，映照出运作中的自我结构需要更密切地调整步伐，以便跟上自性化的历程。这通常在人偏离了个人发展的正途时发生。自性化的目标从来不仅仅是适应现状而已；不管适应得多好，总有进一步的任务等着，而且根据荣格人生历程的发展理论，我们最终的任务就是把死亡当作个人的事来面对。在前面的17岁的案主那里，那只狗正在帮助他调整方向，重新回到自性化。

---

① 魏维安·蒂鲍迪：《百分百荣格》，第44页。

但是，梦还有更为神秘而微妙的第三种补偿功能。自我的原型核心是自性这个恒久的根基，这个原型核心是与很多人格面具以及自我认同融合在一起的。我们可以把梦看成是直接改变情结结构的一种努力，而情结结构则是原型层次的自我在意识上所赖以认同的。

比方说，许多梦似乎对梦境自我设下了任务，而且任务一旦达成，清醒自我的结构也随之改变，之所以如此，是因为梦境自我的认同往往是清醒自我认同的一部分。梦境的自我以为在梦的框架内经历的事是自身与外部情境的互动；不过，梦中这些外部事件可能直接反映的是与清醒自我的日常运作和结构有关的情结。梦的自我与这些梦中情境的关系发生了改变，白天清醒的自我就会感觉到自身态度或心情有所变化。

正是对这些补偿功能的阐释让我们看到荣格的心灵地图是如何在临床中指引我们对梦的工作，帮助个案去到自性化的。这也是为什么在梦的五种功能之后，我们专门对第三种补偿进行详述的原因。

三、梦的技术

为了帮助读者掌握梦的具体工作方案，接下来我们需要阐述荣格的梦的机制和功能是如何在梦的工作中体现出来的。要体现它们，就需要援引著名的荣格派学者、分析师罗伯特·约翰逊博士[①]对荣格派解梦的基本步骤做出的总结。他划分了三个基本步骤，分别是：进行联想；把梦中意象与内在动力联系起来；解析。[②]

在第一步中，我们找出联想，为解析打好基础。这些联想来自无意识，与梦中意象是相关联的。每个梦都由一系列意象组成，因此，我们的工作开始于找出这些意象所具有的意义。可以看出，第一步的方法源

---

① 罗伯特·约翰逊（Robert Johnson，1921—2018），美国荣格派分析师和作家，印度精神导师吉杜·克里希那穆提的弟子。
② 其实作者还提到第四个步骤，仪式化。为了避免误解，我们会在后文对这第四步加以解释。参见 Robert A. Johnson, *Inner Work: Using Dreams and Active Imagination for Personal Growth*, Harper Collins Publishers, 2010, p. 52。

自早期的联想实验和意象理论的结合。

在这个维度上，在第二步中，我们将寻找和发现梦中意象所代表的那部分内在自我。我们找出起作用的内在动力，它们是由梦中场景来象征的。

然后进入第三步，解析。我们把前两个步骤中收集到的所有信息放在一起，把它们作为一个整体来看待，找出梦综合的意义。

约翰逊在书中给出了一位来自意大利天主教家庭的女性所做的梦例。我们试图借此帮助大家理解释梦的步骤。

我身处一个教堂的房间或密室中。铁栏杆把我与其他人、教堂的其他部分隔开。弥撒开始了。我独自待在自己的小房间，盘腿而坐，坐禅的样子，但是手里拿着我的念珠。我透过铁栏杆听到低沉的回音。这些声音很平静。我闭上眼睛，虽然没有实际的人和物进入我的小房间，但我还是接受了圣餐。弥撒结束了。我发现花儿在我房间的一角绽放。我感到内心深处非常宁静。①

作者把这个女病人给出相关意象的联想罗列如下：

1. 教堂：宗教生活；正式的宗教生活；社团，我儿时的宗教信念；牺牲，意大利和西班牙中世纪的教堂；与世隔绝；我差点在那儿出家的佛教寺庙。

2. 房间/密室：容器；子宫；生活形式的基本组成部分；保护；与集体隔绝；个性化；必须独自走的路；不被集体认同和安慰。

3. 弥撒：En masse（全体的，一同的）= 宗教体验的集体形式；特定集体的宗教形式；我离开自己的形式；不被卷入 = 需要参与宗教体验，然而不被集体认同，徒有其表的内在体验。

---

① Robert A. Johnson, *Inner Work: Using Dreams and Active Imagination for Personal Growth*, Harper Collins Publishers, 2010, p. 57.

4. 圣餐：最后的晚餐，基督的牺牲，圣礼，我一直讨厌的那首圣歌；在三小时的斋戒中虚弱不堪；神秘契合，与某人成为一体＝合体；圣餐变体论＝转化；来自非物质的形式＝必须在内心中体验，向内的，而不是集体的。

5. 坐禅：练习一动不动；与最初的体验有相似的感觉，如回家；无教条的实践，去体验而不是被说教；与我最初受的教育不同；当我感到我不能"属于"禅宗集体时内心的悲哀；我不得不对它说不的禅院。

6. 铁栏杆：隔离；部分隔离；与集体世界互动，但这种互动被分化了；单独的身份；分离的意识。①

作者在该书前文建议我们将基本的联想元素画到一个圆形图示上，对它们进行分类。我简单抽取上文中的1和3的联想，并根据作者的建议画成下图以帮助理解：

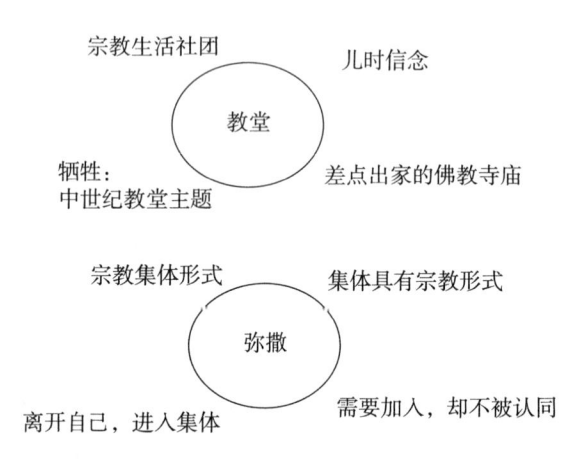

宗教生活社团　　　儿时信念

（教堂）

牺牲：
中世纪教堂主题　　差点出家的佛教寺庙

宗教集体形式　　　集体具有宗教形式

（弥撒）

离开自己，进入集体　　需要加入，却不被认同

如果继续展开，我们可以发现个体与集体、宗教仪式与个人本性（包括禅宗内观）之间的矛盾。因此，这个梦是在建议做梦者有权利成为

---

① Robert A. Johnson, *Inner Work: Using Dreams and Active Imagination for Personal Growth*, Harper Collins Publishers, 2010, p. 58.

一个个体，也有必要成为一个个体。在对这点进行理解后，她进入一种新的认识。这种新认识能够让她参与其中，并看到文化和集体形式中心的本质精神。她可以存在于集体中，却不会被之吞噬本性。

在扩充技术上，这里也出现了原型意象，在这种宗教的梦中经常会出现智慧老人的原型，他们通常以圣人、禅师等形象出现。不过在这个梦中没有出现，但是，这里的花朵是典型的自性原型。作者认为："弥撒结束后，她看到的小房间里盛开的花朵是新生活和新意识的象征，这源于她在梦中对儿时宗教信仰和成年后精神体验的整合。"[1] 如果我们把花作为自己的房间内最为本真的事物，它的绽放（虽然只是在角落里）让梦者感到了宁静。也就是说，这个梦本身构成了自性化过程。我们可以简单地总结为，为了进入集体而戴上的人格面具，随着发现本真的自性的花朵而获得了转化。

但是扩充技术的一个危险是，为了追求对原型意象的发掘而查询象征词典。我们之所以认为这危险，在于忽视个体环绕意象的个人联想而一味追求扩充，只会本末倒置。一味贴上各种原型标签，识别出大母神、阿尼玛、阴影和智慧老人是不够的。自性化的过程已然在梦中发生，治疗的工作是通过了解这些原型如何对当下的个体发挥作用，从而促进这一过程，并不是为了满足治疗师的愿望而去智力化地发掘一些让他觉得好的事情，这里当然也牵涉治疗师的反移情问题。这就是为什么需要通过对联想内容加以环绕以及通过原型的扩充技术回到梦的综合，以重新回到梦所围绕的这个个体（尤其是梦中显现的自性）。

了解了这三个关键部分在个人联想阶段的作用后，我们可以去到第二个步骤。我们将把梦中的每个意象与我们内在生活中的一种特殊动力联系起来。我们将定义以意象形式出现在梦中的这部分内在自己。建立这种联结的原因是基础性的：我们需要找出我们心中到底发生了什么，而梦中的场景正好代表了发生的事。我们可以问每一个意象："那是我的

---

[1] Robert A. Johnson, *Inner Work: Using Dreams and Active Imagination for Personal Growth*, Harper Collins Publishers, 2010, p. 59.

哪一部分？最近它在我生活中的什么地方发挥着作用？我在自己人格的哪一方面看到自己有相同的特质？它是谁？在我的心中，谁像它那样感受或行动？"然后，写下你能想到的每一个例子，在这些例子中，内在的那部分你正在生活中表达着它自身。这个部分的工作和治疗活动的其他部分是衔接着的，也就是说，它总是以之前治疗中的发现为基础，不论是移情的工作、系列梦的探究，还是其他治疗性工作中的发现。同时，这里显然也和积极想象的实践无法分割。在积极想象的过程中，梦者可以深入到对梦境意象的感受中，利用身体、情绪，在梦的工作中启动意象，仿佛该意象重新获得了做梦时的自主性，以获得对梦境意义的深层理解。

这是因为这些梦提出问题的答案可能是一种影响你的内心冲突、一个通过你发挥作用的内在人格，也可能是一种情感、一种态度、一种心境。因此，新的分析和综合的工作在这里开展着，意识的心理类型与其他部分的关系将随着这个工作得到最佳的深化。

如果追随上面的案例，我们就可以发现，"不被集体认同"和"与世隔绝"都牵涉孤独的感受。然而，如果进一步追问，女病人可能会说自己在工作时获得了同样的感受。借此就能看到这样的工作是如何和当下的意识以及现实发生作用的。而孤独的感受、不被集体接纳和后面的圣餐的合体愿望联系在一起，最终进入自性花朵的绽放，那么这样的花朵可能想到的是生活中的什么事件：一个礼物？一次相遇？一种变化？

我们无法通过一个简单的梦例展现所有的梦甚至治疗的原理，但是，读者可以发现，这些问题会带领治疗进入情感、信仰体系、态度、行为模式和价值观等病人具体的意识的模态。

如果我们看到前面移情的工作中强调了对阴影的工作，那么在这个过程中，积极想象和梦的个人联想都会展现出个人的好坏划分，这样，作为坏的阴影部分，与其他部分的动力关系可以重新浮现，进而获得转化。

在此，我们仍旧援引约翰逊的例子，这是被称为"推销之梦"的梦例：

> 我去到约定的地方，发现这里是一个二手车停车场。我站在人行道上。忽然，理查德·尼克松走了过来。他看起来像一个销售员。他拍着我的背说："好的！让我们来点刺激的！如果你想成为真正的专业人士，你必须从操纵人们的基本招数学起，学着积极地思考。穿上西装，努力进入角色，把握角色的心理，大胆地走出来推销自己，这才是成功之道。"[①]

作者认为，对于做梦者而言，这个梦极具讽刺性，这也是梦常常会出现的情况。在他能够意识到的态度中，他不喜欢政治家（梦里的美国总统尼克松），不喜欢那些手握世俗权力或运用"激励技巧"、热衷通过强行推销控制他人的人。但是在这里，在他的梦中，他发现他不但有着潜藏的追求权力的驱动力，而且有一整套秘密的信仰体系。虽然他自己没有意识到这一点，但他暗地里希望，或者至少有一部分他希望"走在前面"，追逐世俗权力的廉价版本，运用大街上天花乱坠的广告宣传和操纵的魔力达到自己的目的。

这个梦要表达的内容并不神秘。梦中的人物详细描述了他赞同的态度，这让做梦者相当懊恼。这样的梦令人尴尬，但对做梦者来说同样具有无法估量的价值。在公开承认的理念的种种伪装之下，对梦者自身的真实了解是千金难买的。因此，这个梦让梦者能够做出清醒、合乎道德标准的选择——对梦中所表达出来的态度，要么接受，要么拒绝，或者，最好将两者明智地结合起来。这里我们看到梦的动力转化：从阴影的权力欲和人格面具的关系得到了了解，对梦态度的接纳与拒绝就牵涉到转化的过程。

如果我们在第二步可以透过梦观察到不同的意识、无意识、现实和

---

① Robert A. Johnson, *Inner Work: Using Dreams and Active Imagination for Personal Growth*, Harper Collins Publishers, 2010, p. 78.

原型意象之间的动力，第三步就是解析。解析是前面所进行的步骤的最终结果。解析把你从梦中得出的所有意义融为一体，形成一个统一的画面。它连贯地陈述了这个梦对你的整体意义。所以，在这个阶段，我们会让病人问出这样的问题："这个梦试图向我讲述的主要的、最重要的信息是什么？它给我什么样的建议？这个梦对我的生活有什么整体意义？"

通过这些追问，可以看出，解释不是一蹴而就的，更不是治疗师掌握着真理，梦的诠释也没有绝对真理可言，而且还牵涉到反移情的工作以及持续的梦的工作。尤其一些梦境具有预示功能，时不时回头去看看这样的梦，一切自然会变得清晰。

从"受挫的爱"到"钟情妄想性的转移（移情）"[1]

吕克·弗雪[2]/著
潘恒[3]/译

"处于精神分析的开端处的，正是爱"，索拉乐·哈比诺维奇提醒我们注意这一点。[4] 事实上，正是通过转移（移情）的初步显现，关于爱的问题才从分析的一开始就被引入分析思想。无需再重提布洛伊尔和弗洛伊德对安娜·O的治疗，也用不着回顾拉康在一整年的研讨班中对这一问题所做的那些强调了。[5]

不过，我希望通过"钟情妄想"这种疯狂的爱情来着手关于"精神病的临床实践"的研究；而要研究这一主题，不可避免地要触及精神病主体的转移问题。

通过下面这则临床叙述——它既能告诉我们钟情妄想性的解决方式能给主体带来怎样的好处，又能展现其令人失望的一面——我将尝试证明精神病人的转移以及在治疗中的相关操作。

---

[1] 原文标题为 De l'amour contrarié au transfert érotomaniaque，载于网络期刊 *Psychiatrie, Psychanalyse et Sociétés*, 2014/1 (vol.1)。译文已得到作者本人授权。
[2] 吕克·弗雪（Luc Faucher），法国巴黎圣安娜医院精神分析住院部主任、精神科医生、国际拉康协会（ALI）的精神分析家。
[3] 潘恒，法国巴黎西岱大学精神分析与心理病理学博士，广州医科大学附属脑科医院临床心理科精神分析师。
[4] Solal Rabinovitch, *La folie du transfert*, Ramonville Saint-Agne: Érès, 2007, p. 81.
[5] Jacques Lacan, *Le Séminaire Livre VIII: Le transfert*, Paris: Seuil, 2001.——译者

这位女病人在劳工医生的推荐下向我寻求咨询时，已经53岁了。她之所以寻求我的帮助，是因为她卷入了一场诱惑一位年轻的国立行政学院毕业生的游戏。

在陈述这例"爱情精神病"（la folie amoureuse）之前，我必须要向你们讲述她的经历中的那些关键元素。

她出生于一个朴实的木工家庭，但她的父亲由于从未对这行产生过任何兴趣，于是转卖了家族企业，改行成一个乡村小镇的书记。病人尚处青春期时，她的父亲就因梗死过早地离开了人世。在她的描述中，父亲很内向，对几个孩子的教育也不甚操心；此外，其配偶也没有给他留下任何位置。我没有在她身上发现任何依恋父亲的迹象，她对父亲既没有爱也没有恨，只表现出某种漠不关心。表现于她的精神病中的所有现象都让我如此假设道："父性隐喻"丝毫没有建立起来；也没有任何他者替代这位父亲，以保障此种能够定位母亲欲望的父性功能。

其母一直居于外省，在病人的描述中，她是非常专横的。尤其是面对两个女儿时，她显得非常严酷；此外，病人认为这导致妹妹和自己都与外地人结婚。她说道："她（母亲）挤对我们，故意找我们碴；时至今日，她仍要替我们作主。"然而某些时候，她又把母亲描述成她真正的支柱："没有她，我会崩溃。"在她的话语中，母性大他者会一下子表现出两面性：一方面是迫害者，另一方面则是生命的支撑者。这完全类似于施瑞伯与其"神性钟情妄想"（érotomanie divine）[①]中的上帝之间的关系。

对于其童年，除了一种难以忍受的氛围外，她并没有留下什么记忆。她是长女，还有一个妹妹和两个弟弟。唯一值得注意的元素就是她遭受着抽搐之苦，而且这种抽搐会引起一种头部运动——用这种头部运动来说"不"。因此，这不是一种无关紧要的运动，而是"违拗症"的表现之一。可以把这种现象解释成"父性名义"（Nom-du-Père）被排除后所引发的身体效果。

---

① Jacques Lacan, *Le Séminaire Livre III: Les psychoses*, Paris: Seuil, 1981, p. 350.

从"受挫的爱"到"钟情妄想性的转移(移情)"

青春期时,她有过几个情郎;她甚至曾在恋爱关系不足一年之时就订立婚约,然后又突然断定这个未婚夫不好;就在一切将获官方认可时,她溜了,以"女互惠生"①的身份登上了前往英国的船。这是不是其精神病的初次发作呢?很有可能。刚抵达英国,她就遇到其未来的丈夫——一个苏格兰人、巴黎美术学校的学生(她不断强调他观察事物时目光的敏锐度)。这次邂逅赖以展开的方式必须要得到定位,因为它构成了她的第一次钟情妄想性的固恋(fixation)。他们邂逅于一个图书馆。她从他的眼神中看出他对自己一见钟情(英语中的 love at first sight),很快她就让自己上钩并在五个月后与之步入婚姻的殿堂。

她说道:"我们俩的生日仅相差四天,都是摩羯座;我们生性放荡不羁;我们彼此极为相像,就好像找到了自己的复制人一样。这是一种同生共死的关系;我们确信没有什么能分开我们。"这凸显出:对于精神病人的爱情的动力源而言,首当其冲的正是想象性的俘获,也就是说仍固定于 a—a' 轴(拉康 L 图中的想象轴)之上。她用"支柱"这一"能指"来形容丈夫——与形容母亲时所用的能指完全相同。这标志着丈夫的角色就像是想象性的补形术——以爱情的形式来确定大他享乐(jouissance de l'Autre)的位置。事实上,通过修复出一种与享乐有关的性化版本——尽管这不是一种俄狄浦斯性的版本——钟情妄想能够节制这种不能忍受的享乐(大他享乐)。另外,她注意到她的抽搐在婚后消失了,直到丈夫逝世后才短暂地重现出来。在这种持续了一段时间的绝妙平衡中,外国以及远离母语并非毫无用处,甚至可以说它(外国及远离母语)是一种限制"[母性大他者]所带来的令人难以忍受的享乐"的方式;我们也经常将它确认为(某人)前往外国(非母语国家)的动机。

在此,我们能够判断出钟情妄想者处于确定性中,也就是确定他或

---

① 互惠生(au pair 源于法语),意思是"平等的"和"互惠的"。加入计划的青年与寄住家庭在一个互惠互利的关系中生活。寄住家庭为互惠生提供一切生活所需,每月更会给予他们零用。学生则为家庭照顾孩子,做简单的家务。互惠生一般是年轻的女孩子,有时候是年轻的男孩子,被寄住家庭视为家庭成员之一。在计划期内,学生与家庭对于对方的文化都需要给予莫大的尊重和宽容。——译者

她是他人眼中唯一的且宝贵的客体，而对于这点，癔症则不断询问："为什么他选择我呢？他觉得我哪里特别呢？或者我和其他人有什么不同呢？"当日常的爱情生活使我们不断重提这一疑问时，她（钟情妄想者）不仅不怀疑这些情感的相互性，反而对之抱有坚定的信心。

她有两个儿子，长子受分娩并发症以及幼儿精神病的影响，患上了智力障碍；次子患有精神分裂症，并在父亲逝世时表现出"代偿失调"。事实上，从这里可以看出，我们所说的夫妻型钟情妄想症对孩子并非没有产生一定的影响。

他们在苏格兰生活了十三年，按照她的说法，那是一种放荡不羁的生活。不过，在一次流产之后，她表现出抑郁性的症状；紧接着，她的丈夫也跟着表现出抑郁性的样子。这促使夫妻俩决心重回法国，而她更是坦言要尽力回到"母性支柱"身旁。

于是，她在政府部门担任秘书一职，并且至今仍在做这项工作。她追念和丈夫在一起时的完美生活，虽然存在着来自丈夫方面的各种不忠以及频繁的嫉妒发作，但是两人的关系一点也没恶化。

然而，当患癌的丈夫去世时，这种完美的平衡开始晃动起来。她再次陷入抑郁期，她的全科医生开始对她实施抗抑郁治疗。可是，这一治疗除了使后续的那些事件更快出现外，并未使她走出抑郁。

事实上，正是在同一年，一位30岁左右的国立行政学院的毕业生（当时她49岁）来到她所工作的政府部门。在她看来，他将开始拥有许多意中人。他的外号是"帅小伙"。她说道："他被一群姑娘围着，他本可以拥有16区的一位模特，为什么会是我呢？他先是朝我的腿抛来挑逗性的目光，然后转移到我的腹部。"需要重申一次，"为什么会是我呢"这个疑问只不过是其"妄想性确信"的辩证法中的辩术罢了，而且根本上对立于癔症性的"你想要什么呢？"（*Che vuoi?*）。这一切持续了很多年，且伴随着许多细微的、逐渐支撑起她的确定性的信号（爱的暗示）。在他入职两年后，一件普通的事情在她这里触发了"一见钟情"。其实，他不过是在看见她被各种信件困扰时提议要帮帮忙而已。一段时间后，她觉察到他再次用他的因爱情而忧郁且好色的目光实施"点火"游戏。她向我坦言道:"这开始令她兴奋。"

正值"期望"期①时,诸多新的信号的出现确证了他对她的兴趣。于是,她决定冒险一试,她先是跟他简单聊几句并发送一些无关痛痒的邮件,接着越来越明显地表露出自己的情火。她开始注意到等级制度的问题。她说道:"我们的等级制度太森严了,我们的关系是不被允许的。"由于她爱的对象被迫开始抱怨她,她估摸着他应该遭受了许多压力。

然而,这并没有很好地阻断她,以致在一次假期中她给他寄了许多明信片,追忆他们"受挫的爱情"——如果我们可以用这个词语概括它的话。就在假期结束后,她因为等级制度下与这位帅小伙的关系而受到[工作单位]传唤。他抱怨她的纠缠,因此,他们俩当中的一方必须离开工作单位,也就是说即将离开的人就是她。就在这个时候,我开始接待她。她已处于气恼期,不过并未放弃一切期望。

一个轻度治疗就这样开始了,并且持续了七年,她从未缺席过任何会谈——下文将会说明原因。

她对其受挫的爱情进行了回忆,她不断地将这与她和丈夫的关系进行对比。在这第一个阶段结束后,她与她的状况(与帅小伙的关系)之间开始出现一定的距离,这一切会令她感到好笑,并且她觉得"坠入这位勾引者撒下的网中"是件愚蠢的事情。在这一阶段,我的态度正是通过细心地倾听她的故事和妄想,通过"做精神病人的秘书"②——这个术语是拉康从让-皮埃尔·伐乐赫(Jean Pierre Falret)那里借用来的——支撑她的言语。与此同时,在我的帮助下,她能够把她的经历——尤其是对她以受迫害的方式经历的等级制度的态度(由于在妄想中她成了享乐的对象,所以这也是一种缓解"不可忍受的享乐"的方式)——考虑成"常见的、非例外性的经历"。处于这个位置是件棘手的事情,因为要

---

① 克莱朗博(Clérambault)将钟情妄想的演变过程划分为三个阶段:期望(爱)、气恼以及恨。——译者
② Jacques Lacan, *Le Séminaire Livre III: Les psychoses*, Paris: Seuil, 1981, p. 233.

尝试起到平息妄想的作用，需要避免占据大他者的位置，比如如果分析家占据医学话语的位置，那么他将使自己成为她的迫害者。

然而，在她与治疗师之间，一种钟情妄想性的转移关系还是被建立起来了。它基本上通过这两方面的特征表现自身：一方面，她在会谈中表现出某些挑逗性的姿势；另一方面，每当会谈结束我要和她"握手"时，她总不失时机地抚摸我的手心。这种转移是不可避免的，钟情妄想中的客体总是处于"知的位置"的男人。由于我处于医生的位置，这只会促成此类转移，不过这未必是由我的功能或位置引起的，也有可能出自我的某些不谨慎，比如表现出某种亲切的态度。在精神病人的长期治疗过程中，钟情妄想性转移的出现是相当常见的，对于这位病人而言，这不过重复了其妄想性的解决方式。识别出此种转移性的关系并非没有引起我的担忧。克莱朗博对纠缠性的或会杀人的钟情妄想者的描述浮现在我的头脑中。不过，这似乎不符合她的情况。

鉴别出此种转移关系后，要做的正是谨慎地处理它。因此我继续在言行举止方面保持警惕，避免留下过多可供其解释的地方，且停止用信号来助长她的钟情妄想倾向。然而，我又想起克莱朗博转述过的那位钟情妄想者的话语："他（克莱朗博医生）的目光和声音总是暴露出他的言不由衷。"[①] 因此，不管我怎么说，她都能沿着支撑其确定性（确定对象爱她）的方向来进行解释。那么，今后，如何在一种精神恋爱的方式上处理转移呢？如何处理才能避免使她滑入可能会吞没她的致命性的钟情妄想[②]呢？

我长期倾听她的抱怨。这些抱怨会以各种身体性的或焦虑性的症状、工作上的不快、孩子的问题以及在看到别人因满意的性生活而表现出幸福时自己所感受到的缺憾为主题。由此可以发现：她通过认同这些痛苦的方式将自己呈现在医生面前，使自己成为医生的享乐对象。在她看来，

---

① Gaëtan Gatian de Clérambault, *Œuvres psychiatriques*, Paris: Frénésie, 1998.
② Jacques Lacan, Présentation des Mémoires d'un névropathe, *Cahiers pour l'analyse*, 1966, n° 5, p. 72.

"关于她的这些痛苦"的话语正是被其假设为享乐者的医生期待从她这里得到的东西。

因此,在这个位置待了近一年后,我指出在她的话语中存在一种惰性,因为她既不力求定位自己经历中的那些坐标,也不思考自己的问题,而只是把自己献给"大他者"。因此,"不再使自己处于神经症式的享乐形式中"是至关重要的。我们都知道,对于强迫症而言,他所等待的正是"要求"(demande)。拉康说过:"强迫症哀求别人向自己提出要求。"[1] 所以说,(分析家)不要在主体安排给我们的位置上享乐,不过同时也要在转移关系中保持某种耐心,不要急于动摇或支持这种关系的变化。

在同事们的强烈要求以及我的谨慎支持下,她逐渐开始寻找一位新的伴侣。她和朋友们一起出去参加舞会,关注一个专供猎艳者阅读的期刊上的广告,最后她注册了 Meetic 这个相亲交友网站。正是这个网站使她遇到了那位心仪的男士,她开始与之交往。

"他是一个日本人,"她告诉我,"这会令我母亲抓狂的。"当她跟我说出这些时,脸上写满了享乐!她也不再向我发出那些信号了。

这段新的关系虽然的确有些复杂,但却令她感到很满意。她再次说起那个能指:"他是一个新的支柱"。其实,他有点古怪,他比她年轻些,患有强迫症。他对"熟妇"很感兴趣,他和另一位熟妇也保持着关系。适应这样的关系对她来说并不太困难;因为她自诩为"肉欲型的女人""放荡不羁的女人";而另一个女人,即她的竞争者,就像所有家庭主妇那样,为此类薄情寡义的事情倍感焦心。我们可以由此看到由钟情妄想的经典临床所定位的"嫉妒感的缺位"——对"另一个模范性的或具有竞争性的女人"的全然忽视。

此后,她的焦虑症状连同其抱怨一起消失了。会谈的次数也逐渐减少,她几乎把所有时间都投入到这段新的爱情中。由国立行政学院毕业生以及治疗师发出的信号(爱的暗示)也都消失了。

---

[1] Jacques Lacan, *Le Séminaire Livre X: L'angoisse*, Paris: Seuil, 2004, p 64.

埃斯基尔乐（Esquirol）从未否认这一种治疗过程或演变过程。他提出，与固恋的客体结婚，是治疗钟情妄想的唯一药方。事实上，她和第一个钟情妄想的客体结婚了。在他逝世后，通过国立行政学院毕业生，她找到了一个新的客体，可是，在那里，她的爱受挫了。于是，通过暂时地固恋自己的治疗师，她成功地建立起一种新的关系，这样的关系尽管是不牢固的，但是再次支撑了她。

在这个个案中，我们可以观察到：这种钟情妄想性的解决方式，精神病自发产生的解决方式，可以起到稳定病人的作用。为了避免致命性的关系的出现，临床医生应当找到一个关于治疗目标的模型。正如弗朗索瓦丝·格罗格在那篇关于钟情妄想的文章[①]中强调的那样，需要建立起一种可以限制享乐的功能。这正是她于2011年5月在圣安娜医院创立"精神分析住院部"的目的之一。精神分析住院部旨在从事与临床实践相关的精神分析研究和教学，并积极开展与其他学科间的对话，也为所有需要精神分析治疗的人提供服务。

[①] Françoise Gorog, Histoire d'un concept: l'érotomanie, *Nervure-Journal de Psychiatrie*, 1988, n° 4. 该文已由译者翻译成中文。

《精神分析与跨学科研究》征稿启事

一、本刊宗旨

作为 20 世纪以来具有国际影响力与持续生命力的理论与实践运动，精神分析对哲学、心理学、社会学、政治学、文学、艺术等人文社会科学领域以及医学、生物学、脑科学等自然科学领域产生了广泛而深远的影响。与此同时，正是通过借鉴和转化不同学科的研究成果，通过与不同学科展开交流对话，精神分析得以不断发展，并保有其在理论与实践方面的创新性、有效性与活力。国内学界对精神分析专业性、系统性的研究虽然起步较晚，但近年来呈现出日趋活跃之势，并开始寻求与国际学界的前沿研究接轨和对话。

为推动精神分析在国内的发展，尤其是体现精神分析在跨学科研究领域的贡献与价值，中山大学哲学系（珠海）特创办《精神分析与跨学科研究》辑刊，由商务印书馆出版，计划每年出版一辑。

二、征稿事项

（一）《精神分析与跨学科研究》辑刊以学术性、专业性为定位，突出原创性、国际化特色，鼓励学科交叉融合，倡导学术争鸣，推介名家名作，扶植学术新人。

（二）本刊采用稿件的论题主要包括：

1. 对精神分析经典文本与关键问题及其跨学科价值的研究；

2. 对精神分析代表人物理论学说及其跨学科效应的研究；

3. 对精神分析当代跨学科前沿研究的译介与评论；

4. 应用精神分析理论展开的跨学科研究；

5. 应用其他学科对精神分析的推进性研究。

三、来稿要求

（一）来稿以中文撰写，兼顾介绍性、学术性和思想性。

（二）来稿字数以1万—2万字为宜。

（三）论文的书写顺序为：题目、作者署名、摘要（如有）、关键词（如有）、基金项目（如有）、正文、作者简介、联系方式。

（四）引文和注释用脚注，每页独立编号，编号格式为①②③……。

（五）引文务请仔细核对原文。参考文献第一次出现时，应用完全格式。完全格式的构成：

著作：作者、著作名、出版者、出版年、页码

Jacques Lacan, *Écrits*, Seuil, 1966, p. 86.

译作：作者、著作名、译者、出版者、出版年、页码

拉康：《雅克·拉康研讨班七：精神分析的伦理学》，卢毅译，商务印书馆2021年版，第100页。

载于期刊的论文（译文参照译作格式在译文题目后加译者）

卢毅：无意之罪何以归责——哲学与精神分析论域下的"无意识意愿"及其伦理意蕴，《哲学研究》，2020年，第1期。

Lu Yi, Rectifier la parole pour élever la loyauté: L'éthique selon Lacan et l'éthique confucéenne, *Les lettres de la SPF*, 2016, n°36.

载于书籍的论文（译文参照译作格式在译文题目后加译者）

卢毅：对弗洛伊德"死冲动"概念的辨析——重读《超越快乐原则》，《精神分析研究》（第一辑），霍大同主编，商务印书馆，2015年。

Bruce Fink, The Real Cause of Repetition, *Reading Seminar XI: Lacan's*

Four Fundamental Concepts of Psychoanalysis, Richard Feldstein, Bruce Fink and Marie Jaanus (eds.), SUNY, 1995.

（六）来稿请在文后附上作者简介与联系方式，包括：工作单位、职称学历、详细地址、邮政编码、联系电话、电子邮箱。

（七）本刊原则上优先采用未正式发表过的文稿，来稿如已发表，请注明出处。

（八）本刊编辑将对采用的稿件进行必要的技术处理，一般不作大幅修改。如确需大幅修改，将与作者沟通。

（九）来稿请发送至编辑部邮箱：jsfxykxkyj@163.com。来稿如经采用，编辑部原则上将在收到稿件后三个月内发出用稿通知。

四、联系地址

广东省珠海市香洲区中山大学珠海校区海琴六号哲学系（珠海）《精神分析与跨学科研究》编辑部（邮编：519082）